LES

GRANDES INVENTIONS

ANCIENNES ET MODERNES

DANS LES SCIENCES, L'INDUSTRIE ET LES ARTS

PAR LOUIS FIGUIER

OUVRAGE ILLUSTRÉ, A L'USAGE DE LA JEUNESSE

TROISIÈME ÉDITION

PARIS

LIBRAIRIE DE L. HACHETTE ET Cie

BOULEVARD SAINT-GERMAIN, N° 77

1865

LES

GRANDES INVENTIONS

ANCIENNES ET MODERNES

DANS

LES SCIENCES, L'INDUSTRIE ET LES ARTS

IMPRIMERIE GÉNÉRALE DE CH. LAHURE
Rue de Fleurus, 9, à Paris

LES

GRANDES INVENTIONS

ANCIENNES ET MODERNES

DANS LES SCIENCES, L'INDUSTRIE ET LES ARTS

PAR LOUIS FIGUIER

OUVRAGE ILLUSTRÉ, A L'USAGE DE LA JEUNESSE

TROISIÈME EDITION

PARIS
LIBRAIRIE DE L. HACHETTE ET Cie
BOULEVARD SAINT-GERMAIN, N° 77

1865

AVERTISSEMENT.

Les ouvrages destinés à la jeunesse n'ont guère eu jusqu'ici pour sujet que la morale, l'histoire ou les contes instructifs. Il nous a paru que l'exposé élémentaire des grandes inventions scientifiques et industrielles chez les anciens et les modernes remplirait le même objet avec beaucoup d'avantages. Les préceptes de la morale, les beaux traits de l'histoire sacrée ou profane, les précieux enseignements qui résultent de l'étude et de la méditation des chefs-d'œuvre des anciens, sont, sans nul doute, ce qui doit être mis constamment sous les yeux des jeunes gens; mais une certaine variété dans les lectures ne saurait paraître indifférente. Pour réaliser cette variété dans les lectures, on ne peut trouver une matière plus intéressante que l'histoire et la description des grandes inventions scientifiques dans lesquelles éclate toute la grandeur du génie humain. L'histoire de l'imprimerie, celle de la machine à vapeur, celle de l'électricité, etc., doivent nécessairement offrir un vif attrait à l'espritde jeunes lecteurs.

Les *livres de morale*, les *contes instructifs*, qui forment le plus grand nombre des ouvrages à l'usage des jeunes gens, leur donnent la notion du bon et du beau; les lectures sur les sciences positives leur donnent la notion du vrai. Ainsi ces deux genres d'ouvrages concourent au même but; ils portent les esprits à la contemplation du beau, du bon et du vrai, c'est-à-dire à l'adoration du divin auteur de toutes choses.

Il serait superflu d'insister longuement sur l'utilité de ce modeste ouvrage. Les jeunes gens sont appelés à retrouver partout, à l'issue de leurs études, ce qui fait la matière de ce livre. L'ouvrier des fabriques, le cultivateur des campagnes, l'employé, le commerçant, auront constamment à recourir à la machine à vapeur, à l'électricité, au gaz d'éclairage, etc., car aujourd'hui la science a partout pénétré dans la vie commune. Il est donc indispensable de se familiariser dès l'enfance avec les sciences qui nous rendent tant de services dans le cours de notre vie.

L'exposé élémentaire de quelques-unes des questions considérées dans cet ouvrage n'était pas sans offrir certaines difficultés. Nous nous sommes efforcé de les présenter sous la forme la plus aisément accessible à de jeunes intelligences. Plus de deux cents figures distribuées dans le courant du texte nous ont permis d'abréger et de rendre plus claire la description des appareils qu'il importait de faire connaître. Nous avons mêlé à ces notions quelques détails biographiques sur les principaux auteurs des grandes inventions scientifiques et industrielles, convaincu que la vie et les combats des savants illustres qui ont enrichi l'humanité du fruit de leurs immortels travaux, est un des plus dignes exemples que l'on puisse offrir aux méditations de la jeunesse.

L'IMPRIMERIE

Fig. 1. Statue de Gutenberg, élevée sur une des places de Strasbourg.

I

L'IMPRIMERIE.

Époque de la découverte de l'imprimerie. — Impression tabellaire. — Gutenberg. — Faust et Schœffer ; mort de Gutenberg. — Développement de l'imprimerie. — Imprimeries célèbres. — Imprimeurs célèbres. — Description des appareils et des moyens qui servent à l'impression. — Composition. — Presse à bras. — Tirage à la presse mécanique.

L'imprimerie, c'est-à-dire l'art de multiplier rapidement et à bon marché les copies d'un même livre, et de rendre ainsi accessibles à tout le monde les produits de l'intelligence et de la pensée, a été découverte et mise en pratique au milieu du quinzième siècle. On ne saurait rapporter à aucune époque antérieure l'origine de cette invention immortelle, car les Chinois et quelques autres peuples de l'Europe, auxquels on a voulu l'attribuer, n'ont jamais fait usage que des moyens de reproduction qui servent à obtenir les estampes, c'est-à-dire de tablettes de bois gravées en relief ou en creux. La mobilité et la fonte des caractères sont le fondement de l'imprimerie; or, ce n'est qu'au milieu du quinzième siècle, vers 1450, c'est-à-dire quarante années avant l'époque de la découverte de l'Amérique (1492), que les caractères mobiles et la fonte de ces caractères ont été imaginés par le génie de Gutenberg.

Avant le quinzième siècle, l'imprimerie était inconnue; on ne se servait que de manuscrits, et voici comment s'exécutaient ces manuscrits qui, en très-petit nombre, composaient la bibliothèque des universités, des cloîtres et des châteaux.

Le *libraire*, qui était un *homme instruit en toutes sciences*, confiait au copiste le manuscrit à reproduire;

Le *parcheminier* préparait les peaux douces, reluisantes et polies, sur lesquelles l'*écrivain* exécutait son travail;

L'*artiste* rehaussait les pages du manuscrit de peintures et de dorures;

Le *relieur* réunissait les feuilles du livre, qui revenait dès lors, à l'état d'achèvement, entre les mains du *clerc-libraire*.

On comprend, d'après les opérations multiples que nécessitait son exécution, qu'un livre constituât à cette époque un objet rare et précieux. On le serrait dans un coffre richement sculpté, ou bien on l'attachait, au moyen d'une chaîne, au pupitre de lecture. Beaucoup de ces manuscrits valaient plus de six cents francs de notre monnaie. Ils avaient pourtant fini par rendre peu de services, car les copistes multipliaient tellement les abréviations, que les savants eux-mêmes avaient quelquefois de la peine à les lire.

Dans les premières années du quinzième siècle, le désir de s'instruire devenant de plus en plus général, et le prix élevé des manuscrits étant un obstacle presque insurmontable à la satisfaction de ce désir, on eut l'idée de graver sur une planche de bois des cartes géographiques, des figures de dévotion, etc., que l'on accompagnait d'une courte légende explicative. On recouvrait ces planches d'encre grasse, et on y appuyait dessus des feuilles de parchemin ou de papier, sur lesquelles on transportait, par cette pression, les signes gravés sur le bois. Peu à peu, la longueur de la légende ainsi gravée augmenta; on finit par reproduire par ce moyen des pages entières. Une *Bible des Pauvres*, imprimée par ce procédé, parut dans les premières années du quinzième siècle.

Ce mode primitif d'*impression tabellaire* fut, dit-on, connu des Chinois dès le treizième siècle de notre ère. Mais ces simples tables de bois sculpté ne sauraient être considérées comme les débuts de l'imprimerie, qui a pour base essentielle la mobilité des caractères.

Jean Gutenberg, le père de l'imprimerie, naquit à Mayence en 1409, d'une famille noble de cette cité allemande. Il passa une partie de sa jeunesse dans la maison paternelle. Cette maison était décorée de sculptures et d'ornements allégoriques, selon l'usage des imagiers en pierre du moyen âge. Au-dessus de la porte d'entrée principale, était sculptée la tête d'un taureau colossal avec cette inscription : *Rien ne me résiste.* Cette devise, inscrite au front de la *maison du Taureau Noir* de Mayence, devint celle de Gutenberg; n'est-elle pas aussi celle de l'imprimerie?

A quinze ans, Jean Gutenberg ayant perdu son père, qui ne lui laissait pour héritage qu'une petite rente, quitta Mayence et se rendit à Strasbourg. C'est là que lui vint, pour la première fois, la pensée de créer l'art nouveau de multiplier les manuscrits à l'aide d'un moule unique qui, recouvert d'encre grasse, permettrait d'obtenir sur le papier un nombre infini de reproductions du texte. Pendant dix ans, il travailla seul à Strasbourg, cherchant le *grand arcane*, l'*invention merveilleuse*, en un mot l'imprimerie. Déjà parvenu à d'importants résultats, mais obligé par ses recherches à beaucoup de dépenses, il associa à ses travaux trois bourgeois de la ville, qui devaient fournir les fonds nécessaires à la continuation de l'entreprise.

Ces dix ans de travaux avaient porté des fruits précieux : Gutenberg était parvenu à graver facilement des lettres métalliques mobiles; mais il restait à obtenir un métal ou un alliage convenable pour la multiplication de ces lettres et pour l'usage auquel on les destinait. Le fer était trop dur : il perçait le papier; le plomb était trop mou : il s'écrasait sous l'effort de la presse. Quant au bois, il n'aurait offert ni la force ni la durée nécessaires pour un tel emploi. Il fallait donc, au moyen de l'alliage de certains métaux, obtenir des caractères pourvus du degré de dureté convenable et susceptibles d'être coulés dans des moules.

L'inventeur touchait au but; mais les nombreuses dépenses occasionnées par tant de travaux et d'essais avaient ruiné ses courageux associés. Pour arriver à créer l'œuvre glorieuse qu'ils avaient entreprise, les associés de Gutenberg n'hésitèrent pas à vendre leurs meubles, leurs bijoux, et même leur patrimoine. Aucune plainte ne sortit jamais de leur bouche, tant ils avaient conscience de la grandeur de l'œuvre et du génie de l'ouvrier qui la dirigeait.

Tout ce qui touche à l'histoire de la découverte de l'imprimerie est d'un si puissant intérêt, que nous inscrirons ici les noms des trois hommes qui aidèrent Gutenberg de leur fortune ou de leur intelligence pour enfanter ce grand art : c'étaient Heilmann, André Dryzehn et Riff.

Découragé par la mort de ses associés, arrivée sur ces entrefaites, poursuivi par ses créanciers, Gutenberg abandonna ses travaux et quitta Strasbourg.

Revenu à Mayence, sa ville natale, et livré à ses propres forces, Gutenberg reprend le cours interrompu de ses travaux. Il dessine, grave, fond, essaye des alliages, fait de véritables essais d'impression. Mécontent de ces résultats, il recommence dans une direction nouvelle. Mais comme les ressources lui manquent pour continuer son œuvre, il forme une nouvelle association avec Jean Faust et Pierre Schœffer.

Jean Faust était un riche orfévre de Mayence. Rusé et retors, il prêta de l'argent à Gutenberg, mais après avoir pris ses précautions pour attirer à lui tous les bénéfices de l'œuvre future. Pierre Schœffer était un jeune clerc très-instruit, un copiste d'une adresse inimitable, que Faust choisit bientôt pour son gendre.

On pense généralement que Gutenberg, ayant inventé les lettres mobiles en métal, n'était pas encore parvenu à combiner l'alliage nécessaire pour la perfection de son œuvre. Ce fut Pierre Schœffer qui réussit à produire, par l'union faite en proportions convenables du plomb et de l'antimoine, ce précieux alliage au moyen duquel on obtient des lettres aux fines arêtes, moins dures que celles du fer, mais résistant suffisamment à l'effort de la presse. Dès ce moment l'imprimerie fut créée.

Mais dès ce moment aussi la scène changea. L'invention étant accomplie, et l'inventeur étant devenu désormais inutile, le perfide Faust ne songe plus qu'aux moyens de se débarrasser de Gutenberg. Créancier impitoyable, il force Gutenberg à abandonner les droits qui lui reviennent dans l'exploitation de sa découverte; il l'arrache à ses fourneaux, à ses presses, à son imprimerie. Réduit à la misère par l'ingratitude de Faust, le père de l'imprimerie fut forcé de quitter Mayence.

Après le départ de Gutenberg, Faust s'associe son gendre Schœffer pour exploiter les produits de cet art nouveau. Il fait travailler avec ardeur à l'impression des livres, qu'il vend, sans scrupule, comme des manuscrits. A ses ouvriers, défiants et mécontents de sa conduite envers « le maître, » il fait jurer sur la Bible de garder le secret de cette fabrication. Pour mieux s'assurer leur silence, le vieil usurier leur fait souscrire des billets dont il retiendra le montant sur leur salaire en cas d'indiscrétion. Comme dernière garantie de sûreté, il établit ses ateliers au fond de sombres caves, et y tient ses ouvriers sous clef. Grâce à ces précautions, Faust put vendre à Paris un nombre considérable de livres que l'on prenait généralement pour des manuscrits. Mais la peste l'emporta au milieu de ses succès.

Son gendre Schœffer, devenu propriétaire de l'imprimerie de Faust à Mayence, continuait à exploiter l'invention nouvelle, lorsque cette ville fut prise d'assaut et livrée au pillage. Schœffer périt dans ce désastre, et sa mort fut le signal de la dispersion de ses ouvriers. Cependant son fils Jean Schœffer reconstitua, quelque temps après, l'imprimerie de Mayence.

Jean Schœffer n'imita pas la déloyauté de Faust envers le malheureux Gutenberg. Faust aurait peut-être réussi, par ses manœuvres perfides, à dépouiller Gutenberg de la gloire qui lui revient pour l'admirable création de l'imprimerie, si Jean Schœffer, qui avait succédé à son père Pierre Schœffer, n'eût écrit ce qui suit en tête d'un livre imprimé en 1505 et dédié à l'empereur Maximilien : « C'est à Mayence que l'art admirable de la typographie a été inventé par l'ingénieux Jean Gutenberg, l'an 1450, et postérieurement amélioré et propagé pour la postérité par les travaux de Faust et de Schœffer. »

Gutenberg survécut deux ans à son ingrat associé Faust. Après avoir quitté Mayence, il erra pendant dix ans en proie à la misère, et l'on ne peut savoir aujourd'hui comment l'inventeur de l'imprimerie employa ces tristes années. Tout ce que l'on sait, c'est qu'en 1465 il n'avait pas de pain. Vers la fin de ses jours, il fut recueilli par l'archevêque de Mayence, qui le mit au nombre de ses gentilshommes et lui fit une pension. Grâce à cette généreuse, mais tardive protection, Gutenberg put consacrer les dernières années de sa vie à perfectionner les procédés d'impression. Il mourut le 15 février 1468.

Après la mort de l'inventeur de l'imprimerie, « les enfants de Gutenberg, » comme on appelait les ouvriers imprimeurs, se dispersèrent sur divers points de l'Europe, disciples nouveaux de la science et du progrès. Ils allèrent s'établir à Cologne, à Augsbourg, à Nuremberg, à Bâle, etc. L'Allemagne, la Suisse et la France virent bientôt s'ouvrir des imprimeries plus ou moins importantes.

L'invention de l'imprimerie fut accueillie avec faveur par la plupart des souverains de cette époque, qui méritèrent bien de l'humanité en favorisant les progrès d'une invention destinée à ouvrir les yeux des peuples aux lumières de la vérité et de la raison Louis XI accorda des lettres de naturalité aux typographes allemands. Charles VIII admit l'imprimerie et la librairie à participer aux priviléges et prérogatives de l'Université. Louis XII, confirmant ces priviléges, considère cette invention « comme plus divine qu'humaine, laquelle, grâce à Dieu, a été inventée et trouvée de notre temps. » François Ier exempta les imprimeurs-libraires de tout service militaire.

Cependant cet ère d'encouragement pour l'imprimerie naissante n'eut pas une longue durée. En 1521 commença la censure des livres imprimés. Désormais aucun ouvrage ne put être imprimé avant d'avoir été examiné préalablement et approuvé par les délégués du roi. L autorisation donnée au libraire portait le nom de *privilége;* on en trouve le texte à la fin de tous les anciens ouvrages.

Fig. 2. Une imprimerie au quinzième siècle.

La même année, des lettres patentes constituèrent le syndicat de l'imprimerie. Ses officiers, qu'on appelait *gardes de l'Université*, avaient mission de visiter les imprimeries, de s'assurer si les livres étaient imprimés correctement, en bons caractères, sur papier convenable, etc.

Pendant la révolution de 1789, tous les privilèges établis dans les siècles antérieurs en faveur des corporations professionnelles, comme en faveur des divers ordres de l'État, ayant été détruits, chacun put imprimer, comme chacun pouvait parler et écrire. Mais, sous l'Empire, la censure reparut et se montra très-rigoureuse.

L'Imprimerie impériale de Paris a été fondée par Louis XIII, ou pour mieux dire par son ministre le cardinal Richelieu, qui l'installa au rez-de-chaussée et à l'entre-sol de la grande galerie du Louvre. En 1809, elle fut transportée dans l'ancien hôtel de Rohan, situé rue Vieille-du-Temple. C'est l'imprimerie la plus riche du monde pour la variété des caractères. Elle possède une collection complète de caractères grecs, hébreux, arabes, chinois, etc. Elle est organisée pour employer des milliers d'ouvriers qui travailleraient à l'aise dans ce vaste local qu'elle occupe et avec son admirable matériel. Cependant elle n'emploie ordinairement que quarante fondeurs, deux cents compositeurs, deux cent cinquante imprimeurs, vingt relieurs et cent trente régleuses, brocheuses, etc. L'État y fait imprimer la plupart des ouvrages nécessaires aux services publics ; il y trouve des garanties de discrétion très-précieuses dans certaines circonstances.

L'imprimerie impériale de Vienne mérite d'être citée comme s'étant particulièrement distinguée dans notre siècle par l'adoption et la mise en pratique de tous les procédés propres à l'impression issus des découvertes de la science moderne. La photographie et la galvanoplastie ont reçu dans cet établissement de nombreuses applications, qui ont beaucoup ajouté aux ressources de l'art typographique.

La famille des imprimeurs célèbres connus sous le nom des *Alde* florissait de l'année 1488 à 1580. Le chef de cette famille, *Alde Manuce*, dit *l'ancien*, fonda à Venise une imprimerie qui avait pour objet spécial de reproduire les chefs-d'œuvre de l'antiquité. Alde Manuce se plaça au premier rang des imprimeurs. Ses éditions ont l'autorité des manuscrits. La marque de son imprimerie est un dauphin enlacé autour d'une ancre. Paul Manuce et Alde Manuce, dit *le jeune*, fils de Paul, continuèrent la gloire de leur père. Ils furent protégés par les papes et composèrent plusieurs ouvrages d'érudition.

Les Elzévirs, imprimeurs hollandais, florissaient au seizième et au dix-septième siècle. C'est à Bonaventure Elzévir, imprimeur à Leyde (1618-1652), et à Abraham son frère et son associé, qu'on doit les chefs-d'œuvre typographiques qui ont illustré leur nom et qui brillent par la beauté et la netteté des caractères.

En France, les Didot ont beaucoup contribué aux progrès de l'imprimerie. François-Ambroise Didot, mort en 1804, fondit d'admirables types de caractères et publia de très-remarquables éditions. Son fils, Firmin Didot, continua la gloire de sa maison.

Citons encore Baskerville, célèbre imprimeur anglais, mort en 1775, qui fut lui-même le dessinateur, le graveur et le fondeur des caractères qu'il employait.

Nous allons maintenant présenter un court aperçu des appareils et des moyens divers qui servent à l'impression.

L'impression en caractères mobiles s'exécute au moyen de lettres isolées que l'on réunit de manière à en composer successivement des mots, des lignes et des pages.

La matière qui forme les caractères d'imprimerie est un alliage de 80 parties de plomb et 20 parties d'antimoine. L'addition de ce dernier métal au plomb lui donne toute la dureté nécessaire pour résister à l'action de la presse.

On obtient les caractères d'imprimerie en coulant l'alliage fondu dans un moule qui forme une sorte de petit canal allongé. Au fond de ce canal on a placé une *matrice* qui reproduit avec fidélité la lettre gravée en creux fournie par le graveur de caractères, qui a exécuté en acier le type primitif de cette lettre. Avec un seul de ces types d'acier, fourni par le graveur de caractères, on tire un grand nombre de matrices, et ces matrices elles-mêmes que l'on place au fond du moule peuvent donner au fondeur de caractères un nombre très-considérable de lettres.

La lettre préparée par le fondeur se compose de deux parties : 1° la lettre même; 2° une tige en forme de parallélipipède sur laquelle cette lettre est fixée, et qui permet à l'ouvrier imprimeur de la manier facilement pendant le travail de la composition.

Fig. 3. Caractères d'imprimerie.

La figure suivante représente un atelier pour la fonte des caractères. Quatre ouvriers sont rangés autour d'un fourneau

Fig. 4. Atelier pour la fonte des caractères.

circulaire contenant, dans des creusets, l'alliage d'antimoine et de plomb; ils coulent dans les moules l'alliage fondu. D'autres ouvriers, par un léger frottement sur une pierre meulière, donnent aux arêtes le fini nécessaire à l'emploi de la lettre.

Les lettres fournies par le fondeur de caractères sont livrées aux ouvriers imprimeurs, qui les rangent dans des *casses*, c'est-à-dire dans des boîtes divisées en plusieurs compartiments.

Pour assembler les lettres destinées à former un mot, le compositeur se sert d'un petit instrument en fer nommé *composteur* (fig. 5), dans lequel il place successivement les lettres qui doivent former les mots qu'il lit sur la copie. Cet instrument consiste en une règle métallique sur laquelle glisse une sorte d'équerre en rasant un de ses bords. Une vis de pression permet de fixer l'équerre quand l'ouvrier a obtenu la longueur de ligne qu'il désire : cette longueur s'appelle *justification*. Quand la première ligne est composée, on applique par-dessus une lame métallique, appelée *interligne*, destinée à donner aux lignes l'écartement qui a été adopté. On compose ensuite la deuxième ligne, puis la troisième, en les séparant aussi par une lame semblable.

Fig. 5. Composteur.

La figure 6 représente l'ouvrier compositeur occupé à son travail.

Fig. 6. Ouvriers compositeurs et casses d'imprimerie.

Un compositeur peut *lever* dix mille lettres par jour, et l'on a calculé que pendant les trois cents jours de l'année la main droite de l'ouvrier parcourt en moyenne treize cents lieues.

Quand le *composteur* est rempli, on enlève les lignes en les serrant entre le pouce et l'index, et on les met dans la *galée* (fig. 7), petite planchette carrée dont l'angle inférieur est muni d'un rebord en équerre.

Quand il y a un certain nombre de lignes sur la galée, on en fait un *paquet*. Quand la composition est assez abondante, on la dispose par pages que l'on place sur une table appelée *marbre* (du nom de la matière d'abord employée pour la former), et dans un ordre tel que la feuille de papier qui reçoit l'empreinte offre une série suivie de pages. Le tout est serré dans des châssis de fer qui dès lors prennent le nom de *formes*.

Fig. 7. Galée.

Les *formes* étant prêtes, il reste à en faire le *tirage* sur papier. Depuis l'époque de l'invention de l'imprimerie jusqu'à notre siècle, le tirage s'est exclusivement pratiqué au moyen de *presses à bras*. Mais aujourd'hui, dans la plupart des imprimeries, le tirage s'opère à la mécanique, c'est-à-dire par des machines appropriées. Parlons d'abord des anciennes *presses à bras*.

La figure 8 représente la presse à bras qui est encore aujourd'hui en usage.

Fig. 8. Presse à bras.

La forme étant placée sur la table plane P, l'ouvrier la

recouvre d'encre à l'aide d'un rouleau élastique. Après avoir placé le papier préalablement mouillé sur le cadre Z, et rabattu dessus le cadre à jour Z' qui le surmonte, et qui sert à maintenir le papier, tout en préservant de salissure les parties de la feuille qui ne doivent pas recevoir l'empreinte des caractères, les deux cadres ainsi réunis sont abaissés sur la forme qui, au moyen d'une manivelle, est glissée sous la platine I, à laquelle est donné un mouvement de pression au moyen d'un levier. La feuille alors est imprimée. En tournant la manivelle en sens inverse, on dégage l'appareil pour le mettre en état de recommencer la même opération.

La figure 9 montre comment on enduit le rouleau d'encre pour porter ensuite cette encre sur les formes. Une provision

Fig. 9. Table à encrer les rouleaux d'imprimerie.

d'encre demi-fluide est placée dans une rainure qui termine la table T. A l'aide de la manivelle M, l'ouvrier fait tourner le rouleau D, qui fait passer une certaine quantité d'encre sur la surface plane de la table. L'imprimeur prenant ensuite le rouleau portatif R prend ainsi de l'encre qu'il transporte enfin sur la presse comme l'a montré la figure 8.

La première presse mécanique a été inventée en 1790 par un mécanicien anglais, nommé Nicholson.

La figure 10, qui représente un très-bon système de presse mécanique, fera comprendre les moyens qui servent aujourd'hui à effectuer les tirages d'imprimerie avec une très-grande rapidité, et sans nécessiter l'assistance de plus de deux ouvriers.

A, est une roue mise en mouvement par la vapeur. Une courroie B transmet le mouvement à la roue C. Celle-ci engrène avec la grande roue dentée qui est au-dessus d'elle, et celle-ci

Fig. 10. Presse mécanique pour les tirages d'imprimerie.

avec sa voisine. Ces deux roues et tous les cylindres auxquels elles sont fixées sont donc doués d'un mouvement de rotation. Une table D, bien plane et bien dressée, qui porte les formes, c'est-à-dire les pages composées en caractères, reçoit de la roue C un mouvement horizontal de va-et-vient. Quand le commencement de la feuille de papier blanc M, poussée par l'ouvrier sur la pente de trois rouleaux tournants, E, F, G, qui l'entraînent sur le cylindre H, vient ensuite passer sur la table D, il rencontre le commencement d'une forme encrée qui s'avance dans le même sens, en sorte que, par ce contact et la pression, le papier se trouve entièrement imprimé.

Mais il n'y a encore qu'un côté de la feuille imprimé. Voici comment se fait l'impression du second côté. Quand la feuille a été imprimée d'un côté, le côté imprimé de la feuille de papier s'enroule, à l'aide de quelques rubans convenablement disposés sur son passage, sur la surface du cylindre I, le côté blanc en dehors ; le côté blanc s'enroule ensuite sur la surface du rouleau K, et le côté imprimé est ainsi en dehors. Enfin ce côté imprimé s'enroule lui-même sur la surface du rouleau L, et le côté blanc demeure en dehors pour recevoir l'impression sur une seconde forme dont le va-et-vient est lié à la rotation du cylindre L.

Un jeu ingénieux de rubans maintient, comme nous l'avons dit, la feuille de papier enroulée sur les cylindres, et la fait passer de l'un à l'autre. Enfin, c'est la machine elle-même qui met l'encre sur les formes au moyen d'un système de rouleaux qu'on aperçoit à l'extrémité gauche de la figure.

LA GRAVURE

II

LA GRAVURE.

Gravure en creux et en relief. — Date de l'invention de la gravure. — Procédés suivis pour graver au burin et à l'eau-forte. — Presse pour le tirage des estampes, ou presse en taille-douce. — Gravure sur bois; ses applications. — Gravure en relief sur métal.

La gravure est peut-être de tous les arts celui qui a été le premier mis en pratique; on trouve, en effet, différentes pièces de métal portant des ornements ou des figures gravés par les Égyptiens, les Romains et les Grecs. On pourrait même citer un exemple de gravure chez les Hébreux, puisqu'une plaque d'or sur laquelle était tracé le nom de *Jéhovah* (Dieu), était placée sur le bonnet de leur grand prêtre. Toutefois, la gravure proprement dite n'est pas d'une date ancienne ; elle ne remonte qu'à l'époque de la Renaissance, lorsqu'on découvrit, en Italie, la manière de tirer une épreuve sur papier d'une plaque de métal gravée.

La gravure est un art aux mille formes et aux mille procédés. Comme l'esprit de nos jeunes lecteurs pourrait s'égarer dans la diversité de ces descriptions, nous nous bornerons à faire connaître les moyens de gravure qui sont le plus communément en usage, laissant de côté beaucoup de procédés ou de méthodes d'une importance secondaire, d'un emploi rare, spécial, ou qui ne répondent qu'aux aptitudes de certains artistes ou à l'empire de la mode. En se plaçant à ce point de vue, on peut grouper en deux grandes divisions les différentes espèces de gravure : 1° *la gravure en creux* ou *en taille-douce*, qui s'exécute sur métal ; 2° *la gravure en relief* ou *en taille d'épargne*, qui s'exécute sur bois et sur métal.

GRAVURE EN CREUX.

La gravure en creux comprend la *gravure au burin* et la *gravure à l'eau-forte*.

La *gravure au burin*, la plus ancienne de toutes, fut découverte en 1452 par le Florentin Maso Finiguerra. Cet artiste, qui venait de graver une plaque d'argent pour l'église Saint-Jean de Florence, chercha le moyen de tirer une épreuve sur papier de cette planche. Il y parvint en modifiant la composition de l'encre d'impression et la forme de la presse à bras qui venait d'être inventée peu d'années auparavant par Gutenberg et ses associés ; il créa aussi les *estampes*, dont les anciens n'ont eu aucune idée.

Comme la gravure ne servit, au début, qu'à orner les bijoux, les plaques dont on faisait usage étaient de très-petites dimensions, et le métal employé était l'argent. Lorsque, à l'exemple de Maso Finiguerra, on voulut graver des plaques de grande dimension pour en tirer des épreuves sur papier, qui reçurent le nom d'*estampes*, un métal moins précieux, l'étain, fut substitué à l'argent. Mais l'étain est un métal si mou, qu'il pouvait à peine fournir un tirage d'une vingtaine d'épreuves sur papier. Ce fut le célèbre Marc-Antoine Raimondi qui substitua le cuivre à l'étain pour le tirage des estampes. Ce grand maître, l'un des premiers créateurs de la gravure au burin, porta presque tout de suite cet art à sa perfection. On lui doit la reproduction des principaux tableaux et dessins de Raphaël, et ses œuvres, qui remontent tout à fait à l'origine de l'art, sont un des plus beaux monuments du génie humain. Après Raimondi, on a substitué au cuivre l'acier, qui, en raison de son extrême dureté, suffit aux tirages les plus considérables. Une planche de cuivre ne peut guère fournir que trois ou quatre mille épreuves, tandis qu'une planche d'acier peut en donner jusqu'à vingt mille.

La gravure au burin, fort simple dans son procédé manuel, exige de la part de l'artiste une adresse et une habileté toutes particulières. Elle consiste à former le dessin dans la substance du cuivre au moyen de *tailles* différemment entre-croisées.

Sur une planche de cuivre très-pur, et, au préalable, parfaitement polie par des procédés tout spéciaux, on commence par tracer légèrement le dessin avec une pointe d'acier, soit sur la planche nue, soit sur un vernis noir. On appelle *burin* l'instrument d'acier qui sert à entailler profondément le métal. C'est un petit barreau d'acier trempé, dont l'extrémité est coupée de biais de manière à présenter une pointe allongée et aiguë. Il est enchâssé dans un manche de bois que l'artiste tient dans la paume de sa main, tandis que l'extrémité de l'instrument est placée à plat sur le métal à graver. Les doigts servent à diriger la pointe du burin, qui reçoivent l'impulsion du bras tout entier. C'est en entre-croisant différemment les *tailles*, en creusant deux ou trois rangs de ces tailles, que l'on produit les effets très-variés de la gravure dite *au burin*.

Fig. 11. Burin.

Les plus belles gravures au burin ont été faites au dix-septième siècle par Augustin Carrache, Goltzius, Sadeler, Blœmaert, Villamène, Poilly, Edelinck, Visscher, Paul Pontius, Vorstermann, Bolswert, Masson, Nanteuil, Roullet et autres. Au dix-huitième siècle, on cite dans le même genre les noms de Balechan, Wille, Raphaël Morghen, Bervic et Tardieu. Le dix-neuvième siècle a produit Massard, Desnoyers, Toschi,

Richomme, Henriquel Dupont, Calamatta, Forster, etc. En Angleterre, on cite les noms de Sharp, Wollett, Earlom et Green.

Les artistes du seizième et du dix-septième siècle gravaient,

Fig. 12. Manière de graver au burin.

en général, avec le burin seul. Aujourd'hui, dans la gravure dite *au burin*, on prépare presque toujours le travail en faisant attaquer la planche par l'eau-forte ; le burin ne sert qu'à terminer l'œuvre commencée par l'acide.

La gravure à l'eau-forte consiste à creuser le métal par l'action de l'acide azotique étendu d'eau, qui dissout et creuse le cuivre ou l'acier.

Pour graver à l'eau-forte sur le cuivre, on prend une plaque de cuivre pur et bien polie ; on la place sur un feu doux, et on la recouvre, au moyen d'un tampon de soie, d'un vernis qui, ramolli par la chaleur, s'étend facilement à sa surface. Ensuite on retourne la planche et on la tient au-dessus d'une bougie qui laisse échapper de la fumée. Le charbon de cette fumée s'incorporant avec le vernis, lui donne une teinte noire.

Cela fait, pour tracer un dessin, la copie d'un tableau, etc., on place sur la planche de cuivre une feuille de papier sur laquelle on a tracé le calque du dessin à exécuter. Alors, au moyen de la *pointe à calquer*, espèce d'aiguille plus ou moins fine, pourvue d'un manche, on suit les traits du calque, de manière à enlever le vernis et mettre à nu le métal, selon le dessin qu'il s'agit d'obtenir.

Après le travail de la pointe sur le cuivre verni, il reste à attaquer la planche par l'eau-forte, c'est-à-dire par l'acide azo-

Fig. 13. Enfumage du vernis dans la gravure à l'eau-forte.

tique étendu d'eau. A cet effet, on entoure la planche d'un

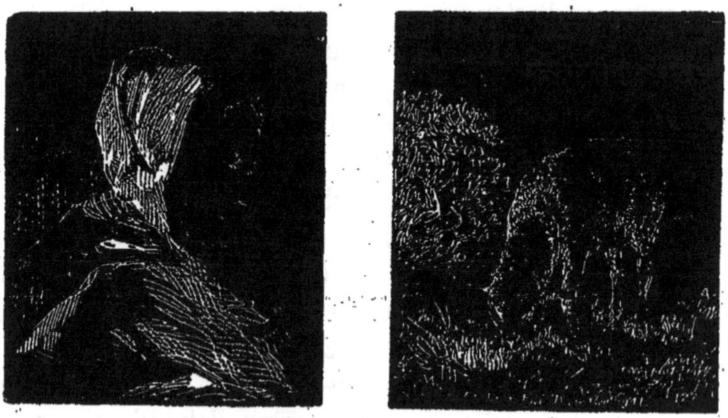

Fig. 14. Manière de dessiner sur le vernis.

rebord de cire, et dans le petit bassin ainsi formé, on verse l'acide azotique qu'on laisse agir sur le métal pendant une demi-heure ou une heure, selon la force de l'acide et la profondeur que l'on veut donner au creux. Il est des parties de la planche qui doivent être plus profondément attaquées que d'autres, qui doivent être plus ou moins *mordues*, selon l'expression consacrée ; on retire donc l'eau-forte qui couvrait la plaque, on lave cette plaque et on la sèche ; on recouvre ensuite les par-

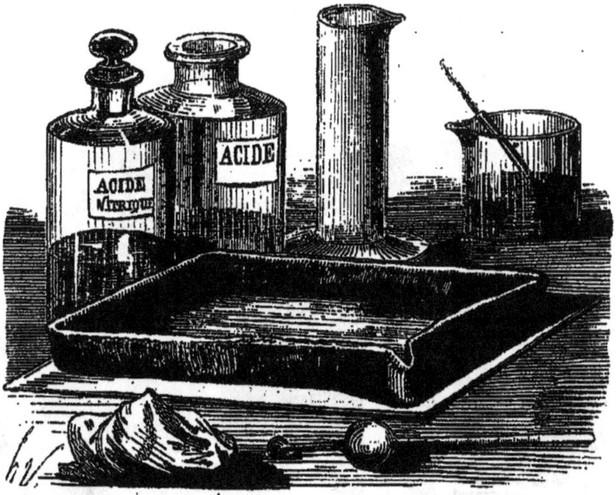

Fig. 15. Traitement de la plaque par l'eau-forte.

ties qui doivent rester légères, telles que les ciels et les lointains, d'une couche de vernis, afin de les préserver de l'acide, et on soumet le reste à l'action plus prolongée de l'eau-forte.

Parmi les artistes qui se sont le plus distingués dans la gravure à l'eau-forte, on doit citer : Albert Durer, François Mazzuoli, dit *le Parmesan*, Berghem, Paul Potter, Swanevelt, Everdingen, Henri Roos, Rembrandt, Annibal Carrache, Guido Reni, Salvator Rosa, Castiglione, Claude Lorrain, Bourdon, Coypel, etc.

L'Allemagne et l'Italie se sont disputé la découverte de la gravure à l'eau-forte : la première l'a revendiquée en faveur d'Albert Durer, tandis que les Italiens l'attribuent à François Mazzuoli, qui n'en fut certainement pas l'inventeur, mais qui seulement s'en servit le premier en Italie. Ce différend a été récemment terminé d'une manière inattendue. On a trouvé au *British Museum* de Londres une gravure à l'eau-forte due à Wenceslas d'Olmütz avec la date de 1496. Cette pièce assure à Wenceslas la supériorité de la découverte de la gravure à l'eau-forte, puisque la plus ancienne des gravures d'Albert Durer porte la date de l'année 1515, et que le peintre François Mazzuoli n'était né qu'en 1503.

On appelle *eaux-fortes de graveur*, les gravures obtenues par l'emploi successif de l'eau-forte et du burin. C'est le système presque uniquement suivi de nos jours.

La presse qui sert à tirer les estampes, ou la presse dite *en taille-douce*, diffère de la presse employée pour les tirages d'imprimerie. La figure 16, qui représente un ouvrier imprimeur

Fig. 16. Imprimeur en taille-douce tirant des épreuves.

en taille-douce tirant des épreuves d'estampes, montre les principales dispositions de cette presse.

GRAVURE EN RELIEF OU EN TAILLE-~~DOUCE~~. d'épargne

Ce genre de travail semble plutôt rentrer dans l'ordre de la sculpture que dans celui de la gravure; il s'exécute sur le cuivre, mais beaucoup plus particulièrement sur le bois.

Dans la gravure en relief, les tailles, au lieu d'être creusées comme dans la gravure au burin ou à l'eau-forte, sont réservées et font saillie, tandis qu'on enlève toutes les parties qui doivent donner les clairs à l'impression. L'avantage spécial de ce mode de gravure, c'est qu'elles peuvent être tirées à la presse typographique, c'est-à-dire placées dans les formes d'imprimerie, et fournir dans le texte même des livres des épreuves qui se tirent en même temps que ce texte. C'est ainsi que s'obtiennent aujourd'hui les *illustrations*, c'est-à-dire les gravures accompagnant le texte dans les ouvrages imprimés. Le bas prix de ce genre de gravures, le précieux avantage qu'elles présentent de ne point exiger de tirage séparé, mais de se tirer sur la même forme que les caractères d'imprimerie, ont donné de nos jours à la gravure en relief une extension immense. Ainsi ont été obtenues les gravures intercalées dans le texte qui accompagnent cet ouvrage.

C'est sur le bois de buis, et sur bois debout, que sont taillées les gravures en relief destinées aux publications illustrées. Voici comment s'exécute le travail du dessinateur et celui du graveur.

La planche de buis étant bien dressée et bien polie, on la saupoudre de *céruse*, que l'on frotte avec du papier, de manière à faire pénétrer la résine dans les pores du bois; on obtient ainsi une surface sur laquelle l'encre ou le crayon du dessinateur ne s'étend pas irrégulièrement, qui ne *boit* pas, comme le papier non collé. Sur la planche ainsi préparée, l'artiste dessine, au crayon ou à la plume, la composition qu'il veut publier. Il livre ensuite son travail au graveur sur bois, artiste d'un ordre inférieur, qui, souvent même, connaît peu le dessin, et dont tout le talent consiste à creuser le bois dans les parties qui doivent rester claires à l'impression, pour mettre en relief tous les traits, toutes les hachures tracés par le dessinateur. Cette opération s'exécute à l'aide d'une pointe d'acier longue et étroite, pour faire les hachures ou les traits délicats, et pour les parties qui doivent être plus largement enlevées, au moyen d'un petit ciseau d'acier que l'on frappe avec un maillet. On a recours au burin pour les parties très-délicates du dessin.

Les planches de bois ainsi gravées, ou pour mieux dire sculptées, sont livrées à l'imprimeur, qui les serre, à la place indiquée, dans les formes, et, comme nous l'avons dit, texte et gravure se tirent en même temps à la presse typographique.

Malgré l'extrême dureté du buis, les gravures sur bois ne sauraient suffire à un tirage très-considérable. Pour conserver aux traits de la gravure toute leur pureté, on ne peut guère dépasser avec une gravure sur bois plus de quinze mille exemplaires. Quand on veut pousser le tirage au delà de ces limites, la galvanoplastie, dont il sera parlé dans la suite de cet ouvrage, vient offrir un puissant secours. Si l'on veut obtenir un très-grand nombre d'épreuves, on ne tire point avec le bois gravé. Au moyen de procédés galvanoplastiques, on fait reproduire un ou plusieurs clichés en cuivre, parfaitement conformes au type en bois, et c'est avec ces clichés sur cuivre en relief que l'on effectue le tirage. C'est là une inappréciable ressource pour conserver le type primitif du graveur, et effectuer des tirages aussi nombreux qu'on le désire, tout en conservant aux épreuves une parfaite n etteté, puisque l'on peut remplacer le cliché par un autre obtenu par le même moyen quand ce cliché commence à se détériorer par un long usage.

La gravure en relief, ou en *taille d'épargne*, qui vient d'être décrite, ne s'effectue pas seulement sur le bois; on l'exécute aussi sur les métaux, principalement sur le cuivre et quelquefois sur l'acier. C'est ainsi qu'opèrent les graveurs de cachets et les graveurs de médailles. C'est par la gravure sur cuivre en relief que se font ces sortes d'estampilles, destinées à imprimer à la main le nom ou les marques d'une fabrique, d'une maison de commerce, d'une administration, etc.

Ce ne sont pas là des objets d'art; mais ce qui constitue les produits de l'art le plus délicat, ce sont les gravures exécutées en relief sur acier, pour obtenir ces dessins et ces traits compliqués propres aux billets de banque, aux timbres-poste, et aux timbres des effets de commerce. L'exécution de ces types sur acier est confiée aux artistes les plus habiles et les plus exercés, car il s'agit d'obtenir des images, des signes ou des corps d'écriture, que ni la main de l'homme ni l'impression ne puissent imiter.

La gravure en taille de relief est d'une origine très-ancienne. Cette *impression tabellaire*, dont il est question au chapitre précédent, dans l'histoire de l'imprimerie, était pratiquée dès le onzième siècle chez les Chinois, et constituait chez ces peuples les rudiments de la typographie. Peu de temps après la découverte de l'imprimerie par Gutenberg, on obtenait en Europe des gravures sur bois. La gravure sur bois a même précédé la gravure au burin et à l'eau-forte; on possède en effet des épreuves sur papier d'un saint Christophe gravé sur bois en Allemagne, en 1423, et d'un saint Bernard, gravé probablement en France par Bernard Milnet en 1445, tandis que la découverte de la gravure au burin n'a été faite, comme on l'a vu plus haut, qu'en 1452, par le Florentin Finiguerra. Beaucoup d'ouvrages publiés avant le dix-huitième et le dix-neuvième siècle contiennent des gravures sur bois.

Mais c'est principalement dans notre siècle que la gravure sur bois a pris une extension étonnante, par suite de la facilité que donne la galvanoplastie pour multiplier à volonté, au moyen du cuivre, le type primitif fourni par le graveur sur bois. Dans les premiers temps, les gravures en relief destinées aux ouvrages illustrés furent sculptées sur le cuivre, pour suffire à un long tirage; mais elles revenaient ainsi à un prix assez élevé. Heureusement la galvanoplastie est venue rendre inutile ce genre de travail, coûteux, difficile et peu agréable pour l'artiste. Aujourd'hui, la gravure sur cuivre en relief destinée aux livres illustrés est totalement supprimée; on se contente, comme nous l'avons dit, de faire reproduire en cuivre par la galvanoplastie, les gravures sur bois destinées au tirage typographique. C'est là une grande économie et une grande simplification.

En résumé, la gravure sur bois est aujourd'hui extrêmement simple. Ainsi s'explique ce déluge d'*illustrations* qui donnent à beaucoup d'ouvrages actuels un attrait particulier et un intérêt nouveau. La gravure sur bois vient maintenant en aide à l'écriture, surtout pour les matières d'art et de science; elle facilite l'expression de sa pensée, elle est pour lui un auxiliaire fidèle. Complément de l'imprimerie, aide nouveau pour l'écrivain, la gravure sur bois mérite donc la faveur toute particulière que le public lui accorde aujourd'hui.

LA LITHOGRAPHIE

III

LA LITHOGRAPHIE.

Principe théorique de l'opération lithographique. — Description de ce procédé. — Aloys Senefelder inventeur de cet art. — Progrès de la lithographie dans les différentes parties de l'Europe. — Son utilité spéciale.

L'art de la lithographie (du grec λίθος, pierre, et γράφω, j'écris) a pour objet de remplacer le bois ou les métaux qui servent à exécuter les gravures par une simple pierre calcaire, afin de réduire à un très-bas prix la reproduction des œuvres du dessin. La lithographie est d'invention toute moderne. On avait bien essayé autrefois de graver en relief sur le marbre ou sur une pierre calcaire, à l'aide d'un acide, et l'on connaît le procédé populaire pour graver des caractères sur des coquilles d'œufs qui sont de la même nature que des pierres calcaires[1]; mais le prin-

1. Ce procédé consiste à tracer un dessin ou des caractères avec du suif sur la coquille d'œuf, et à la plonger dans du vinaigre; l'acide creuse les parties de la coquille non défendues par l'interposition du suif, et les caractères ou dessins apparaissent ainsi en relief.

cipe de la lithographie repose sur une action toute différente. On ne se propose point de graver en relief sur la pierre, mais seulement de modifier chimiquement sa surface de manière que certaines parties puissent recevoir l'encre d'impression, et d'autres parties la repousser. C'est un phénomène très-curieux de physique moléculaire sur la nature duquel il importe d'être bien fixé, car on commet d'ordinaire beaucoup d'erreurs dans l'explication scientifique de la lithographie.

Tout le monde sait que si l'on projette la vapeur de l'haleine sur un carreau de vitre, toute la surface de cette vitre se recouvre uniformément de vapeur; mais si, avant d'y diriger l'haleine, on a préalablement tracé avec le doigt un sillon sur la vitre, la vapeur dirigée ensuite sur cette surface ne s'attache qu'aux parties non touchées par le doigt. C'est un phénomène du même ordre que va nous présenter l'opération lithographique.

Pour obtenir une épreuve au moyen de la lithographie, on commence par se procurer une pierre calcaire dont le grain est très-serré, et qui est susceptible de recevoir un poli parfait, sur lequel la plume ou le crayon glissent avec la plus grande facilité. Cette variété de calcaire (carbonate de chaux) porte le nom particulier de *pierre lithographique*. Celles dont on se sert communément, les *pierres de Munich*, sont tirées du comté de Pappenheim, en Bavière. On trouve à Châteauroux, en France, une carrière de pierres lithographiques, excellentes pour la reproduction de l'écriture. On cite encore, mais comme inférieures aux précédentes, les pierres lithographiques de Bellay et de l'Aube. Pour être employées par l'artiste lithographe, ces pierres n'ont besoin que de recevoir un poli convenable.

Sur cette pierre bien polie, l'artiste qui veut obtenir la reproduction d'un dessin, exécute ce dessin avec un crayon gras, formé ordinairement de savon et de noir de fumée bien mêlés et façonnés en cylindre, que l'on taille comme un crayon ordinaire. Quand le dessin est terminé, on passe sur la pierre de l'eau contenant une certaine quantité d'eau-forte (acide azotique). L'acide azotique attaque la pierre aux points qui ne sont pas défendus par le trait qu'a laissé le crayon gras et la laisse intacte sous ces dernières parties. Après cette opération, on lave la pierre avec de l'eau, et enfin avec de l'essence de térébenthine pour enlever toute trace du dessin primitif et du corps gras. Si l'on passe alors de l'encre d'imprimerie sur la pierre ainsi traitée, et qui ne présente aucun trait à sa surface, on peut obtenir au moyen de la presse une épreuve du dessin sur le papier. C'est, quand on assiste à un pareil tirage, un phénomène fort singulier, que cette pierre qui ne présente aucun trait, aucun dessin visible, et qui cependant donne l'épreuve dès qu'on y passe le rouleau d'encre, et qu'on presse dessus le papier du tirage.

Comment expliquer ce qui s'est passé à la surface de la pierre? Les parties que l'acide a attaquées ne prennent pas l'encre et celles qu'il n'a pas touchées peuvent, au contraire, la prendre. Il ne faut pas attribuer cet effet curieux à la petite différence de niveau que présente la pierre et qui retracerait le dessin en s'imprégnant partiellement d'encre par suite de ces inégalités; il s'agit ici d'un phénomène tout particulier de physique moléculaire. Une modification physique s'est opérée à la surface de la pierre par suite de l'action corrosive de l'acide; les parties attaquées par l'acide ne peuvent pas s'imprégner d'encre, tandis que les parties non touchées par cet acide peuvent la retenir. C'est un phénomène semblable que l'on produit, comme nous l'avons dit en commençant, lorsque passant le doigt sur une vitre, si on essaye ensuite de diriger l'haleine sur cette vitre, les parties qui ont été touchées par le doigt ne se recouvrent pas de vapeur d'eau, tandis que les autres la reçoivent. Dans l'opération du daguerréotype sur plaque, il se passe encore un phénomène du même ordre; les parties de la plaque d'argent que la lumière n'a pas touchées ne peuvent pas s'imprégner de vapeur de mercure, cette vapeur se fixe uniquement sur les parties de la plaque revêtues d'iodure d'argent que la lumière a touchées et modifiées chimiquement.

Le tirage des lithographies s'opère au moyen d'une presse qui diffère de la presse en taille-douce et de la presse à l'usage des imprimeurs. On voit dans la figure suivante l'ouvrier lithographe tirant des épreuves. Faisons remarquer qu'il est indispensable pour la réussite du tirage, que la pierre soit entretenue constamment humide, sans cette précaution l'encre se déposerait partout uniformément et l'on n'obtiendrait aucun résultat. L'ouvrier lithographe est donc obligé, à chaque épreuve, d'humecter de nouveau la surface de la pierre.

Les pierres lithographiques étant d'une certaine valeur, surtout quand elles doivent présenter de grandes dimensions, on remplace quelquefois les pierres lithographiques par des pla-

Fig. 17. Presse lithographique.

ques de zinc, sur lesquelles on opère à la manière ordinaire. C'est alors la *zincographie.* Du reste, la substitution des feuilles de zinc à la pierre lithographique avait déjà été réalisée par l'inventeur de cet art.

Aloys Senefelder, le créateur de la lithographie, n'était qu'un pauvre artiste attaché au théâtre de Munich. C'est par une suite de persévérants travaux que cet homme ingénieux et patient, privé de tout encouragement et de tout secours, parvint à nous doter de ce simple et admirable moyen de reproduction, qui a tant contribué à populariser les œuvres de l'art moderne. Fils d'un acteur du théâtre de la cour à Munich, Aloys Senefelder, né à Prague en 1771, commença par remplir à ce théâtre les simples fonctions de choriste. Il composa deux ou trois pièces qui n'obtinrent pas grand succès, *Mathilde d'Allenstein* et *les Goths d'Orient*, et, pour les faire mieux apprécier du public, il résolut de faire imprimer ses œuvres. Bien que fort pauvre, sans protecteurs et sans ressources, Senefelder parvint à faire

Fig. 18. Statue d'Aloys Senefelder, dans les ateliers de M. Lemercier, à Paris.

imprimer une de ses pièces, et, en surveillant cette impression, il put s'initier à tous les principes de la typographie. Hors d'état de subvenir à l'impression du reste de ses œuvres, il résolut de chercher quelque moyen nouveau de reproduire économiquement l'écriture. Parmi les divers moyens dont il fit l'essai, celui qui lui réussit le mieux était une sorte d'imitation du procédé de la gravure à l'eau-forte. Il écrivait, au moyen d'un vernis, sur une plaque de cuivre, et donnait ensuite du relief aux caractères en attaquant la plaque de cuivre par l'eau-forte. Seulement il fallait écrire à rebours; Senefelder s'appliqua et parvint à imiter, à la main, les caractères d'imprimerie. Mais les plaques de cuivre coûtaient fort cher; il lui était difficile de les polir convenablement, elles se détérioraient très-vite, et il était fort difficile d'y faire des retouches ou des corrections.

Découragé par tant de difficultés, notre opérateur était sur le point d'abandonner une entreprise presque téméraire, lorsqu'une idée nouvelle jaillit dans son esprit. Aux environs de Munich, il existait une carrière abondante de pierres calcaires

Fig. 19.

qui servaient à faire les dalles des appartements : ces pierres, d'un grain très-serré, se polissaient avec la plus grande facilité. Senefelder conçut alors l'idée de substituer ces pierres aux plaques de cuivre dont il faisait usage. Mais comment espérer pouvoir réaliser avec quelque avantage une pareille substitution ? Senefelder s'épuisait en essais et ne parvenait à rien.

L'inventeur en était là, lorsque le plus singulier des hasards vint lui faire entrevoir la solution du problème qu'il s'était posé. Un jour, comme Senefelder était occupé à quelque essai sur une de ses pierres de Munich, il reçut la visite de sa blanchisseuse. N'ayant pas de papier sous la main, il écrivit la note de son linge sur cette pierre même avec l'encre grasse qui lui servait dans ses premiers essais à écrire sur le cuivre. Une fois seul, il lui vint à l'idée d'essayer si, en versant sur la pierre l'acide qui lui servait à creuser ses plaques métalliques, il ne pourrait donner à la pierre un relief suffisant pour qu'elle pût fournir des épreuves à l'impression. Ce fut là le point de départ d'une série de recherches longues et variées, qui devaient conduire Senefelder à l'invention définitive de la lithographie. L'acide versé sur la pierre recouverte de caractères à l'encre grasse ne pouvait fournir un relief suffisant pour que la pierre pût servir au tirage au moyen de l'encre d'impression ; mais il se trouva qu'ainsi attaquée en certains points par l'acide, elle subissait dans sa contexture physique une modification telle, que les parties touchées par l'acide ne pouvaient recevoir l'encre d'impression, tandis que les parties qui avaient été défendues de son contact par l'encre grasse, prenaient au contraire fort bien l'encre d'impression. En poursuivant l'étude approfondie de ce fait inattendu, Senefelder ne tarda pas à renoncer à son idée primitive d'obtenir le relief sur pierre par un acide. Il reconnut que, pour reproduire de l'écriture ou un dessin, il suffisait d'écrire avec une encre grasse sur une pierre calcaire de Munich bien polie, de verser sur cette pierre de l'eau-forte étendue d'eau, d'enlever ensuite l'encre du dessin recouvrant la pierre, et de la soumettre enfin au tirage au moyen de l'encre d'impression.

Le rouleau qui servait à distribuer l'encre, ainsi que la pierre employée au tirage, exigeaient des modifications toutes spéciales pour s'appliquer à cette nouvelle destination. Senefelder réalisa avec le plus grand bonheur tous ces changements, et c'est à lui que l'on doit tout l'outillage, tout le matériel pratique qui sont employés aujourd'hui par les lithographes.

C'est en 1799 qu'Aloys Senefelder réalisa l'invention définitive de la lithographie. Le roi de Bavière lui ayant accordé un brevet de quinze années pour l'exploitation de sa découverte, Senefelder prit le même brevet à Vienne, à Londres et à Paris. Il établit d'abord à Offenbach, ensuite à Vienne, et enfin à Munich, une imprimerie lithographique dont le succès fut rapide, et qui répandit promptement dans le commerce les chefs-d'œuvre des maîtres de l'art. Plus heureux que la plupart des inventeurs, Aloys Senefelder put jouir de son vivant de l'immense extension que reçut sa découverte, de l'admiration qu'elle a excitée, et des services qu'elle a rendus aux beaux-arts. Cet éminent artiste est mort à Munich en 1834.

L'adoption de la lithographie a rencontré beaucoup de résistance en France. On craignait qu'elle ne détrônât la gravure, et qu'elle n'en fît disparaître le goût. L'appât du bon marché devait, disait-on, engager les amateurs à se jeter sur ces reproductions, forcément bien inférieures aux œuvres du burin, et corrompre ainsi le goût public. L'événement a prouvé le peu de fondement de ces craintes. La lithographie et la gravure ont chacune leurs applications spéciales, et, remplissant des indications bien différentes, elles ne peuvent se nuire réciproquement. La lithographie a pris aujourd'hui dans les beaux-arts le rang qui lui a été si longtemps contesté ; elle est admise à nos expositions, elle figure dans nos musées, et des artistes de grand mérite se sont acquis dans ce genre une juste renommée.

C'est à M. le comte de Lasteyrie que l'on doit surtout l'extension que la lithographie a prise en France. Cet amateur éclairé, après un long séjour fait dans les imprimeries lithographiques de l'Allemagne, fonda à Paris, en 1814, la première imprimerie lithographique. Engelmann en créait une autre presque en même temps à Mulhouse, et deux ans après à Paris. En 1818, l'autorité commença à délivrer des brevets d'imprimeurs lithographes ; et aujourd'hui, il n'est pas en France de ville, même de troisième classe, qui n'ait son imprimerie lithographique.

Ainsi l'invention de Senefelder a vite prospéré. Un court espace de temps lui a suffi pour passer de l'état d'enfance à celui de perfection ; quarante années à peine séparent sa naissance de son apogée.

Nous ne devons pas oublier de dire toutefois que la lithographie a rencontré de nos jours une redoutable rivale : c'est la photographie. Pour la reproduction des œuvres du dessin et de la peinture, pour la copie des monuments et des œuvres d'architecture, la photographie tend de plus en plus aujourd'hui à se substituer à la lithographie, qui représente ces sujets avec une infidélité notoire, si on les compare à l'image admirable et précise que donnent des mêmes sujets les procédés photographiques.

LA POUDRE A CANON

IV

LA POUDRE A CANON.

Historique. — Ancienneté des mélanges inflammables employés dans les combats. — Emploi des feux de guerre chez les Orientaux. — Le feu grégeois. — Le feu grégeois introduit chez les Arabes. — Invention de la poudre à canon. — Les canons employés pour la première fois à Florence, en 1325. — L'opinion se prononce contre les armes à feu. — Berthold Schwartz perfectionne les bouches à feu. — Création et progrès de l'artillerie. — Causes de l'explosion de la poudre. — Fabrication de la poudre.

Une opinion presque universellement répandue attribue l'invention de la poudre à canon à un moine très-versé dans les connaissances scientifiques, Roger Bacon, qui vivait au treizième siècle. Cette opinion est pourtant inexacte. On ne peut rapporter d'une manière exclusive à aucun savant en particulier l'invention de notre poudre de guerre. Dès les temps les plus reculés, les mélanges inflammables ont été en usage comme moyens d'attaque ou de défense, tant dans l'Occident que dans l'Orient. Mais c'est surtout dans les contrées de l'Asie que, de temps immémorial, on fit usage dans les combats, de ces mélanges inflammables qui, perfectionnés de siècle en siècle, ont fini par constituer la poudre à canon actuelle. Nous allons voir comment les mélanges inflammables primitivement employés en Orient se sont peu à peu modifiés, ont fini, en Europe, par acquérir la propriété de lancer des projectiles, et par quels moyens on est parvenu à créer l'artillerie moderne.

L'Asie produit en abondance divers combustibles naturels, entre autres le naphte, le bitume ou asphalte, l'huile de pétrole, etc. En mêlant ces substances à du goudron et à des huiles grasses, les Chinois, les Indiens et les Mongols obtenaient des matières inflammables susceptibles de s'attacher aux objets contre lesquels on les lançait. Au septième siècle, ces mélanges incendiaires, dont l'invention première se perd dans la nuit des temps, furent introduits en Europe. Les Grecs du Bas-Empire durent la connaissance de ces mélanges, auxquels on donna dès lors le nom de *feu grégeois*, à un architecte syrien nommé Callinique.

Le mélange des produits inflammables connu sous le nom de *feu grégeois* était loin de posséder ce degré extraordinaire d'activité de combustion que tant d'historiens se sont plu à lui accorder. C'était plutôt, pour les guerriers de l'Orient, un moyen de semer l'épouvante dans les rangs ennemis, qu'une arme offensive et redoutable.

On connaît aujourd'hui d'une manière exacte quelle était la composition du feu grégeois. C'était un mélange d'huile de naphte, de goudron, de résine, d'huiles végétales et de graisses, des sucs desséchés de certaines plantes, auxquels on joignait certains métaux combustibles réduits en poudre. Le salpêtre n'entrait pas encore dans la composition du feu grégeois aux premiers temps où l'on en fit usage.

Comment faisait-on servir le feu grégois aux usages de la guerre? Dans les siéges, on le lançait au moyen de balistes ou d'arbalètes, pour incendier les tours en bois et les travaux de défense. Dans les batailles navales, des brûlots, remplis de cette matière enflammée et poussés par le vent, allaient porter et attacher le feu aux flancs des navires. Quelquefois on lançait le feu grégeois au moyen de tubes de cuivre ou d'airain établis sur la proue des bâtiments. Dans les combats sur terre, le feu grégeois était très-rarement employé ; il ne servait guère, comme nous l'avons déjà dit, que comme moyen d'étonner et de terrifier l'ennemi.

Le feu grégeois valut aux Grecs du Bas-Empire beaucoup de victoires navales depuis le neuvième siècle jusqu'à la prise de Constantinople par les croisés en 1204. Après la prise de cette capitale, la connaissance du feu grégeois se répandit chez les peuples musulmans.

A cette époque, c'est-à-dire au commencement du treizième siècle, la composition du feu grégeois reçut un grand perfectionnement. On y introduisit le salpêtre, c'est-à-dire le produit qui porte vulgairement le nom de *nitre* et scientifiquement celui d'azotate de potasse. Les Chinois avaient de bonne heure connaissance de ce sel, qui *fuse* sur les charbons ardents, c'est-à-dire qui fait brûler le charbon avec un vif éclat en activant singulièrement sa combustion. En effet, ce sel se rencontre tout formé en Chine à la surface du sol, où il constitue des efflorescences naturelles. Il suffit de recueillir ces terres chargées de salpêtre, de les délayer dans l'eau chaude qui dissout ce sel, et de faire évaporer cette dissolution, pour obtenir du salpêtre, impur sans doute, mais capable néanmoins de fuser, c'est-à-dire d'activer énergiquement la combustion des matières inflammables, telles que le soufre, le charbon, les matières grasses ou résineuses. En ajoutant des proportions convenables de ce salpêtre impur aux matières inflammables dont ils faisaient usage depuis longtemps comme moyen de guerre, les Chinois accrurent considérablement la combustibilité de ces mélanges. De cette manière le feu grégeois acquit entre leurs mains un degré nouveau de puissance.

Les Arabes empruntèrent aux Chinois l'idée d'ajouter au feu grégeois le salpêtre naturel, mais on ne saurait dire avec exactitude à quelle époque ils reçurent des Chinois cette importante application du salpêtre.

Les Grecs du Bas-Empire n'avaient guère employé le feu grégeois que dans les combats maritimes. Les Arabes, au contraire, s'en servirent surtout dans les combats de terre et dans les siéges. Pour lancer le feu grégeois, les Sarrasins possédaient des machines très-diverses et quelquefois très-perfectionnées. Dans les siéges, on lançait le feu grégeois avec des balistes,

Fig. 20. Machine à fronde pour lancer le feu grégeois.

des machines à levier, des machines à fronde contre les tours et les ouvrages que l'on voulait incendier.

La figure 20, empruntée à un manuscrit latin du quatorzième siècle, et reproduite dans l'ouvrage de MM. Reinaud et Favé sur le *feu grégeois et les feux de guerre*, représente une machine à fronde qui était en usage à la fin du quatorzième siècle dans l'Europe orientale, et qui servait à lancer le feu grégeois, et d'autres fois des boulets. C'était une sorte de fronde ou d'arc gigantesque en bois. A l'aide de deux roues B, B, on tendait très-fortement une corde à laquelle était attaché un tonneau plein de feu grégeois; on faisait ainsi plier l'espèce d'arc en bois, flexible et articulé, AA. Quand la corde était subitement abandonnée à elle-même, par l'élasticité du bois, l'arc se détendait violemment, et envoyait à des distances considérables le tonneau plein de matières enflammées. Avec des machines de ce genre, on a quelquefois lancé par-dessus les remparts des prisonniers faits à l'ennemi.

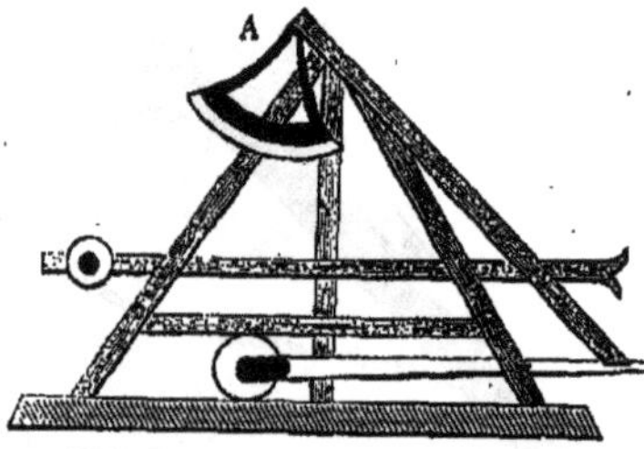

Fig. 21. Autre machine à fronde destinée à lancer le feu grégeois.

La figure ci-contre représente une machine à fronde plus petite destinée à lancer le feu grégeois; dans le manuscrit déjà cité, cette machine est désignée sous ce nom : *l'œuf qui se meut et qui brûle:* c'est le dessin grossier d'un appareil à fronde; la fronde est représentée par l'appareil triangulaire A, auquel on fixait une corde.

Fig. 22. Projectiles incendiaires.

Dans quelques manuscrits du quatorzième siècle on trouve représentés grossièrement divers projectiles pleins de feu grégeois qui étaient lancés par ces machines à fronde. La figure 22, empruntée à ces manuscrits, représente quelques-uns de ces projectiles.

Ce n'est pas seulement dans les siéges que les Sarrasins et les Arabes faisaient usage du feu grégeois; dans les combats corps à corps ils y avaient souvent recours, et les engins de guerre servant à cet emploi étaient très-variés.

Les Sarrasins avaient d'abord les *chars incendiaires*, que l'on voit représentés dans la figure suivante, tirée du manuscrit latin du quatorzième siècle déjà cité.

Des cavaliers armés de *lances à feu* se jetaient dans les rangs

Fig. 23. Chars incendiaires.

ennemis, et portaient l'épouvante au milieu d'eux. Des fantassins s'armaient aussi de lances à feu.

Dans leurs combats contre les chrétiens, les Sarrasins faisaient encore usage des *massues à asperger*, qui, en se brisant sur l'ennemi, le couvraient de feu grégois brûlant. Des cavaliers portaient avec eux des flacons de verre remplis de ce mélange incendiaire; le bout du verre était enduit de soufre; à un moment donné, on mettait le feu au soufre, le flacon se brisait par la chaleur, et le cheval et son cavalier, enveloppés de flammes, allaient répandre l'épouvante dans les bataillons ennemis.

Les croisés, qui ne savaient se battre qu'avec le fer, étaient saisis d'effroi quand ils se voyaient couverts de feu par la *massue à asperger* ou les *lances à feu* des infidèles; et l'historien Joinville, qui prit part lui-même aux guerres de la terre sainte, nous a laissé dans ses naïves *Chroniques* des témoignages de l'impression profonde que faisaient ces armes étranges sur l'esprit des guerriers chrétiens.

On a longtemps prétendu que le feu grégeois brûlait avec tant d'activité qu'il était impossible de l'éteindre, et que l'eau jetée pour arrêter ses ravages ne faisait, au contraire, que les accroître. Mais il est aujourd'hui bien reconnu que le feu grégeois s'éteignait dans l'eau.

Il paraît bien établi que ce sont les Arabes qui, au quatorzième siècle, en ajoutant du salpêtre aux matières qui entraient dans la composition du feu grégeois, c'est-à-dire au soufre et au charbon, ont les premiers composé un mélange tout à fait analogue à notre poudre à canon actuelle. A cette époque, les connaissances chimiques étant déjà fort avancées chez les Arabes, on réussit chez ces peuples à purifier le salpêtre et à le débarrasser des produits étrangers qui retardaient sa déflagration. Le salpêtre ainsi purifié, et par conséquent plus actif, étant ajouté au soufre et au charbon, donna un mélange dont la combustion pouvait se faire assez brusquement pour que la subite expansion des gaz formés pendant cette combustion pût chasser un projectile. Ainsi prît naissance la poudre à canon proprement dite.

Cependant, le salpêtre préparé chez les Arabes était encore trop impur pour donner à la poudre de guerre une grande force de projection. La poudre préparée au quatorzième siècle n'aurait pu imprimer aux projectiles une vitesse assez considérable pour percer les massives armures d'acier des hommes d'armes de cette époque. Aussi, pendant le quatorzième siècle, la poudre ne servit guère qu'à lancer de grosses pierres qui écrasaient sous leur poids les édifices et les remparts des villes assiégées. Ces premières bouches à feu portaient le nom de *bombardes*.

La figure 24 représente une *bombarde*, ou bouche à feu du

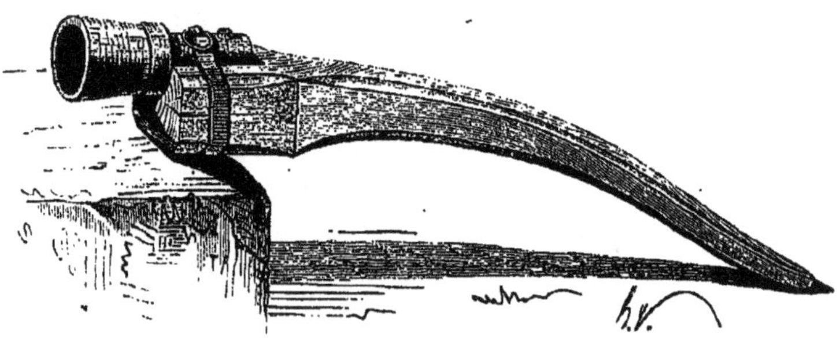

Fig. 24. Bombarde.

quatorzième siècle, d'après les spécimens qui existent au musée d'artillerie de Paris.

Il faut bien faire remarquer ici que la découverte de la poudre de guerre ne fit pas renoncer, dans les premiers temps, à l'usage du feu grégeois chez les musulmans et chez les Européens eux-mêmes. En effet, les premières *bombardes* ne servaient pas seulement à lancer des pierres contre les remparts ou les défenses des villes assiégées, elles servirent encore à lancer le feu grégeois.

Ce dernier fait prouve suffisamment d'ailleurs, contrairement à une opinion encore bien répandue, que le secret de la préparation du feu grégeois ne s'était jamais perdu en Europe. Les artificiers du moyen âge connaissaient parfaitement et savaient employer ce feu grégeois qui avait causé tant d'épouvante à leurs ancêtres dans les combats de la Palestine. Loin d'avoir été perdu, le feu grégeois était encore, au quatorzième siècle, en usage dans les siéges, et on l'avait même appliqué à l'art des mines; seulement, on l'abandonna de plus en plus à mesure que la préparation de la poudre à canon alla se perfectionnant.

Différentes nations se sont disputé l'honneur d'avoir les premières fait usage du canon. La question paraît bien résolue aujourd'hui. En 1325, d'après un document authentique, le *gonfalonier* et les douze *bons hommes* (magistrats) de la ville de Florence avaient la faculté de nommer deux officiers chargés de faire fabriquer des boulets de fer et des canons pour la défense des châteaux et des villages appartenant à la république. C'est donc l'Italie qui a fait la première usage du canon.

On employa pour la première fois en France la poudre à canon au siége de Cambrai par Édouard III, en 1339. En 1345, on fabriquait des canons à Cahors, et on employait, dès cette époque, des boulets et des balles de plomb.

Si les Anglais n'ont adopté la poudre à canon qu'après nous, ils furent les premiers de tous les peuples à s'en servir en rase campagne, et ce fut contre nos troupes. A la fatale journée de Crécy, le 26 août 1346, les Anglais tirèrent trois canons qui lançaient de petits boulets de fer. Notre désastre ayant été attribué à l'emploi de bouches à feu dans cette bataille, toutes les nations militaires de l'Europe adoptèrent bientôt l'usage de l'artillerie.

La figure suivante représente divers modèles de canons du quatorzième et du quinzième siècle, qui existent au musée d'artillerie de Paris.

Le canon, qui jusqu'alors n'avait tonné que contre les murs et les remparts des villes assiégées, se tourna bientôt contre les

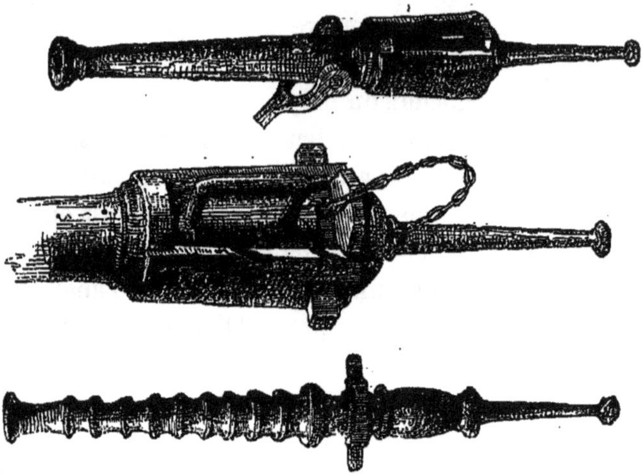

Fig. 25. Canons du quatorzième et du quinzième siècle.

combattants eux-mêmes. Cependant l'emploi de l'artillerie paraissait une félonie aux hommes d'armes du moyen âge. Il leur répugnait d'employer à la guerre des instruments avec lesquels un lâche pouvait abattre, de loin et à couvert, un guerrier intrépide. Le concile de Latran défendit de diriger contre les hommes ces machines de guerre *trop meurtrières et déplaisant à Dieu*, et les artilleurs allemands devaient jurer de ne s'en servir jamais pour la destruction des hommes. Mais depuis le succès des Anglais à la journée de Crécy, ces scrupules généreux s'effacèrent, l'usage des armes à feu se généralisa et se répandit dans toute l'Europe.

En France, vers 1350, les communes avaient des canons, des *artillers*, et un maître d'artillerie, pour résister aux attaques de la féodalité. En 1376, les Anglais, qui n'avaient eu que trois bouches à feu à la bataille de Crécy, attaquaient Saint-Malo avec quatre cents canons.

En 1380, les canons apparurent pour la première fois à bord des navires.

On a souvent attribué à Berthold Schwartz, moine cordelier de Fribourg, qui vivait vers 1350, l'invention de la poudre à canon. Cette opinion est très-mal fondée, comme le montrent suffisamment les détails historiques qui précèdent; mais il est hors de doute que c'est à Berthold Schwartz que revient l'invention des bouches à feu coulées au moyen d'un alliage de plomb et d'étain.

Avant l'année 1378, un canon était composé de pièces de fer reliés entre elles par des liens circulaires. A cette époque, Berthold Schwartz fit connaître à la république de Venise, alors en guerre contre ses voisins, un alliage dur, élastique, très-résistant et propre à fabriquer d'excellentes bouches à feu. Les Vénitiens se servirent de ces canons au siége de Chiozza; après la victoire, ils jetèrent l'inventeur dans un cachot, en manière de récompense.

Née en Italie et en Allemagne, par suite du perfectionnement apporté par Berthold Schwartz à la fabrication des bouches à feu, l'artillerie reçut bientôt une organisation définitive dans les principales armées de l'Europe. C'est aux nombreuses bouches à feu qu'il traînait à sa suite, que le roi de France Charles VIII dut sa prompte conquête du royaume de Naples. François Ier, qui créa en France plusieurs fonderies de canons et beaucoup d'ateliers pour la fabrication de la poudre, rendit la première ordonnance relative à l'institution de l'administration des poudres et salpêtres.

L'arme sûre et commode qui porte le nom de *fusil*, n'est arrivée qu'après bien des modifications à son état actuel.

Le premier fusil, qui reçut le nom de *couleuvrine*, date du quinzième siècle (fig. 26). Ce n'était qu'un long canon de fer.

Fig. 26. Couleuvrine.

On le tenait bien fixement appuyé sur le bras gauche. Une autre personne approchait le feu de l'amorce, au commandement de l'*artiller*.

Fig. 27. Arquebuse à croc.

Bientôt on munit la *couleuvrine* d'un manche et d'un support pour le canon; ce qui permit à l'*artiller* d'allumer lui-même l'amorce. Cette arme (fig. 27) reçut le nom d'*arquebuse à croc*.

Dans les premières années du seizième siècle, fut inventé le *mousquet à mèche*, perfectionnement remarquable de l'arme à feu portative. Dans le *mousquet à mèche* (fig. 28), une crosse qui

Fig. 28. Mousquet à mèche avec sa fourche.

terminait l'arme, permettait d'épauler. Une tige de fer, nommée *fourche* ou *fourquine*, que l'on plantait en terre, servait à assurer le tir. Pour mettre le feu à l'amorce, on allumait une mèche de coton poudrée, fixée d'avance au-dessus du bassinet.

Mais cette manière d'enflammer la poudre avait bien des inconvénients. Aussi le *mousquet à mèche* fut-il promptement abandonné pour l'*arquebuse à rouet*. Ici la mèche fut remplacée par une pierre à feu, ou silex, qui allumait la poudre au moyen des étincelles qu'elle faisait jaillir quand une rondelle d'acier, ou *rouet*, venait, par l'action d'un ressort, frotter vivement son contour. L'*arquebuse à rouet* (fig. 29) est originaire d'Allemagne.

Fig. 29. Arquebuse à rouet.

Elle fut perfectionnée dans ce pays en 1519, 1573 et 1632; on la perfectionna aussi en 1584, à Venise. On réduisit les dimensions de l'ancien mousquet, ce qui permit de supprimer la fourche et d'en faire une arme réellement portative.

L'*arquebuse à rouet* fut l'arme portative de l'armée française pendant le seizième et le dix-septième siècle.

Le *rouet* a été remplacé ensuite par un mécanisme plus simple qui a fourni le *fusil à détente* ou *à silex*, enfin de nos jours le *fusil à piston* ou *à capsule fulminante*.

D'après les récits qui précèdent, on voit en définitive que la découverte de la poudre de guerre ne saurait être rapportée, comme on l'a fait si souvent, à un inventeur isolé. La poudre à canon est l'œuvre non d'un individu, mais des efforts des siècles réunis. Une longue série de perfectionnements successifs apportés par les différents peuples de l'Asie et de l'Europe à la préparation des mélanges incendiaires qui étaient de temps immémorial employés dans les combats, a donné naissance, par le progrès naturel des choses, à ce terrible agent de destruction qui devait exercer une si profonde influence sur la destinée des peuples modernes.

La poudre est un mélange combustible qui doit sa puissance d'expansion et sa propriété de chasser au loin les projectiles à cette circonstance physique, savoir : la subite transformation de cette matière solide en gaz qui occupent un espace très-considérable, et dont le volume est encore augmenté par la dilatation que la chaleur leur imprime. Le soufre, le charbon et le salpêtre sont des matières solides. Pendant la combustion qui est provoquée par l'oxygène que le salpêtre cède au soufre et au charbon, il se produit du gaz acide carbonique et du gaz azote, et la production de ces gaz est extrêmement rapide. De plus, comme toute combustion développe de la chaleur, cette chaleur dilate considérablement les gaz qui proviennent de l'inflammation de la poudre. Aussi a-t-on reconnu qu'un litre de poudre, en brûlant, donne huit mille litres de gaz. C'est, nous le répétons, cette subite transformation de la poudre en gaz occupant un volume très-considérable qui produit les puissants effets mécaniques dont son explosion est accompagnée.

La poudre est un mélange renfermant, sur 100 parties, 78 de salpêtre, 12 de charbon et 10 de souffre, matières solides et très-combustibles. Deux moyens différents sont employés pour la fabriquer : 1° le *procédé des pilons*, qui est le plus ancien et qui sert encore dans les poudreries de France, pour la fabrication de la poudre de guerre ; 2° le *procédé des meules*, qui donne la poudre de chasse. La différence entre ces deux procédés ne consiste que dans la manière d'opérer la trituration et le mélange des substances entrant dans la composition de la poudre.

LA BOUSSOLE

V

LA BOUSSOLE.

La pierre d'aimant chez les Romains et les Grecs. — Aiguille aimantée. — La boussole connue en Europe au douzième siècle. — Explication des phénomènes que présente l'aiguille aimantée. — Boussole marine. — Déclinaison et inclinaison de l'aiguille aimantée. — Utilité de la boussole.

On donne le nom d'*aimant naturel* à un minéral composé de deux oxydes de fer combinés, que certains terrains recèlent en abondance, et qui a la propriété d'attirer à soi le fer et quelques autres métaux, tels que le nickel et le cobalt.

D'après une tradition extrêmement ancienne, un berger, nommé *Magnès*, étant à la recherche d'une de ses brebis égarée sur le mont Ida, sentit que sa chaussure ferrée et le bout ferré de son bâton adhéraient fortement à un bloc noirâtre sur lequel il s'était reposé un moment : ce bloc était une pierre d'aimant. L'ancienneté de cette légende prouve que la *pierre d'aimant* a du être connue dans les temps les plus reculés chez différents peuples.

Au septième et au huitième siècle de notre ère, les commerçants chinois faisaient de longues courses maritimes. On prétend que c'est l'usage de l'aiguille aimantée qui assurait leur route à travers les mers, et quelques érudits ont avancé que les Chinois possédaient, dès l'année 121 après Jésus-Christ, ce moyen si précieux pour la navigation. Toutefois, le document le plus ancien que l'on trouve dans les ouvrages chinois relativement à cet objet, n'est que du onzième siècle.

Les Grecs et les Romains ont connu l'*aimant*, qu'ils appelaient la *pierre*, c'est-à-dire la pierre par excellence ; mais ils se contentaient de l'admirer sans en tirer le moindre parti. Ils savaient que l'aimant attire le fer, mais ils ont toujours ignoré sa vertu principale, c'est-à-dire la propriété dont jouit ce minerai de se diriger toujours vers le Nord quand il est suspendu de manière à se mouvoir librement et sans obstacles.

C'est vers le douzième siècle que l'aiguille aimantée paraît avoir été connue pour la première fois en Europe. Pendant les Croisades, les Européens, s'étant trouvés en contact continuel avec les Arabes, obtinrent de ces peuples cette précieuse révélation. Les Arabes eux-mêmes avaient appris des Indiens l'usage de la boussole, car, grâce aux navigateurs chinois, l'emploi de l'aiguille aimantée s'était répandu dans les mers de l'Inde.

Un document, fourni par l'histoire littéraire de la France, établit avec une complète évidence la connaissance de la boussole en Europe à la fin du douzième siècle. Un poëte troubadour français, Guyot de Provins, vers l'année 1180, décrit

Une pierre laide et brunière
Où li fer voulentiers se joint.

Ces deux vers constituent le titre historique le plus ancien et le plus authentique en faveur de la boussole européenne.

Ce n'est donc que vers le douzième siècle que la boussole fut connue des navigateurs de l'Europe. Hugo Bertin, qui vivait du temps de saint Louis, à peu près en même temps que Guyot de Provins, nous apprend qu'à cette époque on enfermait l'aiguille aimantée dans un vase de verre à moitié rempli d'eau, et qu'on la faisait flotter sur ce liquide au moyen de deux petits fétus.

La première boussole dont les navigateurs se soient servis se réduisait donc à une aiguille aimantée flottant sur l'eau.

Les frottements du liquide devaient presque entièrement paralyser le mouvement de l'aiguille attirée vers le Nord ; ce moyen ne pouvait donc fournir aucune indication certaine.

Fig. 30.

A quel homme ingénieux vint l'heureuse idée d'enlever *la calamite* (c'est ainsi qu'on appelait alors l'aiguille aimantée) aux fétus au moyen desquels elle flottait sur l'eau, pour la placer sur un pivot d'acier pointu s'élevant du centre d'une boîte, c'est-à-dire pour composer la boussole ?

Les Italiens ont revendiqué le mérite de cette idée en faveur d'un capitaine ou pilote nommé Flavio Gioia, natif du royaume de Naples ; mais cet honneur leur est bien contesté. Ce qu'on ne peut nier pourtant, c'est que les Italiens n'aient donné son nom actuel à ce précieux instrument.

Les Anglais ont prétendu, de leur côté, à la découverte de la boussole, pour avoir attaché à l'aiguille aimantée un carton circulaire divisé en trente-deux aires de vents. Quoi qu'il en soit, la fleur de lis qui chez toutes les nations maritimes désigne le Nord sur le carton où est figurée la rose des vents, ne permet pas de douter que la boussole n'ait reçu des Français de notables perfectionnements.

Avant d'aller plus loin, il importe de donner l'explication scientifique du mouvement de l'aiguille aimantée de la boussole.

Le phénomène essentiel que nous présente l'aiguille aimantée, c'est-à-dire sa propriété constante de se diriger vers le Nord et de revenir toujours vers ce même point quand on l'écarte de cette direction, s'explique facilement si l'on considère, avec les physiciens, le globe terrestre lui-même comme un immense aimant naturel. La terre, dans son action magnétique, nous présente, en effet, tous les phénomènes qui sont particuliers aux aimants naturels et artificiels.

Si l'on roule dans de la limaille de fer un aimant naturel de forme oblongue, ou simplement un barreau aimanté, on remarque que la limaille de fer attirée par l'action magnétique n'est pas également distribuée sur toute la longueur de l'aimant ou du barreau aimanté. On voit la limaille de fer se fixer principalement aux deux extrémités du barreau, et sa quantité décroître rapidement à mesure qu'on s'éloigne de ces extrémités : à la partie moyenne du barreau, l'attraction est nulle, aucune parcelle de limaille ne s'y attache. On nomme *pôles* les extrémités *a*, *b*, de l'aimant, et *ligne neutre* la partie moyenne *nt*, du barreau où la force magnétique est presque nulle.

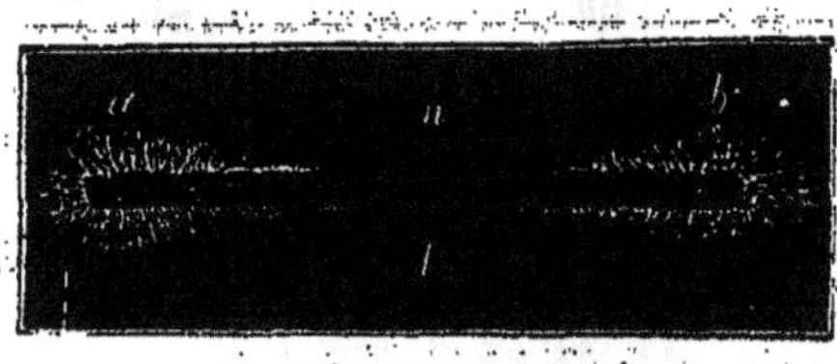

Fig. 31. Barreau aimanté.

Les deux pôles d'un aimant ou d'un barreau aimanté paraissent exercer une action identique quand on les présente à de la limaille de fer ; mais cette identité n'est qu'apparente. Les physiciens admettent, dans un aimant, l'existence de deux sortes de fluides agissant chacun par répulsion sur lui-même et par attraction sur l'autre fluide, et dont les résultantes d'action seraient situées aux extrémités ou pôles de l'aimant.

En effet, si l'on suspend à un fil une petite aiguille aimantée *ab*, et que, tenant à la main une autre aiguille aimantée A, on approche successivement l'extrémité A de cette aiguille des deux pôles *a*, *b*, de l'aiguille suspendue, on voit que l'aiguille aimantée A attire l'extrémité ou pôle *b* de l'aiguille suspendue, et repousse, au contraire, l'extrémité ou pôle *a*.

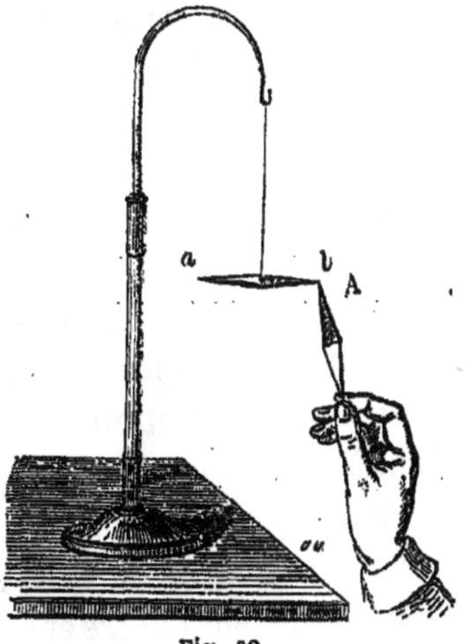

Fig. 32.

Tous les aimants jouissent de cette propriété : ils se repoussent par leurs pôles de même nom, et l'on a posé en physique la loi suivante sur l'action réciproque des aimants : *Les pôles magnétiques de même nom se repoussent, et les pôles de nom contraire s'attirent.*

Un simple jouet d'enfant va rappeler au lecteur la réalité de ce principe. Quand on tient à la main ces petits barreaux aimantés qui servent de jouet aux enfants pour attirer un autre corps aimanté flottant sur l'eau, comme un cygne, un pois-

Fig. 38.

son, etc., formés de fer aimanté, si l'on vient à renverser le barreau, c'est-à-dire à présenter au corps attiré l'extrémité qui était tout à l'heure tenue à la main, on voit ce corps cesser d'être attiré, et même être repoussé assez vivement. Les extrémités ou *pôles* des aimants jouissent donc de propriétés antagonistes : l'une repousse ce que l'autre attire.

La terre peut être considérée comme un aimant de dimensions colossales, car elle produit, en agissant sur les différents corps magnétiques, tous les phénomènes que l'on observe dans l'action réciproque que les aimants exercent les uns sur les autres. Si une aiguille aimantée, librement suspendue et mobile sur un pivot, se dirige constamment vers le Nord, c'est-à-dire subit de la part du globe terrestre une attraction dont le sens est toujours le même, cela tient à ce que le globe, agissant à la manière ordinaire des aimants, attire l'un des pôles de cette aiguille vers son propre pôle de nom contraire. C'est absolument le cas de deux aimants agissant l'un sur l'autre et s'attirant par leurs pôles de nom contraire : l'un de ces aimants, c'est la terre ; l'autre, c'est l'aiguille aimantée que nous considérons.

Ainsi que tous les aimants naturels ou artificiels, la terre présente deux pôles jouissant de propriétés opposées et une *ligne neutre*. Comme on l'observe sur tous les autres aimants, l'attraction magnétique du globe est plus puissante à ses deux extrémités ou à ses deux *pôles*, et presque nulle à son centre de figure, c'est-à-dire à l'*équateur*. En effet, l'action magnétique de la terre s'accroît à mesure que l'on s'approche de l'un ou de l'autre des pôles terrestres, et elle est presque nulle à l'équateur.

En résumé, les phénomènes que nous présente l'aiguille aimantée s'expliquent aisément, si l'on considère notre globe comme un immense aimant, dont les deux pôles seraient situés aux pôles terrestres, et dont la ligne neutre coïnciderait avec l'équateur.

La boussole qui sert à diriger les navigateurs à travers les mers, n'est autre chose que l'aiguille aimantée, qui, tenue en équilibre sur un pivot et pouvant se mouvoir ainsi en toute liberté, se dirige constamment vers le pôle nord de la terre et signale par là aux navigateurs la direction du Nord.

Les premiers navigateurs n'osaient trop s'écarter des côtes, et s'ils gagnaient la grande mer, ils n'avaient pour guides que le soleil ou l'étoile polaire. Mais les nuages voilent souvent le soleil, et bien des nuits sont obscures. Comment alors gouverner le navire et ne pas rouler au hasard des flots ? C'est l'aiguille aimantée, cette pierre *laide et brunière*, qui assure aujourd'hui la route des navigateurs. En effet, une aiguille aimantée, librement, horizontalement placée sur un pivot, prend et conserve toujours la même direction, celle du Nord au Sud.

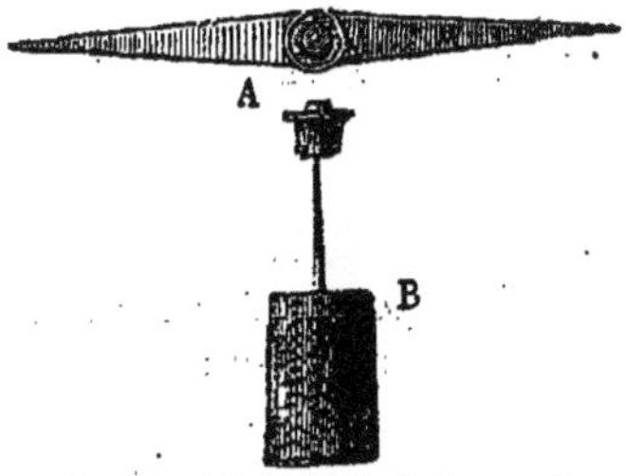

Fig. 34. L'aiguille de la boussole.

La figure 34 représente l'élément essentiel de la boussole, c'est-à-dire, d'une part l'aiguille aimantée A, d'autre part le pivot B, muni d'une chape d'agate, sur lequel repose l'aiguille aimantée, libre de se mouvoir dans le plan horizontal.

La *boussole marine* ou *compas de route* se compose d'une aiguille aimantée en équilibre et très-mobile sur un pivot. On la place dans une boîte. Cette boîte est en bois ou en cuivre; le fer doit être banni de sa construction, car ce métal changerait la direction naturelle de l'aiguille en l'attirant. L'aiguille aimantée est disposée de manière à pouvoir se prêter à tous les mouvements du navire sans perdre son horizontalité. A cet effet, par un système particulier de suspension, on maintient la boîte qui la renferme, dans une direction constamment horizontale, quelle que soit l'inclinaison du vaisseau. Un carton circulaire est placé au-dessous de l'aiguille : son centre correspond à la fois au milieu de la longueur de l'aiguille et à la verticale du pivot. Ce disque, accompagnant l'aiguille dans tous ses mouvements, en modère les oscillations.

La figure suivante donne la coupe d'une boussole : *cd* représente la boîte dans l'intérieur de laquelle l'aiguille aimantée *b* est suspendue; *f*, *f*, sont des ouvertures transversales pour observer, sans ouvrir la boîte, la situation de l'aiguille.

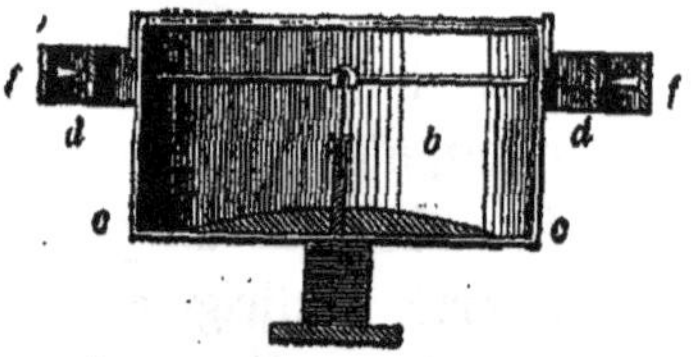

Fig. 35. Coupe d'une boussole.

On appelle *rose* un cercle placé au-dessous de l'aiguille de la boussole, et dont le centre est placé dans la verticale du pivot. La circonférence de ce cercle porte trente-deux divisions égales, qu'on nomme *rumbs* ou *aires de vents*. Les quatre principales pointes de la rose désignent les quatre points cardinaux. On les nomme Nord, Sud, Est et Ouest. Ces quatre divisions principales se subdivisent ensuite en quatre autres intermédiaires, qui sont le Nord-Est, le Sud-Est, le Sud-Ouest et le Nord-Ouest : on les appelle aussi *demi-rumbs*. Ceux-ci se divisent en quarts de rumb, et ces derniers en demi-quarts de rumb.

La figure 36 représente la *rose* avec ses divisions; le milieu de l'aiguille en occupe le centre.

On voit sur la figure 37 la manière dont l'instrument est suspendu pour qu'il conserve toujours une parfaite horizontalité, malgré les mouvements divers que subit le navire, secoué par les flots et incliné par leurs chocs de diverses manières sur son axe ou dans le sens de sa longueur.

La boussole sert à diriger la proue du navire, ou, comme on

dit, le *cap*, vers le lieu où l'on veut se rendre. On a tracé dans l'intérieur de la boîte, qui est parfaitement carrée, un trait

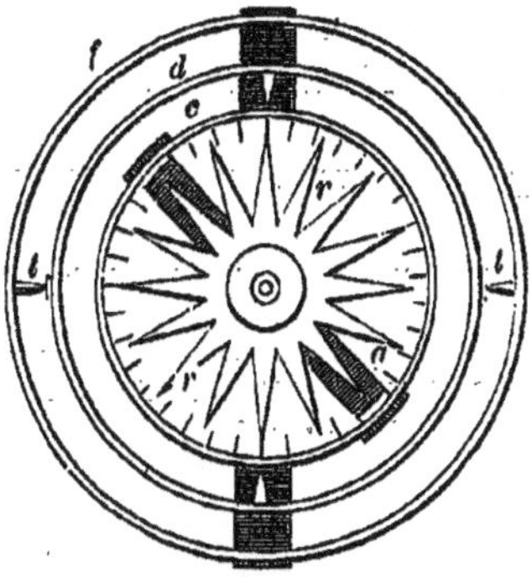

Fig. 36. Rose des vents.

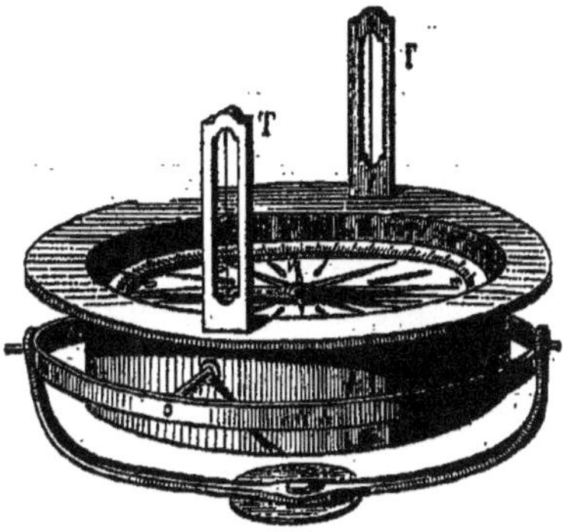

Fig. 37. Boussole avec sa suspension.

vertical T (fig. 37) placé de manière que le rayon qui y aboutit soit exactement parallèle à l'axe du vaisseau. En examinant la situation de l'aiguille sur le cadran de la boussole par rapport à la boîte, on sait donc dans quelle direction la proue du navire s'avance, sans être obligé de regarder plus loin. Quand le capitaine ordonne au timonier de gouverner selon tel ou tel *rumb* de vent, le timonier maintient le gouvernail de manière que le cap réponde toujours au rumb qui lui est prescrit, car la direction de la quille varie selon que le trait du *cap* correspond à tel ou tel rayon de la rose.

Pendant longtemps on a cru que l'aiguille aimantée se dirigeait partout exactement vers le Nord. C'est Christophe Colomb qui s'aperçut le premier, en 1492, dans le célèbre voyage où fut découvert le Nouveau Monde, que l'aiguille de la boussole déviait sensiblement du vrai Nord.

En 1599, les navigateurs hollandais dressèrent des tables pour constater cette variation dans différents lieux de la terre. D'autres observateurs remarquèrent que non-seulement la déviation de l'aiguille variait en passant d'un lieu à un autre, mais encore qu'elle variait au bout d'un certain temps dans le même lieu. Dès lors on distingua la direction variable de l'aiguille de la direction absolue du méridien astronomique, et par analogie on lui donna le nom de *méridien magnétique.* L'angle que font entre eux ces deux méridiens se nomme la *déclinaison*, et selon que la pointe nord de l'aiguille se tient à l'est ou à l'ouest de la méridienne, on dit que la déclinaison est *orientale* ou *occidentale.* Les marins appellent *variation* la déclinaison de l'aiguille aimantée.

Cette déclinaison est très-variable d'un lieu à un autre : elle est occidentale en Europe, orientale en Amérique et dans le nord de l'Asie. Mais dans un même lieu elle présente de nombreuses variations : les unes sont régulières, les autres sont irrégulières et se nomment *perturbations.* Les aurores boréales, les éruptions volcaniques, les chutes de foudre, troublent accidentellement la déclinaison de l'aiguille aimantée. Quant aux variations régulières, elles sont séculaires, annuelles ou diurnes. Ainsi on a pu constater, d'après des tables rigoureusement tenues, qu'à Paris la déclinaison a varié de plus de 31° depuis 1580. Elle était alors de 11° 30′ à l'Est. En 1851 elle était de 20° 25′ à l'Ouest. On a remarqué que la déclinaison était nulle en 1663, c'est-à-dire que le méridien magnétique et le méridien terrestre se sont trouvés confondus dans le même plan.

Jusqu'en 1576, on avait toujours supposé que l'aiguille aimantée devait être parfaitement horizontale. Quand on la voyait s'abaisser plus d'un côté que d'un autre, on attribuait cette inclinaison à une détermination erronée du centre de gravité. A cette époque, Robert Norman, fabricant d'instruments dans un des faubourgs de Londres, reconnut, par une expérience bien simple, qu'il y avait dans l'inclinaison de l'aiguille une influence autre que celle de la pesanteur. S'étant avisé de mesurer le poids nécessaire pour rétablir la complète horizontalité d'une aiguille aimantée, il trouva que ce poids n'était pas en rapport avec la différence de longueur des deux branches de l'aiguille, et que, par conséquent, cette inclinaison était due à une cause autre que l'inégalité de poids entre les deux côtés de l'aiguille.

Qu'on suspende une aiguille aimantée gg' de manière qu'elle se meuve librement autour de son centre de gravité dans le plan vertical du méridien, et qu'elle soit empêchée par un châssis de se mouvoir dans le sens horizontal, on la verra s'incliner sur l'horizon. C'est ce que montre la figure 38. Cette inclinaison est d'autant plus grande qu'on s'avance davantage vers l'un ou l'autre pôle de la terre, de sorte que dans la zone équatoriale il y a une série de points où l'aiguille se tient parfaitement horizontale, tandis que dans les régions polaires il existe un point où l'aiguille est, au contraire, tout à fait verticale. On a donné le nom d'*inclinaison* à ces diverses positions de l'aiguille par rapport à l'horizon. Les points situés vers les pôles où l'aiguille est verticale se nomment *pôles magnétiques*. La ligne de la région équatoriale où l'aiguille demeure au contraire horizontale se nomme l'*équateur magnétique*.

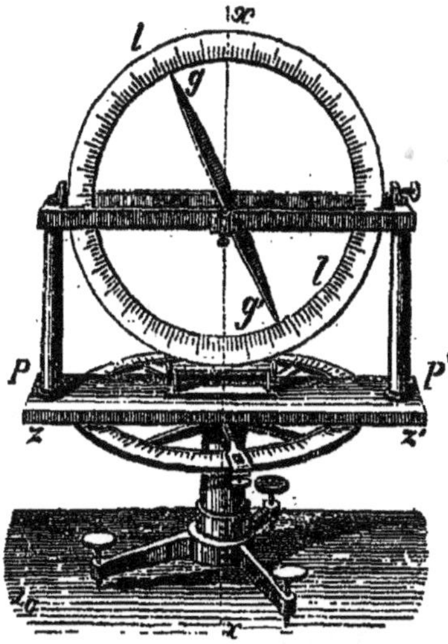

Fig. 38. Appareil pour mesurer l'inclinaison de l'aiguille aimantée.

La boussole est pour le navigateur l'instrument le plus précieux; c'est grâce à ses indications qu'il peut toujours connaître avec certitude la marche de son navire. Cet instrument peut rendre aussi quelques services à terre. Au sein d'une épaisse forêt, au fond d'une mine profonde, la boussole indique à l'observateur la direction du Nord; elle lui permet par conséquent de reconnaître le lieu qu'il occupe, et lui trace la marche à suivre pour se rendre au lieu désiré. Les ouvriers qui travaillent au fond des mines n'ont aucun autre moyen que la boussole pour diriger dans un sens donné leurs travaux, leurs constructions, leurs galeries.

LE PAPIER

VI

LE PAPIER.

Historique : Papier de lin. — Progrès dans la fabrication du papier. — Procédés employés pour la fabrication du papier. — Fabrication du papier à la main. — Fabrication du papier à la mécanique. — Triage, lessivage et lavage des chiffons. — Défilage des chiffons. — Blanchissage de la pâte. — Mise en feuilles. — Fabrication du carton.

Les fibres végétales préparées de manière à recevoir l'écriture sont d'une origine extrêmement ancienne. Les Égyptiens en faisaient usage de temps immémorial ; ils transmirent aux Romains les procédés pratiques qui permettaient de transformer les fibres végétales en surfaces brillantes, souples, polies et susceptibles d'une longue conservation.

Le *papyrus* est une plante qui croissait autrefois avec abondance dans les marais de l'Égypte. C'est avec cette matière que les Égyptiens préparèrent les premières feuilles propres à recevoir des caractères : on les désigna, pour rappeler leur origine, sous le nom de *papyrus*.

Le plus beau papyrus avait reçu le nom de *papyrus hiératique*; les prêtres s'en servaient pour les écrits religieux, et, de peur qu'on ne le consacrât à des ouvrages profanes, les lois de l'Égypte défendaient de le vendre aux étrangers. Aussi le papyrus demeura-t-il longtemps la propriété exclusive des prêtres égyptiens.

Cependant, pour jouir à leur tour de ce précieux *papyrus*, quelques amateurs romains, en dépit de la loi de ce pays, achetèrent en Égypte des livres religieux, et les lavèrent, pour pouvoir écrire à leur tour sur le même papier. Ce papier lavé, très-estimé à Rome, se nommait *papier Auguste*.

C'est en Orient que l'on a préparé pour la première fois le papier proprement dit. Les Chinois le fabriquaient au moyen de la soie : les Japonais avec le coton, le chanvre, l'écorce de mûrier et la paille de riz.

Des procédés de fabrication du papier étaient de temps immémorial mis en pratique en Orient, lorsque des manufacturiers arabes allèrent, vers le onzième siècle, établir en Espagne des fabriques de papier de coton. Les procédés de cette fabrication une fois connus en Europe, on ne tarda pas à les appliquer, ce qui rendit bientôt général dans tout l'Occident l'usage du papier. Les Arabes avaient établi des manufactures de papier de coton à Sèpta (aujourd'hui Ceuta) ainsi qu'à Xantia (aujourd'hui San-Felipe). Dans les manufactures arabes, le papier se fabriquait avec du coton cru ; et comme on ne connaissait pas encore les moulins à eau ni les divers procédés qui rendent le papier propre à recevoir l'écriture, ce papier était fort imparfait : il avait peu de corps et se déchirait à la moindre traction.

Postérieur au papier de coton, le papier de lin n'a pas été fabriqué avant l'an 1300. Une lettre adressée vers l'année 1315, par l'historien Joinville, au roi de France Louis X dit le Hutin, est écrite sur du papier de lin. Dans les manufactures de l'Europe, on fut naturellement conduit à substituer le lin au coton cru, qui, dans les premiers temps, et d'après le procédé des Arabes, servait à la confection du papier. Seulement, au lieu d'employer la matière végétale crue, on fit usage de chiffons de toile. Ces chiffons hachés, bouillis dans l'eau et maintenus ensuite dans une sorte de fermentation, étaient ainsi amenés à former une pâte propre à être convertie en papier. Les chiffons de coton avaient, du reste, été consacrés à cet usage en Europe dès que l'on fut parvenu à y établir des manufactures d'étoffes de cette matière. L'invention des moulins à bras, et bientôt celle des moulins à martinet mus par l'eau, dont on se servit en Italie pour la première fois pour le papier de coton, donnèrent ensuite le moyen de perfectionner la fabrication du papier.

Les premiers papiers qui furent fabriqués en Europe étaient destinés à l'écriture ; aussi avaient-ils beaucoup de corps et étaient-ils collés. Les premiers ouvrages imprimés furent exécutés sur des papiers collés, ce qui permettait d'ailleurs plus facilement de les recouvrir de peintures et d'ornements à la main pour leur donner l'apparence de manuscrits. On ne commença qu'au seizième siècle à imprimer des livres sur du papier sans colle ; aussi, dès ce moment, le prix du papier destiné à l'impression diminua-t-il de moitié.

Au dix-septième et au dix-huitième siècle la fabrication du papier prit en France et en Allemagne de grands développements. En 1658, la France exportait déjà en Hollande et en Angleterre pour plus de deux millions de livres tournois de papiers de toutes sortes[1].

Les perfectionnements de l'industrie de la fabrication du papier furent lents ou peu sensibles pendant le dix-septième et le dix-huitième siècle. Les procédés employés pendant ce long intervalle exigeaient un nombre considérable d'ouvriers, car toutes les opérations s'exécutaient à la main. La découverte de la fabrication du papier au moyen de machines, c'est-à-dire du papier dit *à la mécanique*, vint imprimer à cette industrie une

1. La fabrication des papiers solides et à très-bas prix qui servent à recouvrir les murs de nos appartements est originaire de la Chine et du Japon. Vers l'année 1555, les Hollandais et les Espagnols en introduisirent l'usage en Europe.

Le papier de tenture remplaça ces tapisseries d'herbes ou de jonc que l'on fabriquait à Pontoise, et ces tentures de cuir doré si richement gaufrées qui, au moyen âge, décoraient les salons et couvraient les murs des châteaux. On en trouve encore çà et là de magnifiques débris chez les marchands d'antiquités, ou dans le musée de Cluny, à Paris.

Ce n'est qu'en 1760 que l'on a trouvé le moyen d'appliquer sur les papiers de tenture une couleur solide qui porte avec elle son vernis et n'a pas à redouter l'adhérence de la poussière.

impulsion immense. La gloire de cette invention capitale revient à un Français, nommé Louis Robert, employé à la papeterie d'Essonne.

C'est en 1799 que Louis Robert imagina une série d'appareils mécaniques permettant de produire des feuilles de papier d'une longueur indéfinie sur une largeur déterminée. L'inventeur obtint du gouvernement français, pour toute récompense, une somme de huit mille francs.

Pour rendre de grands services, le système de Louis Robert avait besoin d'être perfectionné. C'est en Angleterre, en 1803, que la pensée féconde de Robert reçut définitivement son application pratique. M. Didot Saint-Léger, propriétaire de la papeterie d'Essonne, avait acheté de Louis Robert son brevet d'invention pour la fabrication du papier continu. N'ayant pas trouvé en France les secours ou les encouragements nécessaires pour perfectionner cette importante invention, il partit pour l'Angleterre, espérant y trouver plus de ressources. Son espoir ne fut point trompé. C'est à sa persévérance et aux sommes immenses qui furent mises à sa disposition par plusieurs fabricants de Londres, que l'on doit la réussite définitive de l'admirable machine qui sert aujourd'hui à la fabrication du papier continu.

En 1814, M. Didot Saint-Léger importa en France cette machine perfectionnée. Il établit, chez M. Berthe, propriétaire de la papeterie de Sorel, près d'Anet, une machine qui avait été construite par M. Calla. Ainsi, ce nouveau mode de fabrication du papier fut imaginé en France ; mais, négligé dans notre pays, il eut besoin d'aller chercher en Angleterre les encouragements nécessaires pour atteindre à sa perfection. Nous verrons plus tard le même fait se reproduire à propos de l'invention et de la mise en pratique de l'éclairage par le gaz.

En 1827, il existait déjà en France quatre papeteries travaillant par les procédés mécaniques ; il en existait douze en 1834 ; aujourd'hui on en compte plus de deux cent trente. Les efforts de MM. Chapelle, Canson et Montgolfier ont contribué dans une proportion considérable au développement de cette importante industrie.

Le papier se fabrique aujourd'hui par deux procédés distincts : la fabrication à la main et la fabrication par les appareils mécaniques. La fabrication du papier par des appareils mécaniques a presque entièrement remplacé aujourd'hui la fabrication à la main. Limitée à un petit nombre de papiers spéciaux et de qualité généralement supérieure, cette dernière méthode ne sert plus aujourd'hui qu'à satisfaire aux exigences de certaines consommations. La fabrication mécanique, au contraire, fournit l'immense généralité des différents papiers versés dans l'industrie, et qui sont destinés soit à l'écriture, soit à l'impression.

Nous allons décrire successivement, et à part, ces deux procédés de fabrication.

FABRICATION DU PAPIER A LA MAIN.

Les chiffons apportés à la fabrique, et qui sont exclusivement formés de vieux débris d'étoffes de toile ou de coton, sont divisés en fragments de petit volume, humectés d'eau et entassés dans un lieu nommé *pourrissoir*. Cette masse organique, abandonnée à elle-même sous l'influence de l'air et de l'eau, commence, au bout d'un certain temps, à présenter le phénomène de la fermentation ; les matières étrangères à la matière organique qui porte le nom de *ligneux*, et qui constitue la substance pure du papier, subissent une décomposition, une altération plus ou moins complète, tandis que le *ligneux*, beaucoup moins altérable, résiste à la décomposition putride. Le *pourrissage* des chiffons a donc pour effet de débarrasser la substance ligneuse qui doit constituer le papier, de toutes les matières étrangères qui l'accompagnent dans les chiffons vieux, usés et salis au moyen desquels on doit obtenir le papier.

Cette fermentation est terminée dans un espace de dix à vingt jours, selon la température du lieu, l'espèce ou l'état des chiffons et la nature du papier à obtenir. Par suite de la disparition des matières étrangères au ligneux, la masse s'est transformée en une sorte de pulpe fétide. Il faut alors la réduire en une pâte propre à fournir le papier. A cet effet, on la transporte dans des cuves remplies d'eau qui portent le nom de *piles à maillets*. Ces cuves sont garnies, chacune, de trois à cinq maillets-pileurs, placés de front et mis en mouvement par un arbre horizontal armé de cames, qui les soulève et les laisse retomber, en commençant par une des extrémités du rang et finissant par l'autre. Cette succession de chutes déplace la matière, la pousse constamment dans le même sens, et y détermine un mouvement très-favorable à la destruction des tissus. Quand on le juge convenable, on arrête le mouvement des maillets, et on transporte la pâte dans une dernière cuve où elle subit sa dernière trituration, où, comme on dit, elle est *raffinée*.

Il s'agit maintenant de transformer cette pâte en papier. Pour cela, on la place dans une cuve et on lui donne, selon les quantités d'eau qu'on y ajoute, un degré de fluidité qui servira à déterminer l'épaisseur de la feuille de papier. Un ouvrier,

Fig. 39. Préparation d'une feuille de papier à la main.

qu'on appelle l'*ouvreur*, tient à la main un cadre ou *forme*, composé d'un châssis de bois recouvert de fils de cuivre, dont on aperçoit les traces ou *vergures* quand on regarde par transparence une feuille de papier ainsi façonnée. Ces fils sont soutenus, de distance en distance, par d'autres fils plus gros placés en travers. Le nom du fabricant, qu'on lit aussi sur la feuille, est figuré au moyen d'autres fils de cuivre. Enfin, pour déterminer la longueur et la largeur de la feuille de papier, et aussi son épaisseur, conjointement avec le degré de liquidité de la pâte, un autre cadre mobile, nommé *frisquette*, s'applique sur la forme. *L'ouvreur* plonge la forme recouverte de la *frisquette* dans la pâte, l'y maintient horizontalement, puis la retire dans la même position. Il lui imprime alors divers mouvements saccadés et de balancement pour lier les filaments de la pâte et en faire une distribution égale. Il faut à l'ouvrier une grande habitude pour faire cette opération d'une manière convenable. Un ouvrier peut préparer 4800 feuilles par jour. *L'ouvreur* pousse ensuite la forme sur un plan incliné et retire la *frisquette*. Un autre ouvrier prend cette forme, la fait un peu égoutter, puis la renverse sur un morceau de drap. La feuille de papier se détache de la forme, et on la recouvre d'un nouveau morceau de drap, qui recevra bientôt une nouvelle feuille. Par cet échange successif d'une forme pleine et d'une forme vide entre les deux ouvriers, les feuilles s'accumulent entre les morceaux de drap superposés. Quand il y en a un nombre suffisant, on porte le tout sous une presse pour en exprimer l'eau. On sépare ensuite les feuilles, on les fait sécher, on les colle, si le papier doit servir à l'écriture, dans une dissolution de gélatine obtenue avec de la peau de gants, on remet en presse pour faire pénétrer la colle partout, on sèche de nouveau, enfin on met les feuilles en *mains*, puis en *rames*.

FABRICATION DU PAPIER A LA MÉCANIQUE.

Comme nous l'avons déjà dit, le papier ne se fabrique à la main que très-rarement; il faut même ajouter que l'opération du *pourrissage* des chiffons et les *piles à maillets* dont nous venons de parler ne sont plus employées aujourd'hui que dans quelques anciennes fabriques. Le procédé de fabrication mécanique du papier est donc presque exclusivement suivi aujourd'hui dans les usines de l'Europe. Aussi devons-nous entrer maintenant dans l'exposé de diverses opérations préliminaires antérieures à la mise en feuille de la pâte du papier, opérations que nous n'avons fait qu'indiquer en parlant de la fabrication du papier à la main.

Les chiffons bruts arrivent à la fabrique grossièrement triés. Là on les sépare en chiffons de lin, coton, soie, laine, et l'on rejètte les deux derniers, qui sont impropres à la fabrication du papier, la laine et la soie étant d'origine animale et non végétale. On les classe aussi en chiffons neufs ou usés, en chiffons blancs ou colorés. Pour arriver à ce résultat, il a fallu préalablement découdre, couper les chiffons, séparer ceux qui ne se ressemblent pas, mettre de côté les ourlets et les coutures, détacher les boutons et agrafes, etc. On doit avoir soin aussi de régulariser la dimension des chiffons en rognant ceux qui dépassent une longueur déterminée. Ce travail préparatoire occupe un grand nombre d'ouvrières et demande beaucoup de soins. Après le triage des chiffons, on les lessive à la soude, qui détruit certaines couleurs, dissout quelques principes gras, et désagrége les autres; on les lave ensuite à l'eau pure.

C'est à cette opération que commence la préparation pro-

Fig. 40. Division des chiffons.

prement dite du papier. Il s'agit ici de détruire les tissus, de désassocier les fibres textiles, de les nettoyer totalement, enfin de les mêler ensemble de manière à en faire une sorte de pâte.

Le *défilage* des chiffons s'exécute au moyen d'un large cylindre métallique présentant deux plans inclinés formés de planches de bois. En regard de ce cylindre est disposée une platine métallique portant plusieurs lames également de métal. C'est entre la surface de cette platine et celle du cylindre que s'effectue la division du chiffon. Grâce au moteur de l'usine, qui peut être une chute d'eau ou une machine à vapeur, les chiffons repassent continuellement entre les espèces de dents qui résultent de la réunion des diverses parties de cet appareil. Portés ensuite dans une cuve pleine d'eau et de nouveau divisés par un appareil de même genre au sein de l'eau, ils finissent par se transformer en une véritable pâte.

Ainsi préparée, la pâte reçoit un degré encore plus avancé de division dans une cuve dite *raffineuse*, qui ne diffère de l'appareil précédent qu'en ce que le cylindre est pourvu d'un plus grand nombre de lames, et se meut au sein du liquide avec une plus grande vitesse.

Après cette opération, la pâte conserve encore une couleur qui dépend de celle qu'avaient les chiffons : il s'agit de la blanchir. Pour cela on lui enlève par la compression une grande partie de l'eau qu'elle renferme. Ensuite on la place dans un réservoir bien fermé et on y fait affluer du chlore gazeux.

On obtient ce gaz, qui jouit de propriétés décolorantes très-prononcées, en chauffant un mélange de sel marin, d'acide sulfurique et d'un composé très-fréquemment employé dans les laboratoires de chimie, et qu'on nomme *peroxyde de manganèse*. Pour blanchir 500 kilogrammes de chiffons défilés, il faut produire un dégagement d'environ 4 mètres cubes de chlore. On blanchit encore la pulpe du papier avec du chlorure de soude dissous dans l'eau.

Quand la pâte est complétement décolorée, on la lave pour la débarrasser du chlore qu'elle retient.

La figure 41 représente l'appareil qui sert au blanchissage et au lavage de la pâte du papier. Le grand cylindre creux est destiné à recevoir la pâte qui est soumise à l'action du chlore gazeux. Quand la décoloration est achevée, l'ouvrier retire la pâte de l'intérieur du cylindre par l'ouverture placée au milieu de ce cylindre, et il la fait tomber dans une cuve pleine d'eau où elle se débarrasse du chlore par un lavage prolongé. Elle est alors prête à être transformée en papier.

Il nous faut maintenant donner une idée de l'opération compliquée et rapide qui convertit la pâte en papier continu.

Amenée, par les moyens qui viennent d'être exposés, à l'état de pâte parfaitement blanche, et maintenue dans l'eau à l'état

Fig. 41. Blanchissage de la pâte de papier.

de suspension, cette pâte est conduite, à l'aide d'une pompe, dans un bassin peu profond. Par l'action du mécanisme moteur, elle passe de là sur un cylindre tournant qui est recouvert d'une étoffe de flanelle, sur laquelle elle s'attache et se fixe par une sorte d'aspiration qui résulte du mouvement rapide dont le cylindre est animé. Ainsi recouverte d'une couche de pâte de papier, cette flanelle s'enroule successivement autour d'une série de larges rouleaux métalliques creux, qui sont chauffés par la vapeur à leur intérieur. Par ce passage successif sur des rouleaux chauffés, la pâte sèche, durcit peu à peu, et finit par acquérir la consistance d'une feuille de papier humide. Il se

Fig. 42. Mise en feuilles de la pâte de papier.

forme de cette manière une bande de papier continue, que des ciseaux manœuvrés par le moteur découpent ensuite en feuilles de la dimension voulue. Ces feuilles sont placées une à une, entre des plaques de zinc que l'on soumet à l'action de la presse pour en exprimer l'humidité. Enfin les feuilles sont séchées dans une étuve et sont alors propres à être livrées au commerce.

Le carton s'obtient avec de vieux papiers que l'on ramène, par le pourrissage, à l'état de pâte. On broie cette pâte entre des meules de pierre, on met ensuite cette pâte en feuilles épaisses au moyen de formes, comme dans la fabrication du papier à la main.

LES
HORLOGES ET LES MONTRES

VII

LES HORLOGES ET LES MONTRES.

Historique. — La clepsydre ou l'horloge des anciens. — Le sablier. — Le cadran solaire. — Imperfection des procédés usités au moyen âge pour la mesure du temps. — Découverte des horloges à poids. — Application du pendule aux horloges. — Découverte des montres. — Description des horloges, des pendules et des montres. — Horloges fixes. — Régulateur des horloges. — Pendules d'appartement. — La fusée et le barillet. — Montres. — Sonnerie. — Horloges astronomiques.

Les anciens partageaient en heures le temps qui s'écoule entre deux levers du soleil : ils distinguaient les heures du jour de celles de la nuit. On déterminait les premières par la hauteur du soleil au-dessus de l'horizon, et les secondes par la place qu'occupent dans le firmament les étoiles les plus brillantes.

La première horloge dont l'histoire fasse mention est la *clepsydre simple :* c'est un vase plein d'eau et percé d'un petit trou à sa partie inférieure.

La clepsydre est fondée sur le principe suivant : des quantités égales de liquide s'écoulent d'un vase en des temps égaux, quand on maintient constante la hauteur de l'eau. D'après ce principe on peut mesurer le temps en recueillant et mesurant le volume d'eau qui s'est écoulé d'un vase dans un intervalle de temps déterminé.

Fig. 43. Principe de la clepsydre.

La *clepsydre simple* que nous venons de décrire, appareil insuffisant et grossier, fut employée longtemps par les Grecs et les Romains sans aucune modification [1]. Par un premier perfectionnement, on traça à l'extérieur du vase d'où l'eau s'écoulait, des divisions égales entre elles, ce qui donna, en fractions égales, la subdivision du temps.

Fig. 44. Clepsydre perfectionnée.

Par un progrès nouveau, la clepsydre perdit son antique simplicité. On la munit d'un cadran dont les aiguilles marchaient par le mécanisme suivant : à la surface de l'eau, contenue dans le réservoir, nageait un flotteur qui, en s'abaissant au fur et à mesure de l'écoulement de l'eau, tirait verticalement un fil enroulé sur l'axe d'une aiguille, laquelle recevait ainsi un mouvement rotatoire autour du cadran. C'était là un progrès ; car si l'agent moteur de l'horloge était toujours grossier, la manière de mesurer les fractions du temps avait reçu un perfectionnement réel.

Ce cadran indiquait les heures; mais la période de temps ainsi mesurée était trop courte. On parvint à résoudre le problème d'une plus longue durée de la marche des horloges en faisant

1. On trouve dans les discours de Démosthènes des allusions à la manière de fixer la durée des discours au moyen de la clepsydre. Ainsi on disait : « Vous empiétez sur mon eau. »

mouvoir les aiguilles du cadran au moyen de deux roues dentées de diamètre différent, dont l'une indiquait les heures et l'autre les minutes. Cette dernière disposition se voit sur la figure 44, qui représente la clepsydre perfectionnée et munie d'un cadran. Ctésibius d'Alexandrie fit construire, deux cent cinquante ans avant Jésus-Christ, une clepsydre célèbre et très-compliquée.

Il paraît que la clepsydre avait également reçu chez les Orientaux d'importants perfectionnements, car, lorsque, soixante-deux ans avant Jésus-Christ, Pompée rentra à Rome triomphant de Tigrane, d'Antiochus et de Mithridate, on admirait, comme le plus glorieux trophée de sa victoire, une clepsydre perfectionnée conquise sur un roi d'Asie.

Chez les anciens, deux autres instruments étaient consacrés à la mesure du temps : c'étaient le sablier et le cadran solaire.

Le *sablier* qui sert à la mesure du temps se compose de deux petites bouteilles dont les goulots, très-étroits, sont réunis. Une des petites bouteilles contient du sable fin. L'intervalle que ce sable met à s'écouler d'une bouteille dans l'autre sert à la mesure du temps. Le sablier fut employé en Égypte, dès les temps les plus anciens, comme moyen de mesurer le temps. Les Romains l'employaient concurremment avec la clepsydre. Le sablier était encore en usage dans les assemblées de Sorbonne en 1656.

Fig. 45. Sablier.

Le cadran solaire est un instrument dans lequel le temps est mesuré par le mouvement de l'ombre que projette, sur une surface plane, une tige éclairée par le soleil.

Les indications du cadran solaire reposent sur les différentes positions du soleil et de l'ombre aux différents moments du jour; c'est une des belles applications de la géométrie. On en attribue l'invention à l'école d'Alexandrie, c'est-à-dire aux savants grecs qui s'étaient établis dans cette ville de l'Égypte, où ils fondèrent une école justement célèbre.

Le cadran solaire était un instrument très-important sans

doute, mais incomplet, puisque ses indications disparaissent la nuit et pendant l'absence des rayons du soleil.

Du quatrième au dixième siècle de l'ère chrétienne, les sciences demeurèrent, en Europe, enveloppées des épaisses ténèbres de la barbarie. Le dépôt des sciences appartenait, à cette époque, aux races mahométanes, c'est-à-dire aux Arabes d'Afrique et aux Maures d'Espagne. Au neuvième siècle, un kalife d'Orient, Haroun-al-Raschid, étonnait la cour de Charlemagne par l'envoi d'une clepsydre. Dans ces temps d'ignorance, l'Europe avait oublié jusqu'à l'art de mesurer le temps, que les anciens lui avaient transmis. Les religieux du moyen âge en étaient réduits à observer le ciel pour faire sonner les matines, et il est établi qu'en 1108, dans la riche abbaye de Cluny, le sacristain consultait les astres quand il voulait savoir s'il était l'heure de réveiller les religieux pour les offices de la nuit.

Au dixième siècle, les moines de plusieurs monastères allemands réglaient leurs offices d'après le chant du coq.

La première mention des horloges se trouve dans les *Usages de l'ordre de Cîteaux*, compilés vers l'an 1120, livre où il est prescrit au sacristain de régler l'*horloge* de l'abbaye de manière qu'elle sonne avant les matines.

En 1370, du temps de Charles V, parut en France une horloge très-remarquable. Elle avait été construite par un Allemand, Henri de Vic. Charles V, qui fit venir ce savant à Paris pour y construire l'horloge du palais, lui assigna six sous parisis par jour pour ce travail.

L'horloge de la tour du palais de Charles V renfermait les principaux éléments de précision des horloges actuelles. Elle avait pour agent moteur un poids, pour régulateur une pièce oscillante, et était pourvue d'un échappement.

Ce n'était là pourtant que l'enfance de l'art de l'horlogerie. Ces machines chronométriques étaient nécessairement lourdes et incommodes : le moteur de l'horloge du palais pesait cinq cents livres.

C'est au quinzième siècle que l'on commença à se servir des horloges dans les observations astronomiques, et l'on sait quels rapides progrès l'application de ces instruments imprima à l'astronomie. Le maître de Kepler, l'astronome danois Tycho-

Brahé, possédait, en 1569, dans son magnifique observatoire d'Oranienbourg, une horloge à minutes et à secondes.

La plus grande découverte qui ait été faite pour la construction des instruments chronométriques, c'est l'emploi du pendule pour régler l'uniformité des mouvements d'une horloge. Qu'est-ce que le pendule? C'est une tige métallique terminée par un corps pesant en forme de lentille. Si l'on suspend cet appareil par l'extrémité de sa tige et qu'on le dérange de sa position verticale, il décrit, à droite et à gauche de cette position, des allées et des venues qu'on nomme *oscillations*. Ces oscillations sont toujours d'égale durée, c'est-à-dire *isochrones*, selon le terme consacré, si elles sont petites, bien que l'arc décrit par la lentille diminue de grandeur par suite de la résistance de l'air et du frottement au point de suspension.

Fig. 46. Pendule.

La découverte de l'*isochronisme* des oscillations du pendule est due à l'immortel Galilée. En 1582, Galilée, alors

Fig. 47. Galilée.

dans sa jeunesse, reconnut pour la première fois ce fait capital, en constatant l'uniformité complète des oscillations d'une lampe suspendue à la voûte de l'église métropolitaine de Pise. Ce n'est que plus de quarante ans après avoir fait cette observation fondamentale que Galilée eut la pensée de construire une horloge d'après le principe des oscillations isochrones du pendule. Mais il n'exécuta point lui-même ce projet; il se borna à indiquer théoriquement la possibilité de tirer parti du pendule pour donner une égalité absolue aux impulsions du moteur des horloges. Cette magnifique application fut réalisée par un savant hollandais, Christian Huyghens de Zuylichem, qui avait fixé sa résidence en France, grâce aux encouragements du ministre Colbert.

Christian Huyghens, l'un des plus beaux génies du dix-septième siècle, ne se borna pas à transporter dans la pratique l'idée de Galilée sur l'application du pendule à la mesure du temps;

Fig. 48. Huyghens.

il fit une seconde découverte d'une importance égale à la première, celle du ressort en spirale, qui, par l'effort qu'il exerce en se détendant, permet de remplacer le poids dont on avait fait exclusivement usage jusque-là comme moteur des horloges.

En 1657, Christian Huyghens envoya aux états de la Hollande la description d'une horloge destinée à mesurer avec une exactitude absolue les plus petites divisions du temps. Cet instrument renfermait les deux inventions capitales qui servent de base à l'horlogerie moderne : le ressort en spirale comme moteur, et le pendule servant à régulariser et à rendre isochrone l'action de ce moteur. En effet, le ressort en spirale, le régulateur et l'échappement résument à eux seuls les moyens mécaniques qui sont le fondement de toute l'horlogerie.

Huyghens avait compris dès le début toute la portée de ses découvertes. Voici ce qu'il écrivait, en 1673, à Louis XIV en lui dédiant son *horologium oscillatorium* (*horloge oscillatoire*) : « Je ne perdrai pas le temps, grand roi, à vous en démontrer toute l'utilité ; puisque mes *automates*, introduits dans vos appartements, vous frappent chaque jour par la régularité de leurs indications et les conséquences qu'ils vous promettent pour les progrès de l'astronomie et de la navigation. »

La découverte du ressort spiral qui produit, par sa force d'élasticité, l'effet du poids moteur des horloges, permit de faire des horloges portatives qui, plus tard, étant réduites à de plus petites dimensions, furent appelées *montres*. On ne connaît ni l'époque ni l'auteur de la construction des premières montres.

Quoique très-commodes, les premières montres qui furent construites ne pouvaient encore donner l'heure avec exactitude, parce qu'on n'avait pas fait à ces instruments l'application de la *fusée*, qui égalise et rend uniforme la force motrice.

L'inventeur de la *fusée* n'est pas connu, et la fusée est une des plus belles inventions de l'esprit humain.

Les montres à répétition furent inventées en Angleterre en 1676. Les horlogers Barlow, Quare et Tompson s'en disputèrent la découverte. Louis XIV reçut de Charles II les premières montres à répétition que l'on ait vues en France.

Le dix-huitième siècle, fécond en inventions nouvelles, vit briller les noms des Sully, Pierre et Julien le Roi, Ferdinand Berthoud, Lepaute, Harrisson, Bréguet. C'est alors qu'on fabriqua les montres marines ou *chronomètres*, instruments admirables par leur précision et leur exactitude.

DESCRIPTION DES HORLOGES, DES PENDULES ET DES MONTRES.

L'art de l'horlogerie moderne, qui résulte des inventions successives dont nous venons de présenter l'histoire abrégée, s'occupe de construire des horloges, des pendules, des montres, enfin des chronomètres, genre d'instruments destinés à mesurer des fractions de temps avec la justesse la plus rigoureuse, et qui sont d'un mécanisme plus compliqué que celui des montres. Nous nous bornerons à examiner ici les horloges fixes, les pendules d'appartement et les montres. Notre but n'est pas de décrire complétement ces appareils, ni d'expliquer la marche réciproque de tous leurs rouages ; nous essayerons seulement de faire comprendre le jeu des pièces principales qui produisent le mouvement des aiguilles sur le cadran.

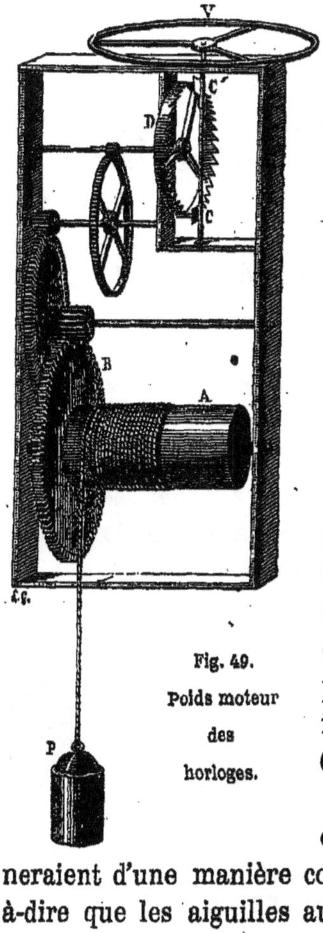

Fig. 49. Poids moteur des horloges.

Horloges fixes. — Dans les horloges fixes, telles que les grandes horloges des édifices publics, l'agent moteur est un poids P (fig. 49), suspendu à l'extrémité d'une corde qui fait un certain nombre de tours sur la surface d'un cylindre horizontal A. Ce cylindre peut tourner autour de son axe, et il reçoit un mouvement de rotation du poids P, qui tend constamment à descendre par l'action de la pesanteur. Ce mouvement de rotation est transmis aux deux aiguilles du cadran au moyen d'une roue dentée B, soudée au cylindre A, et qui fait tourner par son pignon et par un engrenage intermédiaire une autre roue dentée CC' et enfin le *volant* V.

Les rouages de l'horloge, ainsi mis en mouvement par le moteur, tourneraient d'une manière continue, mais non uniforme, c'est-à-dire que les aiguilles auxquelles le mouvement est communiqué par l'action du poids moteur ne parcourraient pas des espaces égaux pendant des temps égaux, par suite de l'inégalité des frottements des divers rouages. Il faut donc remédier à ce défaut d'uniformité dans l'action motrice. On y parvient au moyen d'une pièce qui oscille régulièrement et qui, à chaque oscillation, arrête entièrement, et à des intervalles égaux, l'action du moteur; on obtient par cet artifice un mouvement intermittent périodiquement uniforme : cette pièce oscillante a reçu le nom de *régulateur*.

Régulateur des horloges. — Pour les horloges fixes, le régulateur, c'est le pendule des physiciens, qui est habituellement désigné dans ce cas sous le nom de *balancier*. En lui donnant une longueur bien rigoureusement calculée, le pendule produit une oscillation par seconde, et sert à indiquer ainsi sur le cadran cette fraction du temps.

Les pièces par l'intermédiaire desquelles le pendule ou balancier arrête à chaque seconde le mouvement produit par le poids moteur, constituent ce qu'on nomme *l'échappement*. L'échappement le plus employé est dit à *ancre;* nous allons le décrire rapidement.

Une pièce *qn*, en forme d'ancre de vaisseau, disposée à l'extrémité de la course du pendule, reçoit de celui-ci un mouvement d'oscillation autour d'un axe horizontal de suspension A. Entre ses deux extrémités *q*, *n*, se trouve une roue dentée *pm* que le moteur de l'horloge fait tourner. Les dents de cette roue s'appuient alternativement sur la face inférieure d'une des extrémités de l'ancre et sur la face supérieure de l'autre extrémité, et ces extrémités sont elles-mêmes taillées de manière que pendant tout le temps qu'une dent de la roue est arrêtée par l'une des extrémités de l'ancre, cette dent reste immobile comme la roue elle-même. Le mouvement est rendu intermittent et égal, parce qu'il n'est mis en action que par les oscillations isochrones du pendule.

Fig. 50.
Échappement à ancre.

On voit donc que les aiguilles d'un cadran ne marchent pas sur ce cadran d'une manière continue, mais par petites saccades. Comme les aiguilles se déplacent à chaque saccade d'une très-faible quantité, on les croit animées d'un mouvement continu ; mais, si on les observe avec attention, on verra que leur mouvement n'est pas continu, mais procède par impulsions régulières.

Pendules d'appartement. — Ce n'est que dans les horloges fixes que l'agent moteur est un simple poids. Le moteur qui est en usage dans les *pendules d'appartement* et dans les *montres*, c'est-à-dire dans les horloges portatives, est un ressort formé d'une lame d'acier mince et longue, enroulée autour d'elle-même en spirale, comme le montre la figure 51.

Supposons qu'on lie l'extrémité intérieure du ressort, celle qui occupe le centre de la spirale à un axe qui puisse tourner sur lui-même, l'extrémité extérieure A étant fixée à un point immobile; qu'arrivera-t-il lorsqu'on fera tourner cet axe sur lui-même au moyen d'une clef? Les spirales se serreront de plus en plus en s'appliquant l'une sur l'autre : le ressort sera alors *tendu*, selon l'expression ordinaire. Si l'on abandonne maintenant l'axe à lui-même, que fera le ressort? Il tendra à reprendre sa position primitive, il se détendra, c'est-à-dire que ses lames s'écarteront pour revenir à leur situation première; mais en même temps, et par l'effet de ce mouvement dû à son élasticité, il imprimera à l'axe auquel il est attaché un mouvement de rotation. Tel est le mécanisme du ressort en spirale qui fait marcher les aiguilles des pendules d'appartement et des montres.

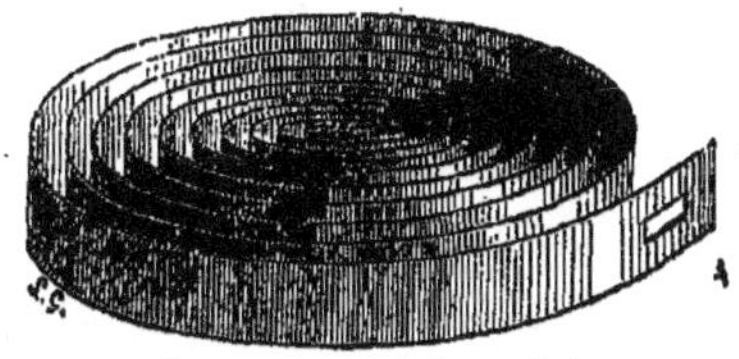

Fig. 51. Ressort de pendule.

Mais l'action du ressort est-elle constante, toujours égale comme l'est celle du poids moteur des horloges? Il n'en est rien. La force d'un ressort va en diminuant sans cesse depuis le moment où il commence à agir en se détendant jusqu'au moment où il a repris sa forme primitive. Le moteur spiral n'a donc pas cette action constante nécessaire à l'harmonie du mécanisme. Voyons comment on est parvenu à lui rendre cette qualité indispensable.

On enferme le ressort dans une petite boîte circulaire A, en forme de tambour, nommée *barillet* (fig 52). Sur la surface extérieure de ce barillet, est enroulée une chaînette d'acier qui, après avoir fait un certain nombre de tours sur cette surface

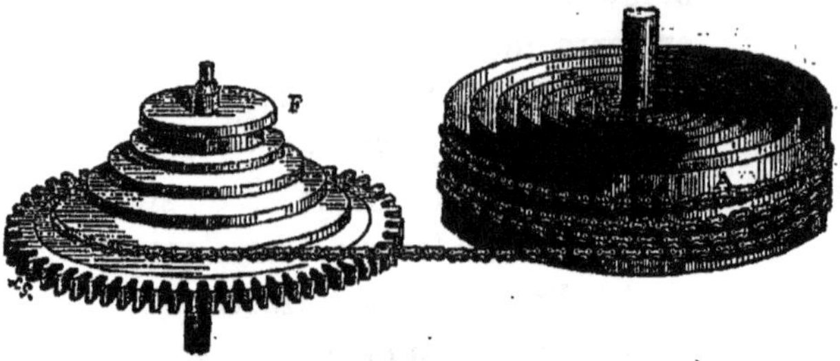

Fig. 52. La fusée et le barillet.

vient s'enrouler sur un tambour conique creusé d'une rainure disposée en spirale, qui reçoit les divers tours de la chaînette : ce tambour conique F a reçu le nom de *fusée*. Quand le ressort est complétement tendu, la chaîne est enroulée sur toute la surface de la fusée ; mais à mesure que le ressort se détend, il fait tourner le barillet auquel il est attaché, et en même temps la fusée par l'intermédiaire de la chaîne. Celle-ci se déroule donc sur la fusée et s'enroule sur le barillet. Nous savons que la force de tension du ressort agissant sur la chaîne va en diminuant depuis le moment où il commence à se détendre jusqu'à celui où il a repris sa forme primitive ; mais, comme nous allons le voir, cette force, qui diminue d'une part, augmente d'une autre, de façon que, les deux effets se compensant, l'action du ressort demeure égale et constante.

Voici comment la force du ressort augmente par le jeu de la fusée, malgré la diminution de son intensité réelle.

A mesure que le ressort se détend et perd progressivement de sa force, il agit successivement sur de plus grands rayons du cône de la fusée, et sa force en est augmentée de manière à rétablir l'équilibre. S'il est vrai que le ressort, au moment où il commence à se détendre, a acquis une force telle qu'il pourrait entraîner le rouage avec une grande rapidité, il est vrai aussi qu'à ce moment il agit au sommet de la fusée par les plus petits rayons, et que sa force s'en trouve sensiblement diminuée. La force compensatrice de cet appareil provient donc de ce que le ressort agit successivement sur la fusée, à l'extrémité d'un plus grand bras de levier à mesure qu'il est moins tendu.

Le mouvement régulier, obtenu par cet ingénieux artifice, est transmis aux aiguilles du cadran par l'intermédiaire de la roue que la fusée entraîne en tournant.

Montres. — Le moteur des montres est, comme nous l'avons dit, le même que celui des pendules d'appartement, c'est-à-dire un ressort d'acier en spirale semblable à celui que représente la figure 51. On régularise, comme dans les pendules d'appartement, le jeu de ce ressort par l'emploi de la *fusée* et du *barillet*. Mais les montres ne pouvaient recevoir, en raison de leur mobilité, le même balancier qui, dans les horloges fixes et dans les pendules d'appartement, sert à régulariser le mouvement du moteur. Il fallait donc trouver un mécanisme autre que le pendule, qui rendît absolument isochrone l'impulsion du moteur, tout en s'accommodant à la mobilité de la montre. C'est Huyghens qui a imaginé, comme nous l'avons déjà dit, le régulateur des montres qui a reçu le nom de *balancier spiral.*

Cet appareil, que représente la figure 53, se compose d'une roue ou petit volant, dit *balancier*, mobile autour d'un axe vertical, et d'un ressort spiral semblable au grand ressort moteur de la montre, mais de dimensions beaucoup plus petites. Son extrémité intérieure est fixée à l'axe de la roue, et l'autre extrémité à une des platines de la montre. Lorsqu'on fait tourner le balancier en tendant le ressort spiral au moyen de la clef, ce spiral se trouve déformé; mais, par son élasticité, ce ressort tend à reprendre sa figure primitive, et il entraîne le balancier avec lui. Après avoir reçu cette impulsion, le balancier ne s'arrête pas à cette première position; encore animé d'une certaine vitesse, il continue à tourner dans le même sens, alors que le spiral a déjà repris sa figure d'équilibre : le spiral se déforme donc en sens contraire, il résiste de plus en plus au balancier et finit par l'arrêter : continuant à agir sur lui, il ramène de nouveau le balancier à sa position primitive, le balancier la dépasse de nouveau en vertu de sa vitesse acquise, et ainsi de suite.

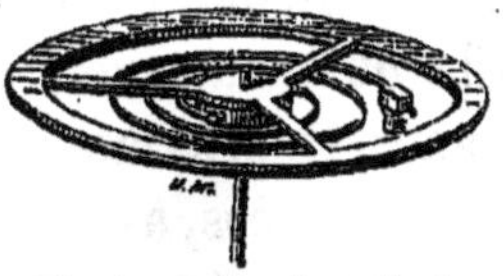
Fig. 53. Balancier spiral.

Le balancier oscille donc de part et d'autre de sa position primitive, comme le pendule oscille de part et d'autre de la verticale. Il remplit dans la montre cet effet régulateur ou d'*isochronisme* que le pendule produit dans les horloges fixes : il régularise le mouvement du moteur et rend isochrone son action. Dans le pendule des horloges fixes, c'est la force constante et égale de la pesanteur qui produit l'isochronisme ; avec le ressort spiral des montres, c'est l'élasticité du ressort qui produit le même isochronisme.

Un échappement spécial met le régulateur, dans les horloges fixes ou portatives, comme dans les montres, en communication avec un système de trois roues dentées qui ont des dimensions convenables pour que les aiguilles, qui en reçoivent leur mouvement, indiquent sur le cadran les heures, les minutes et les secondes.

Dans les horloges fixes et les pendules d'appartement, la sonnerie est produite par un ressort qui met en action un petit marteau venant frapper, au moment voulu, un timbre métallique très-sonore.

Telles sont les principales dispositions mécaniques qui servent à obtenir d'une manière précise la mesure du temps dans les grandes horloges, les pendules et les montres.

Il existe des horloges à mouvements très-compliqués et qui, en outre des heures du jour et de la nuit, marquent avec la même précision les divisions de temps embrassant de plus longues périodes, telle que les mois, les années, avec l'indication des fêtes ou des jours consacrés par les cérémonies religieuses. D'autres, plus compliquées encore, mesurent non-seulement la durée de la marche de la terre dans l'espace, mais le mouvement des autres grandes planètes, les périodes de révolution de Mercure, de Jupiter, de Vénus, etc. Elles annoncent aussi les éclipses, les occultations d'étoiles et quelques autres phénomènes astronomiques. Il y a, en ce genre, de véritables monuments dignes d'admiration. Telle est, par exemple, l'horloge de Strasbourg, œuvre d'une longue patience et d'une grande habileté mécanique. L'horloge de Strasbourg, qui nécessita toute une vie de travail de la part de son premier constructeur, Isaac Habrech (1574), a été restaurée et reconstruite sur un plan tout nouveau de 1838 à 1842, par M. Schwilgué, qui en a fait un chef-d'œuvre de mécanique. Elle porte une foule d'indications diverses relatives à la mesure du temps. Elle renferme un comput ecclésiastique avec toutes les

Fig. 54. Horloge de la cathédrale de Strasbourg.

indications ; un calendrier perpétuel avec les fêtes mobiles ; un planétaire présentant la durée des révolutions de chacune des planètes visibles à l'œil nu ; les phases de la lune ; les éclipses de lune et de soleil ; le temps apparent et le temps sidéral ; une sphère céleste avec la précession des équinoxes, etc., etc. Divers personnages et statuettes mécaniques venant frapper les heures et les demi-heures aux intervalles voulus ont toujours eu le privilége d'exciter la curiosité populaire. Mais ce qui fait le véritable prix de ce monument de l'horlogerie, c'est la précision et la certitude de ses indications astronomiques.

LA PORCELAINE ET LES POTERIES

VIII

LA PORCELAINE ET LES POTERIES.

Composition générale des poteries. — Briques. — Poteries communes. — Tour à potier. — Vases étrusques. — Faïences. — Historique. — Bernard Palissy. — Confection des poteries de faïence. — Porcelaine. — Historique. — Préparation de la porcelaine. — Façonnage des pièces. — Moulage et coulage. — Couverte ou glaçure. — Cuisson. — Peinture et dorure de la porcelaine.

On donne le nom d'*argile* à des mélanges naturels de silice et d'alumine. Les argiles, qui forment des couches horizontales situées à peu de profondeur dans le sol, ont beaucoup d'influence sur la disposition des eaux souterraines. Ces eaux s'arrêtent à leur surface ; ainsi se forment les nappes liquides que l'on rencontre dans les régions profondes du sol, et que va chercher la tige de l'ouvrier foreur pour en faire jaillir les sources artésiennes.

Les argiles se caractérisent par leur toucher gras et onctueux, et leur propriété de former, quand on les pétrit avec de l'eau, une pâte liante et ductile qui peut être lissée, polie sous le doigt, et prendre toutes les formes que l'on désire. Un autre caractère essentiel de l'argile, c'est que, quand on l'expose à l'action d'un feu violent, elle perd toutes les propriétés que nous venons d'énumérer, devient impénétrable à l'eau comme à tous les liquides, et acquiert une dureté si prononcée qu'elle peut faire feu au briquet.

L'emploi de l'argile pour la confection des poteries repose sur cette modification profonde que la chaleur lui fait subir. Toutes les poteries, quelle que soit leur valeur, depuis la porcelaine la plus précieuse jusqu'aux plus infimes qualités des vases de terre employés dans les ateliers et dans les cuisines, sont préparées au moyen d'une terre argileuse, préalablement moulée par l'intermédiaire de l'eau, et calcinée ensuite à une haute température. Cette calcination rend l'argile dure, impénétrable aux liquides et inattaquable par la plupart des agents chimiques. Les poteries si nombreuses et si variées, qui servent à tant d'usages dans les arts ou dans l'économie domestique, ne diffèrent donc entre elles que par la pureté de l'argile employée à leur confection. Nous traiterons successivement des poteries communes et de la porcelaine.

Briques et poteries communes. — Les premiers objets en terre cuite que l'homme ait su fabriquer sont les briques qui servent aux constructions.

Les briques se préparent au moyen d'une argile grossière, telle qu'on la rencontre dans une foule de localités. Après avoir fait, par l'intermédiaire de l'eau, une pâte avec ces terres argileuses, on donne à cette pâte la forme de briques et on l'expose à la chaleur d'un four. On se contente quelquefois de sécher les briques à un soleil ardent ; mais elles ont alors très-peu de solidité. Les briques cuites doivent leur couleur rouge à l'oxyde de fer qu'elles contiennent. On les façonne à la main ou dans des cadres rectangulaires saupoudrés de sable. Pour les cuire, on les met en tas, en ménageant çà et là des intervalles où l'on brûle le combustible. On les cuit aussi dans des fours.

Les poteries communes se fabriquent avec des argiles impures qu'on laisse pourrir pendant plusieurs années dans les fosses, afin de les rendre plus plastiques. Les pots à fleurs, les formes à sucre, etc., etc., sont fabriqués sur le *tour à potier*.

Le *tour à potier* est un des plus anciens instruments de l'industrie humaine. Il consiste en un grand disque de bois auquel le pied de l'ouvrier communique un mouvement de rotation. Un

Fig. 55. Tour à potier.

second disque plus petit, qui porte la pâte à travailler, est fixé sur l'extrémité supérieure de l'axe vertical auquel est fixé le grand disque inférieur. Assis sur un banc, l'ouvrier place au centre du petit plateau une certaine quantité de pâte humide et molle, et, faisant tourner le tour avec son pied, il façonne la pâte avec les deux mains, de manière à lui donner la forme voulue. Il n'y a pas de plus joli spectacle que de voir un potier habile donner à la pâte, avec une rapidité étonnante, les formes les plus variées. Il semble que, par miracle, le vase naisse, se forme, se moule de lui-même entre les doigts industrieux de l'ouvrier.

Les poteries campaniennes, improprement désignées sous le nom de *poteries étrusques*, et les poteries grecques anciennes, appartiennent à la classe des poteries tendres, lustrées, qu'on ne fabrique plus aujourd'hui. Les vases étrusques sont les modèles les plus remarquables de la poterie antique; ils sont d'une forme pure, simple et élégante, qu'on s'efforce d'imiter de nos jours. On voit ici quelques modèles de ces vases copiés dans les collections de céramique antique qui existent au palais du Louvre, à Paris. La pâte de ces poteries est fine, homogène, recouverte d'un lustre ou enduit vitreux particulier, mince et résistant, rouge ou noir, formé de silice rendue fusible par un alcali. On les cuisait à une basse température.

Fig. 56. Vases étrusques.

La *faïence émaillée* a été connue des Perses et des Arabes avant de l'être des Européens. On admet généralement que les ouvriers arabes ont introduit des îles Baléares en Italie l'émail opaque stannifère. « L'introduction, dit M. Alexandre Brongniart, aurait eu lieu vers 1415, à peu près à l'époque où Luca della Robbia, sculpteur de Florence, fit ses figures et bas-reliefs en terre cuite, et les empâta dans un émail d'étain. » Cette faïence s'appelait *majolica* dans toute l'Italie, nom dérivé de *Majorica*, Mayorque. La fabrication de la *majolica* se fit d'abord à Castel-Durante et à Florence, sous la direction des frères Fontana d'Urbin. Des manufactures s'établirent ensuite dans toutes les villes d'Italie, et entre autres à *Faenza*, qui aurait depuis donné son nom à cette espèce de poterie. Selon Mézerai, son nom viendrait plutôt de *Faïence*, petit bourg situé en Provence, « et renommé pour les vaisselles de terre qui s'y font, » dit cet historien. François Ier fit établir une fabrique de faïence près de Paris ; celle de Nevers fut créée par Henri IV, en 1603.

Mais revenons sur nos pas. Les manufactures italiennes exécutaient des pièces de luxe pour les princes : c'étaient des faïences sculptées, recouvertes d'admirables peintures. Cependant, à partir de l'année 1560, la *majolica* commença à tomber en décadence; ce qui était un art devint un métier, les potiers remplacèrent les artistes. Le secret de la fabrication de la faïence finit même par se perdre en France, bien qu'en 1520 un petit-neveu de Luca della Robbia fût venu décorer en carreaux émaillés le château du bois de Boulogne.

C'est à Bernard Palissy que l'on doit l'art de composer des émaux diversement coloriés et de les appliquer sur la faïence.

Cet homme illustre était né dans l'Agénois vers 1500. Il s'appliqua, dans sa jeunesse, à la peinture et à l'arpentage; mais son grand mérite fut d'être, comme il le dit lui-même, *ouvrier de terre*. Après seize ans d'efforts, il réussit à fabriquer

Fig. 57. Bernard Palissy.

ces admirables faïences émaillées qui sont encore aujourd'hui très-recherchées à cause de l'éclat de leur émail et de la perfection des objets qui les décorent. Ce sont des reptiles, des poissons, des coquilles, etc., d'une vérité saisissante.

Bernard Palissy nous a laissé l'histoire de ses découvertes dans un *Traité des eaux et fontaines*, *des métaux*, *des terres*, *émaux*, etc. Le récit de ses recherches est du plus vif intérêt.

On assiste à ce grand combat d'un homme armé d'une idée et d'une volonté forte, qui lutte de toute l'énergie de son âme contre l'envie, les reproches des petits esprits, la misère, le découragement et la douleur. Quelquefois il s'affaisse sous les coups de l'infortune ou se brise contre l'insuccès de ses expériences; mais il se relève bientôt et dit à son âme : « Qu'est-ce qui t'attriste, puisque tu as trouvé ce que tu cherchais? Travaille, à présent, et tu rendras honteux tes détracteurs. » Ailleurs il est si malheureux, et il raconte ses chagrins avec un style d'une bonhomie si naïve et si poignante à la fois, que le lecteur a le cœur serré et pourtant le sourire sur les lèvres :

« Toutes ces fautes, nous dit-il, m'ont causé un tel labeur et tristesse d'esprit, qu'auparavant que j'aye eu mes émaux fusibles à un même degré de feu, j'ai cuidé entrer jusques à la porte du sépulchre. Aussi, en me travaillant à de telles affaires, je me suis trouvé l'espace de plus de dix ans si fort escoulé en ma personne, qu'il n'y avait aucune forme ni apparence de bosse aux bras ny aux jambes ; ains estoient mes dites jambes toutes d'une venue ; de sorte que les liens de quoy j'attachois mes bas de chausses estoient, soudain que je cheminois, sur mes talons ... J'étois méprisé et moqué de tous.... L'espérance que j'avois me faisoit procéder en mon affaire si virilement que, plusieurs fois, pour entretenir les personnes qui me venoyent voir, je faisois mes efforts de rire, combien que intérieurement je fusse bien triste... J'ai été plusieurs années que, n'ayant rien de quoy faire couvrir mes fourneaux, j'étois toutes les nuits à la mercy des pluyes et vents sans avoir aucun secours, aide ny consolation, sinon des chats-huants qui chantoyent d'un costé et les chiens qui hurloyent de l'autre.... Me suis trouvé plusieurs fois qu'ayant tout quitté, n'ayant rien de sec sur moy à cause des pluies qui estoient tombées, je m'en allois coucher à la minuit ou au point du jour, accoustré de telle sorte comme un homme que l'on auroit traîné par tous les bourbiers de la ville; et m'en allant ainsi retirer, j'allois bricollant sans chandelle, et tombant d'un costé et d'autre, comme un homme qui seroit ivre de vin, rempli de grandes tristesses ! »

Bernard Palissy raconte, dans un autre endroit de son ouvrage, que plus d'une fois, manquant de bois pour alimenter le foyer de ses fours à faïence et mettre ses émaux en fusion, il fit briser et jeter au feu ses meubles et tout ce qui se rencontrait de combustible sous la main des ouvriers dans ce moment critique.

Fig. 58. Bernard Palissy brûle ses meubles pour entretenir le feu de ses fourneaux.

Bernard Palissy appartenait à la religion réformée, qu'il refusa d'abjurer. On le jeta dans une prison où il mourut en 1589.

Les faïences s'obtiennent, comme toutes les poteries, en calcinant dans des fours la pâte argileuse, préalablement moulée. La pâte des faïences est une argile qui reste blanche après la cuisson, quand elle est pure, et qui se colore en rouge ou en brun quand elle est impure. La faïence anglaise, ou faïence fine, est d'une pâte qui demeure blanche après la cuisson; au contraire les faïences communes de France et la *terre de pipe* donnent par la cuisson une pâte colorée.

Toutes les faïences doivent être recouvertes d'un vernis qui donne à la poterie l'éclat et le poli nécessaires aux usages auxquels on la destine. Si la pâte est incolore après la cuisson, telle que la faïence fine anglaise, qui reçut de 1760 à 1770 de grands perfectionnements entre les mains de Wedgwood, et qui est caractérisée par une pâte blanche, opaque, à texture fine, on la recouvre d'un vernis transparent, que l'on obtient par un mélange de sable et d'oxyde de plomb. Par sa translucidité, ce vernis laisse apercevoir à travers sa substance la couleur blanche et mate de la poterie. Si, au contraire, la pâte de la faïence est d'une couleur rougeâtre, et tel est le cas de nos faïences communes de France, il faut l'envelopper d'une couverte ou vernis opaque, afin de masquer la couleur désagréable de la poterie. Ce vernis opaque est un émail, c'est-à-dire une combinaison de silice avec de l'oxyde d'étain ou de plomb.

Voici comment on opère pour appliquer sur les faïences la couverte ou vernis. On pulvérise, de manière à réduire à un état de grande division, la matière destinée à servir de couverte, et qui consiste, comme nous l'avons dit, en un émail ou verre à base d'oxyde d'étain ou de plomb. On délaye cette poudre dans de l'eau, que l'on agite de manière à la tenir en suspension, et l'on plonge dans ce liquide la pièce de poterie cuite et par conséquent poreuse et très-absorbante. Par cette immersion rapide, la pièce absorbe une certaine quantité d'eau qui pénètre à l'intérieur de sa substance, en laissant à sa surface une légère couche d'émail pulvérulent. La pièce étant ensuite portée au four, l'eau s'évapore, l'émail, matière très-fusible, fond par la chaleur, et forme à la surface de la pièce une enveloppe de vernis opaque ou translucide, selon la nature des matières employées.

Porcelaine. — La porcelaine est la plus précieuse des poteries, parce qu'elle est obtenue avec une argile particulière nommée *kaolin*, qui est d'une pureté absolue.

L'art de fabriquer la porcelaine a été connu et mis en pratique de temps immémorial en Chine et au Japon, où il existe de très-riches gisements de kaolin. Le monument célèbre connu sous le nom de *Tour de porcelaine* fait comprendre à quel point la porcelaine était commune dès les temps les plus anciens. Ce n'est pourtant que dans les premières années du dix-septième siècle que des voyageurs revenant de l'Orient apportèrent en Europe et firent connaître ce précieux produit céramique. On s'occupa tout aussitôt avec ardeur, en différentes parties de l'Europe, d'imiter et de reproduire cette précieuse poterie. Les souverains consacrèrent des sommes considérables à provoquer cette découverte qui aurait enrichi leurs États.

C'est en 1707 que l'art d'imiter la porcelaine de Chine fut trouvé en Saxe, par l'alchimiste Bötticher, après de longues recherches faites pour le compte de l'électeur de Saxe. Un gisement de kaolin, trouvé près d'Auë, lui avait permis de réaliser cette remarquable découverte. En 1707, l'électeur de Saxe créait à Dresde la première manufacture de porcelaine que l'on ait vue en Europe.

L'histoire de la découverte de la porcelaine présentant beaucoup d'intérêt, on nous permettra de reproduire ici le récit que nous en avons donné dans un de nos ouvrages [1] :

« Depuis longtemps on s'occupait en Europe de chercher à reproduire la porcelaine, que la Chine et le Japon avaient le privilége exclusif de préparer, et dont la fabrication était tenue fort secrète dans ces deux pays. Au dix-septième siècle, les princes faisaient entreprendre beaucoup de recherches pour trouver la manière de fabriquer ces précieuses poteries, qui étonnaient par leur éclat, leur dureté et leur translucidité. L'électeur de Saxe avait confié au comte Ehrenfried Walther de Tschirnhaus des recherches spéciales dans cette direction. Or, c'est sous la surveillance particulière du comte de Tschirnhaus que Bötticher avait été placé, par ordre de l'électeur, dans la forteresse de Kœnigstein, pour y continuer ses travaux alchimiques. Témoin des essais du comte relatifs à la fabrication de poteries analogues à la porcelaine de la Chine, notre adepte fut naturellement conduit à prendre part à ses travaux. Son talent de chimiste et ses connaissances en minéralogie lui donnèrent le moyen d'obtenir, dans ce genre de recherches, d'intéressants résultats. Le comte de Tschirnhaus décida alors Bötticher à s'adonner entièrement à ce pro-

1. *L'Alchimie et les Alchimistes, Essai historique et critique sur la philosophie hermétique.* Un vol. in-18, 3e édition. Paris, 1860, pages 349-352.

blème industriel, plus sérieux et plus important que celui dont l'électeur attendait la solution, c'est-à-dire la prétendue fabrication artificielle de l'or par les procédés alchimiques. En 1704, Böttícher découvrit la manière d'obtenir la porcelaine rouge, ou plutôt un grès-cérame, espèce de poterie qui ne diffère de la porcelaine que par son opacité.

« Ce premier succès, ce premier pas dans l'imitation des porcelaines de la Chine, satisfit beaucoup l'électeur de Saxe, et c'est pour lui faciliter la continuation de ses doubles travaux, c'est-à-dire de ses recherches céramiques et de ses expériences d'alchimie, que, le 22 septembre 1707, ce prince fit transporter Böttícher, de la forteresse de Kœnigstein, à Dresde, ou plutôt dans les environs de cette ville, dans une maison pourvue d'un laboratoire céramique que l'électeur avait fait disposer sur le *Jungferbastei*. C'est là que Böttícher reprit avec le comte de Tschirnhaus ses essais pour fabriquer la porcelaine blanche. On ne s'était néanmoins relâché en rien de la surveillance dont le chimiste était l'objet; il était toujours gardé à vue. Il obtenait quelquefois la permission de se rendre à Dresde; mais alors le comte de Tschirnhaus, qui répondait de sa personne, l'accompagnait dans sa voiture.

« Nous prions les lecteurs qui seraient tentés de mettre en doute la véracité de ces détails, de vouloir bien se rappeler qu'au dix-septième siècle les nombreux essais que l'on fit en Europe pour la fabrication de la porcelaine furent partout environnés du secret le plus rigoureux; — que la première manufacture de porcelaine qui fut établie en Saxe, celle du château d'Albert, était une véritable forteresse avec herse et pont-levis, dont nul étranger ne pouvait franchir le seuil; — que les ouvriers reconnus coupables d'indiscrétion étaient condamnés, comme criminels d'État, à une détention perpétuelle dans la forteresse de Kœnigstein, — et que, pour leur rappeler leur devoir, on écrivait chaque mois, sur la porte des ateliers, ces mots : *Secret jusqu'au tombeau*. Ainsi l'électeur de Saxe avait deux motifs de veiller avec vigilance sur la personne de Böttícher, occupé, sous ses ordres, à la double recherche de la porcelaine et de la pierre philosophale.

« Le comte de Tschirnhaus mourut en 1708; mais cet événement n'interrompit point les travaux de Böttícher, qui réussit, l'année suivante, à fabriquer la véritable porcelaine blanche, en se servant du kaolin qu'il avait découvert à Auë, près de Schneeberg. C'est au milieu de l'étroite surveillance dont il continuait d'être entouré que notre chimiste fut forcé d'exécuter les essais si pénibles et si longs qui conduisirent à cette découverte importante. Mais sa gaieté naturelle ne s'alarmait point de ces obstacles. Il fallait passer des nuits entières autour des fours de porcelaine, et pendant des essais de cuisson qui duraient trois ou quatre jours non interrompus, Böttícher ne quittait pas la place et savait tenir les ouvriers éveillés par ses saillies et sa conversation piquante.

« La fabrication de la porcelaine valait mieux pour la Saxe qu'une fabrique d'or. Fort de l'avantage qu'il venait d'obtenir, certain d'enrichir par sa découverte les États de son maître, Böttícher osa avouer à l'électeur qu'il ne possédait point le secret de la pierre philosophale, et qu'il

Fig. 59. Le laboratoire céramique de Bötticher, à Dresde.

n'avait jamais travaillé qu'avec la teinture que Lascaris lui avait confiée. L'électeur de Saxe pardonna à Bötticher. La fabrication de la porcelaine était pour son pays un trésor plus sérieux que celui qu'il avait tant convoité. Une première fabrique de porcelaine rouge avait été établie à Dresde en 1706, du vivant du comte de Tschirnhaus; une autre fabrique de porcelaine blanche fut créée en 1710 dans le château d'Albert, à Meissen, lorsque Bötticher eut découvert l'heureux emploi du kaolin d'Auë. Bötticher rentra dans tous ses honneurs et même dans son titre de baron. Il reçut en outre la distinction bien méritée de directeur de la manufacture de porcelaine de Dresde. »

En France, les efforts faits pour arriver à imiter la porcelaine de la Chine et du Japon finirent également par aboutir à d'heureux résultats. En 1727, on commença à fabriquer en France une poterie blanche, translucide, à couverte brillante, qui diffère beaucoup, par sa composition, de la porcelaine dure, et qu'on appelle *porcelaine à pâte tendre* ou *vieux sèvres*. Mais la fabrication de cette pâte, très-coûteuse et très-difficile, cessa dès qu'on eut découvert à Saint-Yrieix, près de Limoges, un gisement d'une véritable terre à porcelaine.

La manufacture royale de Sèvres fut fondée en 1756 et, l'année suivante, l'impératrice Marie-Thérèse recevait de Louis XV un service de cette porcelaine. Depuis, un grand nombre de manufactures s'établirent en France et ailleurs.

L'argile employée pour la fabrication de la porcelaine à la manufacture de Sèvres est le kaolin de Saint-Yrieix, matière blanche et douce au toucher ; on y mêle un peu de sable et de craie.

On commence par chauffer ces matières au rouge et on les jette dans l'eau froide ; on les réduit en poudre sous des meules, puis on les lave pour séparer les grains grossiers. Après les avoir mêlées et humectées en partie, on obtient une pâte plus solide, qu'un homme piétine en marchant dessus pieds nus. Toutes ces opérations doivent être faites avec grand soin. On abandonne ensuite la pâte pendant plusieurs années dans des caves humides où elle pourrit, c'est-à-dire que la petite quantité de matière organique qu'elle peut contenir se détruit par la fermentation. Avant de procéder à la confection des pièces, on malaxe la pâte à la main, on en forme des boules, qu'on lance avec force sur la table de travail, pour en faire sortir les bulles de gaz qu'elle peut contenir après la pourriture.

Le premier façonnage ou l'*ébauchage* se fait sur le tour à potier que nous avons décrit plus haut. Mais la pièce ainsi préparée ne saurait être soumise à la cuisson : elle est trop impar-

Fig. 60. Ébauchage d'une pièce.

faite; on achève de lui donner ses formes dans une seconde opération : le *tournissage*. On laisse l'objet se dessécher un peu sur le tour; puis l'ouvrier, mettant le tour en rotation, entame la pièce avec un instrument tranchant et lui donne l'épaisseur et la pureté de contours nécessaires.

Toutes les pièces ou parties de pièces de porcelaine ne sont pas façonnées par l'ouvrier sur le tour. Beaucoup d'objets se façonnent par le *moulage* et par le *coulage*.

Dans le *moulage*, la pâte céramique est appliquée dans un moule creux dont elle doit conserver la forme. Ce moule est ordinairement en plâtre. Pour les pièces rondes, comme les anses et les colonnes, on se sert de moules composés de deux parties égales exactement superposées. On moule une moitié de la pièce dans chacune de ces parties, et quand la pâte est encore molle, on rapproche les deux moitiés du moule.

Fig. 61. Tournissage d'une pièce.

Les tubes et les cornues de porcelaine, les becs de théières et beaucoup d'autres pièces creuses se font par *coulage*. Si l'on verse dans un moule poreux en plâtre une bouillie liquide de pâte de porcelaine, le moule absorbe beaucoup d'eau, et une couche de pâte adhère à la face intérieure du moule. On laisse écouler la partie liquide qui reste et on remplit de nouveau le moule. Il se forme une seconde couche de pâte : on continue ainsi jusqu'à ce qu'on ait obtenu l'épaisseur suffisante.

Les pièces de porcelaine façonnées par ces diverses méthodes sont lentement desséchées, puis soumises à une première cuisson dans la partie supérieure du four à porcelaine. Elles prennent ainsi une certaine consistance, mais elles sont très-poreuses et ne sauraient être employées en cet état aux usages auxquels sont destinées les poteries. Elles portent alors le nom de *biscuit*.

La couverture ou *glaçure*, qui s'applique après cette première cuisson de la pièce, a pour effet de s'opposer à l'absorption des liquides par la pâte de la poterie, et de lui donner un éclat et un poli agréables à l'œil.

La matière qui constitue la couverte ou vernis de la porcelaine est le *feldspath*, roche naturelle qui a une grande analogie de composition avec l'argile qui sert à obtenir la porcelaine : elle fond à une température inférieure à celle à laquelle le vase se déformerait.

La couverte, réduite en poudre extrêmement fine, est mise en suspension dans l'eau. Un ouvrier plonge avec adresse la pièce à vernir dans le liquide : l'eau est absorbée par la pâte poreuse, et la matière vitrescible se dépose à sa surface. Si on voulait vernir des pièces déjà cuites et non poreuses, il faudrait appliquer la couverte au pinceau ou par arrosement.

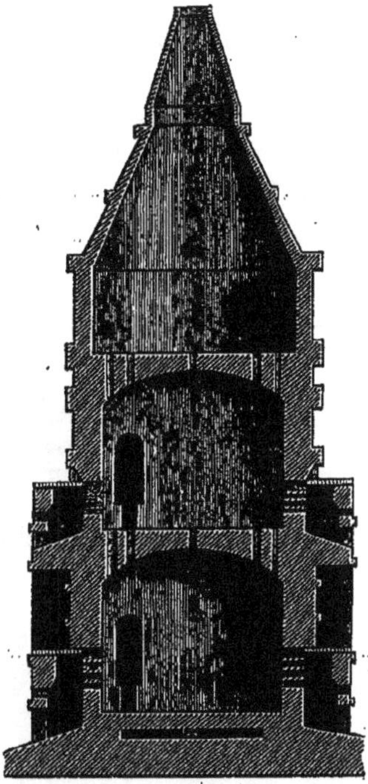

Fig 62. Coupe d'un four à porcelaine de la manufacture de Sèvres.

La cuisson de la porcelaine se fait, à la manufacture de Sèvres, dans des fours à trois étages. L'étage supérieur sert, comme nous l'avons dit, à donner à la pièce une première cuisson, les deux autres servent à la cuisson définitive. Chacun de ces étages est chauffé par quatre foyers extérieurs accolés au four ; la flamme pénètre dans le four par des ouvertures latérales.

Pour cuire chaque pièce de porcelaine, on l'enferme dans un vase appelé *cazette*, qui a une forme appropriée à la forme même

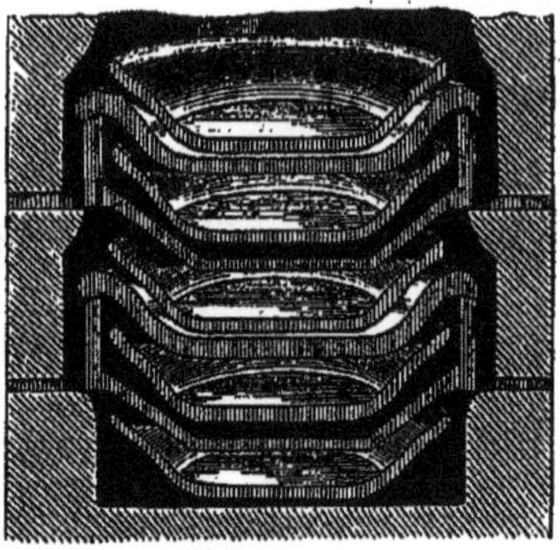

Fig. 63. Cazette.

de la pièce. Les *cazettes* sont fabriquées avec des argiles moins fusibles que la porcelaine, afin qu'elles puissent résister à la violence de la chaleur. Quand le four est plein, on mure les portes avec des briques réfractaires et on donne le feu. La cuisson n'est terminée qu'après trente-six heures de feu.

Fig. 64. Décoration d'une pièce de porcelaine.

Quand on veut recouvrir la porcelaine de peintures ou de dorure, c'est-à-dire la *décorer*, selon l'expression consacrée, on applique sur la pièce déjà cuite et recouverte de son vernis, de l'or en poudre ou d'autres substances minérales diversement colorées qui servent à effectuer le dessin sur la couverture. Ces substances minérales colorées sont mêlées d'un *fondant*, qui est ordinairement le borax. On porte au four les pièces ainsi décorées. Par l'action de la chaleur, le borax fond et détermine par cette fusion l'adhérence des matières minérales colorées avec le vernis de la porcelaine. Ces couleurs sont très-peu altérables quand elles sont appliquées avec les soins voulus ; elles résistent à tous les lavages, et à l'action des liqueurs alcalines ou acides.

LE VERRE

IX

LE VERRE.

Historique. — Composition générale du verre. — Verres incolores. Verres à bouteilles. — Cristal.

Il est parlé du verre dans l'Écriture sainte en deux endroits, dans le livre de Job et dans celui des Proverbes.

Dès l'antiquité la plus reculée, les Égyptiens connaissaient l'art de fabriquer les verres blancs et colorés, de les tailler et de les dorer; c'est ce que démontrent les ornements dont étaient parées plusieurs momies trouvées dans les catacombes de Thèbes et de Memphis.

L'an 370 avant Jésus-Christ, Théophraste cite des verreries phéniciennes situées à l'embouchure du fleuve Bélus.

Les Romains ont connu le verre plus de deux siècles avant Jésus-Christ. Nous devons à Pline des détails curieux sur le mode de fabrication de ce produit dans les verreries antiques. De son temps des verreries commençaient à s'établir en Gaule et en Espagne. 210 ans après Jésus-Christ, sous Alexandre Sévère, les verriers étaient si nombreux à Rome, qu'on les avait relégués dans un quartier séparé.

Les notions qui précèdent, relatives à la connaissance du verre par les anciens, expliquent pourquoi l'on trouve si souvent en Égypte, en Italie, en Allemagne, en France, etc., beaucoup de vases et fioles de verre dans les tombeaux antiques.

Les premières verreries de l'Europe, dans les temps modernes, furent établies à Venise, sous la direction d'ouvriers arabes, ce qui montre que ces peuples avaient conservé l'art de la fabrication du verre, que leur avaient transmis les anciens.

Au treizième siècle, les Vénitiens avaient découvert le secret d'étamer les glaces, et ils répandaient dans toute l'Europe des glaces étamées sous le nom de *glaces de Venise*. Les anciens, en effet, n'ont point connu l'étamage des glaces ; chez eux, les miroirs étaient composés d'une simple lame d'argent poli, ou d'un métal peu oxydable et à surface très-réfléchissante.

L'art de graver, de tailler le verre et de le transformer ainsi en un objet d'ornement, a été, dit-on, découvert par un artiste allemand, Gaspard Lehmann, à qui l'empereur d'Allemagne Rodolphe II, mort en 1612, accorda le titre de graveur sur verre de la cour d'Allemagne. Cependant l'art de polir et de décorer le verre n'avait pas été complétement ignoré des anciens, car Pline parle de certains tours servant à graver le verre, qui étaient employés de son temps.

Quand on fond dans un creuset chauffé au rouge un mélange fait en proportions convenables, de silice (sable pur) et d'un oxyde métallique alcalin ou terreux (potasse, soude, chaux, alumine ou magnésie), la silice se combinant à l'oxyde métallique, donne naissance à un mélange de silicates divers, c'est-à-dire à des silicates de potasse, de soude, de chaux, etc. Les silicates de soude, de potasse, de chaux, d'alumine, purs ou mélangés, c'est-à-dire le résultat de la combinaison de la silice avec la soude, la potasse, la chaux ou l'alumine, constituent donc d'une manière générale le produit que l'on désigne sous le nom général de *verre*.

On peut distinguer les verres en *verres incolores*, que l'on emploie pour la gobeletterie, pour les vitres et les glaces coulées, et en *verres noirs ou colorés*, qui servent à la confection des bouteilles et des objets de verrerie grossière. Enfin, on désigne sous le nom de *cristal* un verre excessivement pur et qui jouit de qualités optiques particulières. Nous allons passer en revue les procédés de fabrication de chacune de ces espèces de verre.

Verres incolores. — Les verres incolores ordinaires que l'on emploie pour la gobeletterie, les vitres et les glaces, sont formés de silice combinée à la chaux, à la potasse ou à la soude. Les plus beaux verres à base de potasse et de chaux sont les verres de Bohême. Le verre blanc de première qualité est fabriqué à Paris, avec du sable d'Étampes, de Fontainebleau ou de la butte d'Aumont, de la craie blanche de Bougival et du carbonate de soude.

Le four à verrerie se compose d'un foyer central entouré de deux compartiments latéraux, dans lesquels on place les matières entrant dans la composition du verre, pour leur faire subir une calcination préliminaire qu'on nomme *fritte*.

La figure suivante représente une coupe de four à verrerie. Au milieu est le foyer; sur les deux côtés sont les deux compartiments dans lesquels le verre doit être soumis à une tem-

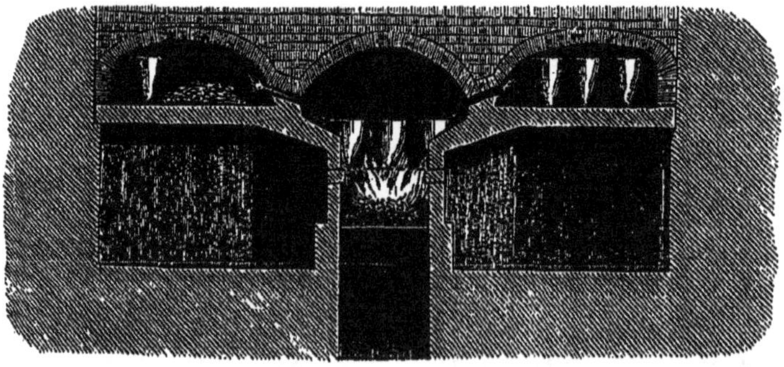

Fig. 65. Four à verrerie.

pérature moins élevée. Les matières qui doivent composer le verre, c'est-à-dire le sable et les carbonates de potasse et de chaux, étant frittées, c'est-à-dire chauffées à une température modérément élevée dans le compartiment latéral du four, on les place dans le foyer central, dans des creusets où elles fondent et donnent le verre. Ce produit, rendu liquide par la chaleur du foyer, est ensuite façonné en différentes formes par les moyens que nous allons décrire.

La *canne*, outil principal de l'ouvrier verrier, est un tube de fer creux, muni d'un manche de bois. Nous donnerons comme exemple de la manière dont l'ouvrier façonne les objets de verre au moyen de cet outil, la description de la préparation d'un *carreau de vitre*.

L'ouvrier plonge sa canne dans le creuset contenant le verre liquide. Il en retire une certaine masse de verre à laquelle il donne d'abord la forme d'une poire très-épaisse (fig. 66). En continuant à souffler dans sa canne, il augmente la dimension de la masse de verre et lui donne la forme indiquée par la figure 67. En lui faisant subir divers mouvements de rotation et de balancement, l'ouvrier finit par donner au verre la forme d'une

Fig. 66.

Fig. 67.

sorte de manchon cylindrique allongé, tel que le représente la figure 68. Avec des ciseaux il coupe rapidement le dôme qui termine le cylindre de verre encore ramolli par la chaleur;

puis il détache de la canne le manchon de verre ainsi façonné, en plaçant une goutte d'eau sur la partie voisine de la canne et y appliquant aussitôt un fil de fer rouge, ce qui provoque une séparation nette et immédiate. Il coupe ensuite le manchon suivant sa longueur au moyen d'une goutte d'eau

Fig. 68.

Fig. 69.

et d'une tige de fer chauffée au rouge (fig. 69). On porte alors le manchon de verre au *four d'étendage*.

Le four d'étendage, que représente la figure 72, est destiné à rendre au verre un certain degré de chaleur, qu'il a perdu dans les manipulations précédentes. Quand le manchon de verre est suffisamment ramolli par la chaleur, l'ouvrier *étendeur*,

Fig. 70.

Fig. 71.

armé d'une règle, affaisse à droite et à gauche les deux côtés du cylindre (fig. 70), puis, au moyen d'un rabot en bois qu'il fait glisser rapidement à la surface du verre, il étend parfaitement la plaque (figure 71). On pousse enfin une seconde fois cette plaque de verre dans le four à recuire (fig. 72), et on la laisse refroidir lentement. Elle constitue alors un carreau de vitre.

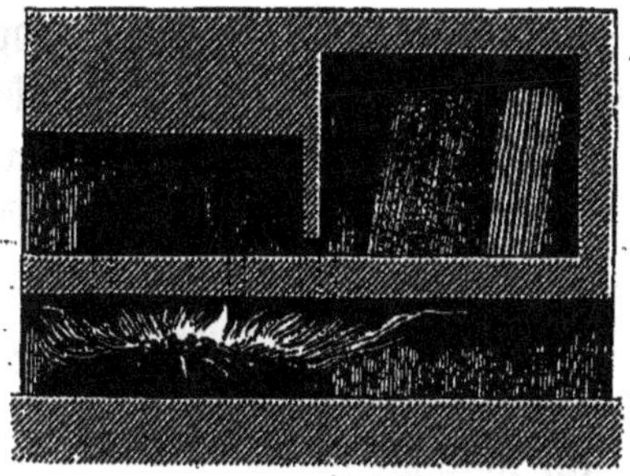

Fig. 72.

Verre à bouteilles. — Pour la préparation du verre à bouteilles ou verre noir, on emploie des sables ocreux, parce que l'oxyde de fer qu'ils renferment donne de la fusibilité au verre. On y ajoute de la soude brute, des cendres de bois et une grande quantité de morceaux de bouteilles. Les fours pour le verre à bouteilles renferment ordinairement six grands creusets, qu'on remplit du mélange et qu'on chauffe pendant sept à huit heures.

Fig. 73.

Pour faire une bouteille, un aide plonge plusieurs fois sa canne dans le verre fondu, jusqu'à ce qu'il en ait retiré la quantité nécessaire au façonnage d'une bouteille, et à chaque fois il la tourne constamment entre ses mains. Le *souffleur* prend alors la canne, appuie le verre sur une plaque de fonte en tournant la canne pour former le goulot de la bouteille, puis il souffle dans la canne et donne au verre la forme d'un œuf. Il marque ensuite le col de la bouteille, réchauffe la pièce et la souffle de nouveau après l'avoir introduite dans un moule de bronze qui lui donne la forme et les dimensions convenables. Pour faire le fond de la bouteille, il appuie un des angles d'une petite plaque de tôle rectangulaire, nommée *molette*, au centre de la base de la bouteille, tout en tournant celle-ci avec la canne. Il ne reste plus qu'à détacher la bouteille de la canne et à ajouter une petite corde de verre au sommet du goulot. On place ensuite les bouteilles dans le *four à recuire*, et on les laisse refroidir lentement.

Les tubes de verre se font par des moyens tout à fait semblables aux précédents, et qui consistent à mettre à profit l'extrême ductilité dont le verre jouit quand il est ramolli par la chaleur. Pour obtenir ces longs tuyaux de verre qui servent dans les laboratoires de chimie à conduire des gaz et à construire divers appareils, un ouvrier prend une masse de verre qu'il souffle en boule, et à peu près comme le représente la figure 66. Ensuite un autre ouvrier, saisissant au moyen d'une

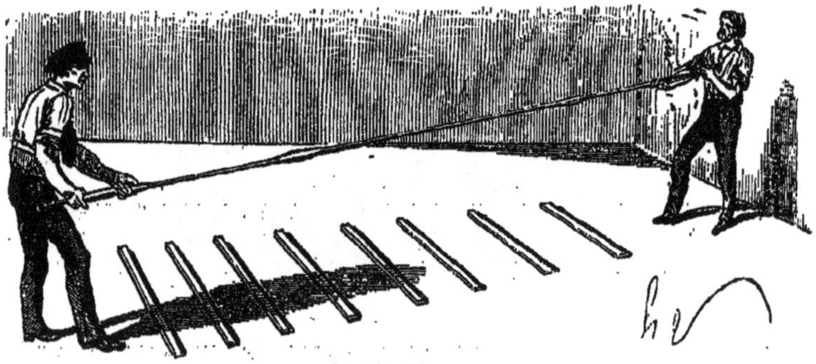

Fig. 74.

tige de fer l'autre extrémité de la masse de verre soufflée et encore ramollie par la chaleur, s'éloigne en marchant à reculons (fig. 74), allongeant ainsi la masse de verre, qui, toujours pourvue d'une cavité à son intérieur, finit par donner naissance à un long tube creux. En coupant les deux extrémités du très-long canal de verre ainsi formé, on obtient les tubes de nos laboratoires.

Cristal. — Le cristal diffère du verre proprement dit en ce qu'il contient une certaine quantité d'oxyde de plomb à l'état de silicate d'oxyde de plomb, que ne renferme pas le verre ordinaire. Ce silicate de plomb donne à la masse vitreuse une grande pesanteur spécifique et une limpidité parfaite. Les rayons lumineux qui le traversent y éprouvent une réfraction (c'est-à-dire une déviation) beaucoup plus considérable que dans le verre commun. Enfin, le cristal se taille par le ciseau avec la plus grande facilité, et peut recevoir ainsi toutes les formes propres à la décoration. C'est cet ensemble de propriétés remarquables qui rendent le cristal si précieux pour un grand nombre d'usages, et font sa supériorité sur le verre proprement dit.

Le *minium*, ou oxyde rouge de plomb, est le composé plombique qui sert à la préparation des différentes variétés de cristal.

Le cristal le plus commun s'obtient en fondant ensemble, dans un creuset, du sable pur, du minium et du carbonate de potasse purifié.

Une variété de cristal qui est très-dense, très-réfringent, et qui, sous l'influence de la taille, imite singulièrement le diamant, porte le nom de *strass*. Si on le colore avec des oxydes métalliques, on obtient des pierres précieuses artificielles.

Les verres employés pour former les lentilles qui entrent dans les instruments d'optique sont le *crown-glass*, qui présente une composition analogue à celle du verre de Bohême, et le *flint-glass*, qui est un véritable cristal. Dans le *crown-glass* entrent : sable blanc, carbonate de potasse, carbonate de soude, craie, acide arsénieux. Le *flint-glass* est composé de sable blanc, de minium et de carbonate de potasse très-pur.

LES LUNETTES D'APPROCHE

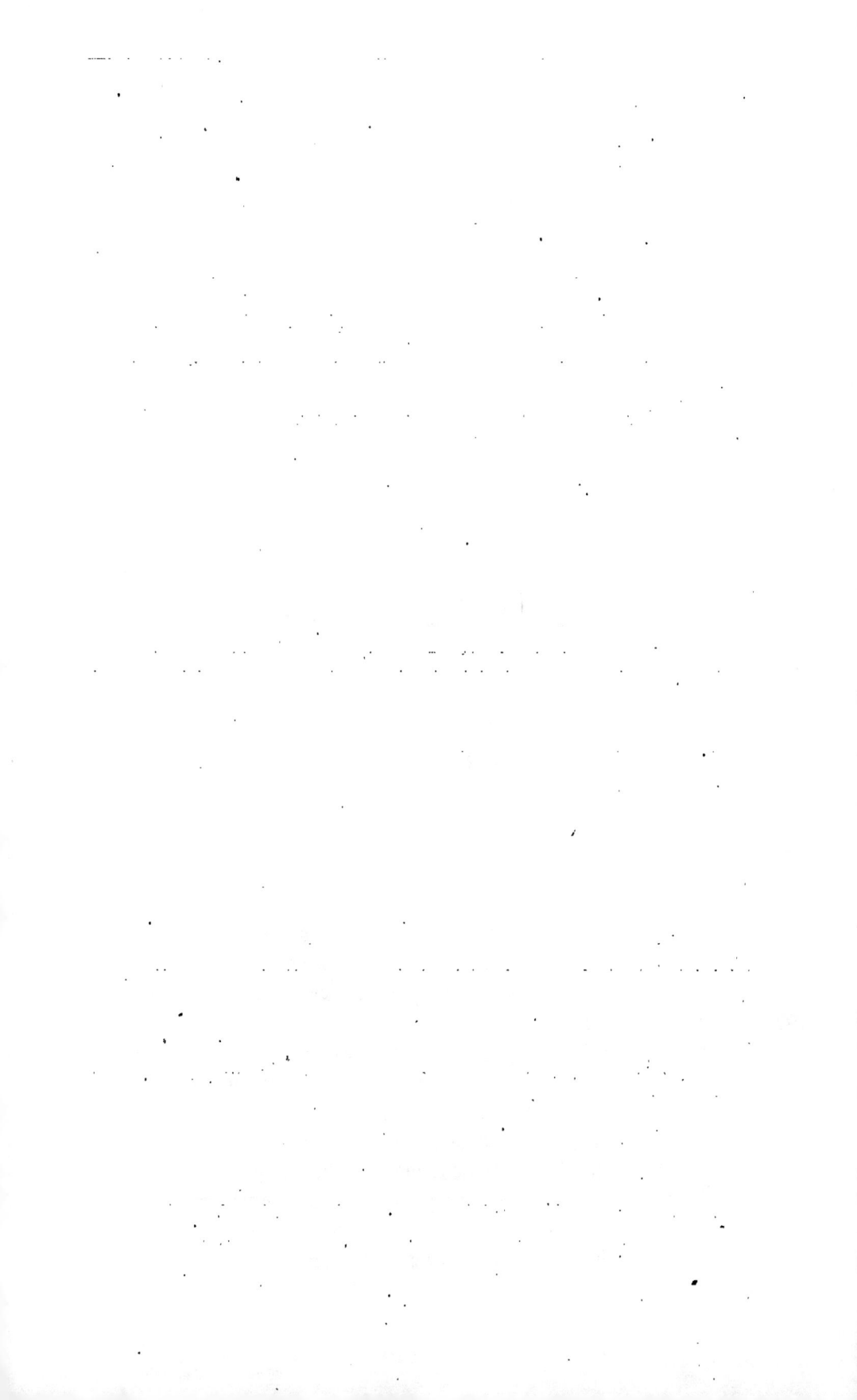

X

LES LUNETTES D'APPROCHE.

Historique. — Frascator et Porta. — Jean Lippershey. — Première lunette vue à Paris. — Théorie des lunettes d'approche. — Lentilles. — Effet grossissant de la lentille biconvexe. — Lunette astronomique. — Lunette terrestre ou longue-vue. — Lorgnette de spectacle.

On a prétendu que l'invention des lunettes n'appartient pas aux modernes ; mais toutes les preuves que l'on a invoquées à cet égard sont tombées devant leur interprétation raisonnée. Il a été bien constaté seulement que, chez les anciens, on examinait les astres avec de longs tuyaux, de manière, dit Aristote, à reproduire l'effet d'un puits, du fond duquel on voit les étoiles en plein jour. Mais un tel moyen n'avait rien de commun avec es instruments d'optique dont nous avons à nous occuper.

On lit dans un ouvrage de Frascator publié à Venise en 1538 : « Si on regarde à travers deux verres oculaires placés l'un sur l'autre, on voit toutes choses plus grandes ou plus proches. »

On lit encore dans la *Magie naturelle*, ouvrage publié en 1589 par un physicien napolitain nommé Porta, qu'en réunissant une lentille convexe et une lentille concave, on pourra voir les objets agrandis et distincts. Cependant aucun de ces deux physiciens n'a construit d'appareil d'optique réalisant la lunette d'approche.

Fig. 75.

Il résulte de documents trouvés dans les archives de la ville de la Haye, que, le 2 octobre 1606, Jean Lippershey, opticien, bourgeois de Middelbourg et natif de Wesel, demandait aux États généraux de la Hollande un privilége de trente ans, pour la construction d'un instrument servant à faire voir les objets très-éloignés, *comme cela a été prouvé à messieurs les membres des États généraux*. Quatre jours après, une commission nommée par les États généraux décidait que l'instrument de Lippershey serait utile au pays, mais qu'il fallait le perfectionner, afin qu'on pût y voir des deux yeux. Le 15 décembre 1608, l'instrument reçut de l'inventeur cette modification.

Le 17 octobre 1608, un savant hollandais, Jacques Metius, fabriquait un instrument qui, selon lui, était tout aussi bon que celui de l'opticien de Middelbourg. Ajoutons qu'en 1609 l'immortel Galilée, en Italie, réussit à construire, par ses propres efforts, cette célèbre lunette hollandaise, dont il n'avait entendu parler que par le bruit public.

Comment l'opticien de Middelbourg, Jean Lippershey, était-il parvenu à construire la lunette d'approche? Est-ce par la force de son génie, ou par un effet du hasard? « Je mettrais au-dessus de tous les mortels, dit le grand physicien Huyghens, celui qui, par ses seules réflexions, et sans le concours du hasard, serait arrivé à l'invention des lunettes d'approche. » Si l'on en croit la tradition, Lippershey ne serait arrivé que par hasard à créer cet admirable instrument. La tradition rapporte qu'un étranger ayant commandé à Lippershey des lentilles convexes et concaves, vint les chercher au jour convenu, en choisit deux, les mit devant son œil en les éloignant et en les écartant tour à tour, paya, puis partit sans rien dire. Lippershey, demeuré seul, imita, dit-on, les dispositions qu'il avait vu employer par l'étranger, et reconnut ainsi le grossisse-

Fig. 76.

ment. En fixant alors les deux verres aux deux extrémités d'un tube, ils construisit la première lunette d'approche.

Suivant une autre version, les enfants de Jean Lippershey ayant rapproché par hasard et à la distance voulue deux lentilles, dont l'une était concave et l'autre convexe, poussèrent des cris de joie en voyant de si près le coq du clocher de Middelbourg. Lippershey, qui était présent, fixa les deux verres sur une planchette, puis aux deux extrémités d'un tube noirci à l'intérieur, et construisit ainsi, pour la première fois, l'instrument merveilleux dont nous parlons.

Quelle que soit la manière dont Lippershey soit arrivé à ce résultat, il semble bien démontré aujourd'hui que c'est à cet artiste que revient l'honneur d'avoir construit la première lunette d'approche.

On lit dans le *Journal du règne de Henri IV* par Pierre de l'Estoile, à la date de 1609 : « Le jeudi 30 avril, ayant passé sur le pont Marchand, je me suis arrêté chez un lunetier qui montrait à plusieurs personnes des lunettes d'une nouvelle invention et usage. Ces lunettes sont composées d'un tuyau long d'environ un pied, à chaque bout il y a un verre, mais différent l'un de l'autre. Elles servent pour voir distinctement les objets éloignés, qu'on ne voit que très-confusément. On approche cette lunette d'un œil, on ferme l'autre : et regardant l'objet qu'on veut connaître, il paraît s'approcher et on le voit distinctement, en sorte qu'on reconnaît une personne d'une demi-lieue. On m'a dit qu'un lunetier de Middelbourg en Zélande en avait fait l'invention.... » Le *pont Marchand*, dont parle Pierre de l'Estoile, traversait la Seine côte à côte avec le pont au Change, et, comme lui, il était couvert de maisons.

On réunit sous le nom de lunettes d'approche : 1° la lunette astronomique ; 2° la lunette terrestre ; 3° la lorgnette de spectacle.

Toute la théorie du jeu physique des lunettes d'approche repose sur le phénomène connu sous le nom de *réfraction de la lumière*. Il est donc indispensable, pour l'intelligence de ces instruments, de bien comprendre ce phénomène.

Un faisceau lumineux peut être considéré comme formé de la réunion de plusieurs lignes lumineuses parallèles entre elles ; on donne le nom de *rayons lumineux* à ces lignes lumineuses parallèles.

Dans une substance diaphane d'une constitution uniforme, dans une couche d'air par exemple, ou dans une couche d'eau, la lumière se meut en ligne droite. Mais quand un rayon de lumière passe obliquement d'un milieu quelconque, de l'air par exemple, dans un autre milieu qui n'a pas la même densité, comme l'eau ou le verre, ce rayon ne poursuit pas sa route en ligne droite; il se brise, c'est-à-dire qu'il se meut dans le second milieu suivant une direction qui ne forme pas son prolongement rectiligne, c'est-à-dire qu'il *se réfracte*. C'est sur la propriété que possèdent les rayons lumineux de se dévier de leur route directe quand ils passent d'un milieu moins dense dans un milieu plus dense, que repose la construction des lentilles, lesquelles constituent, par leur réunion convenable, comme nous le verrons plus loin, les diverses *lunettes d'approche*.

La lentille, l'instrument d'optique le plus simple, nous présente une application de la réfraction de la lumière dans des milieux plus denses que l'air. La lentille est une masse de verre travaillée de manière à être limitée par deux surfaces sphériques. Une lentille bombée sur ses deux faces est dite *biconvexe*, une lentille creusée sur ses deux faces est dite *biconcave*.

Quand on place dans la direction des rayons solaires une lentille biconvexe, les rayons qui rencontrent la surface de cette lentille et qui la traversent se réfractent deux fois : en entrant dans le verre et en en sortant, tous s'inclinent l'un vers l'autre; de l'autre côté de la lentille, ils se réunissent en cône ou, comme on dit, convergent tous de manière à se rassembler sur un point très-restreint, qu'on nomme *foyer principal de la lentille*, ainsi que le montre la figure géométrique 77, dans laquelle le foyer des rayons réfractés est au point *f*.

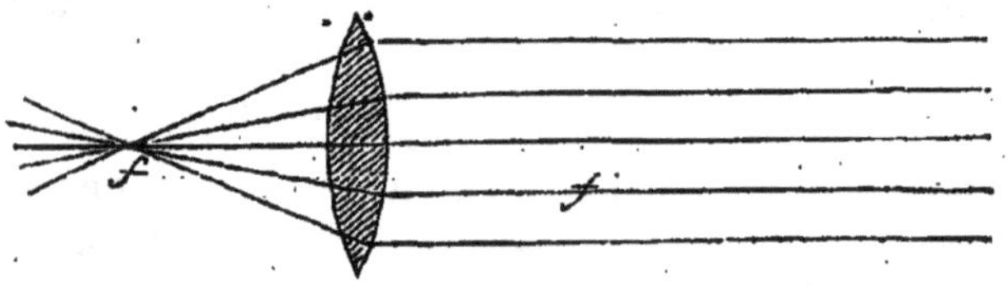

Fig. 77.

D'après cela, si on place un objet lumineux, ou éclairé A B

(fig. 78), au delà du foyer d'une lentille biconvexe, les rayons émanés de A convergeront en *a*, et les rayons émanés de B en *b*, *a* et *b* étant les foyers de tous les rayons lumineux émanés des points A et B. Il en sera de même de tous les rayons émanés des différents points de l'objet.

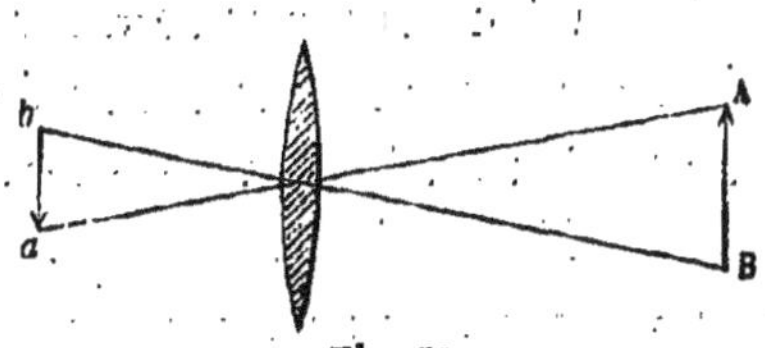

Fig. 78.

L'image produite par la réunion des foyers correspondants à chacun des points de l'objet pourra être reçue sur un écran blanc, ou bien encore être vue par un œil placé sur la direction des rayons qui se propagent en divergeant après s'être croisés à leur foyer. C'est cette figure visible au foyer que l'on appelle l'*image réelle* de la lentille.

Plaçons maintenant un objet lumimeux ou éclairé entre le foyer de la lentille biconvexe et cette même lentille. Les rayons de lumière qui en émanent se réfractent en traversant la lentille. Il ne se forme pas au fond de l'œil de l'observateur une image *réelle* de cet objet ; seulement l'œil placé de l'autre côté de la lentille voit, sur le prolongement des rayons lumineux et du côté de l'objet, une image N′ Z′ agrandie de l'objet N Z. Cette image, que l'on ne peut recevoir sur un écran, est dite *virtuelle*.

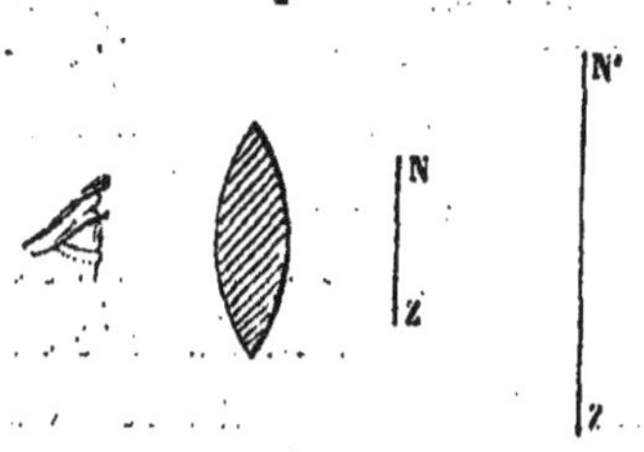

Fig. 79.

Une lentille biconvexe placée au-devant de l'œil constitue la *loupe* ou microscope simple. Cet instrument sert au naturaliste à étudier soit dans les animaux, soit dans les végétaux, de petits détails qui seraient invisibles à l'œil nu. Nous y reviendrons quand nous traiterons du microscope simple.

Lunette astronomique. — L'analyse que nous venons de donner du grossissement des objets par une lentille simple biconvexe, va nous permettre d'expliquer le jeu physique au moyen duquel la lunette des astronomes fait apercevoir distinctement les grands corps célestes, malgré l'immense étendue qui les sépare de notre globe. La lunette astronomique se compose en effet de la réunion de deux lentilles biconvexes enchâssées aux deux extrémités d'un tube métallique, et qui est formé lui-même de deux parties rentrant l'une dans l'autre, afin que l'observateur puisse faire varier à volonté la distance qui sépare les deux lentilles.

Les dimensions des deux lentilles dans la lunette d'approche ne sont pas les mêmes; celle qui est placée près de l'œil de l'observateur, c'est-à-dire l'*oculaire*, est plus petite que celle qui est tournée du côté de l'objet à observer, et qui prend le nom d'*objectif*.

Nous venons d'expliquer comment une seule lentille biconvexe grossit un objet. Sans entrer dans d'autres explications, nous nous bornerons à dire que deux lentilles semblables, dirigées vers le même objet, amplifiant encore les dimensions apparentes de cet objet, le grossissent considérablement et produisent par conséquent l'effet que l'on recherche avec les lunettes d'approche.

La lunette astronomique est donc formée par la réunion de deux lentilles biconvexes : l'une des lentilles sert à former l'image ; la seconde l'amplifie considérablement.

La figure suivante représente la *lunette astronomique*. Elle est montée sur un échafaudage mobile, et une vis tournante, mue à la main, permet de l'élever et de l'abaisser à volonté pour l'exploration du ciel. Elle porte une autre lunette de dimensions beaucoup plus petites : c'est le *chercheur*, qui, embrassant un espace du ciel plus étendu, permet de trouver plus promptement l'endroit du ciel où existe l'astre que l'on désire examiner avec la grande lunette.

Dans la lunette astronomique les images des objets sont renversées, mais cette circonstance ne présente aucun inconvénient pour l'observation des astres et des corps célestes dont les dimensions sont circulaires.

Lunette terrestre ou *longue-vue*. — La lunette terrestre ou la longue-vue ne diffère de la lunette astronomique que parce que les images sont redressées; ce redressement s'obtient à l'aide de deux lentilles biconvexes convenablement disposées entre l'objectif et l'oculaire.

Lorgnette de spectacle. — La lorgnette de spectacle n'est autre chose que la lunette astronomique réduite à de petites dimensions; seulement la lentille oculaire est biconcave, afin de redresser l'image amplifiée par le jeu des deux lentilles.

Fig. 80. Lunette astronomique.

La *lorgnette de spectacle* porte quelquefois le nom de *lunette de Galilée*, parce que la lunette astronomique, qui servit à Galilée à faire pour la première fois l'observation des astres, avait pour oculaire une lentille biconcave et pour objectif une lentille biconvexe. Notre lorgnette de spectacle n'est donc autre chose que la lunette de Galilée réduite à de petites proportions et rendue portative. Elle ne donne, en raison de ses faibles dimensions, qu'un faible grossissement; elle n'amplifie les objets que de deux ou trois fois leur dimension. La *lorgnette* proprement dite ne se compose que d'une seule lunette; la *jumelle* se compose de deux lunettes juxtaposées, pouvant se placer simultanément devant les deux yeux.

LE TÉLESCOPE

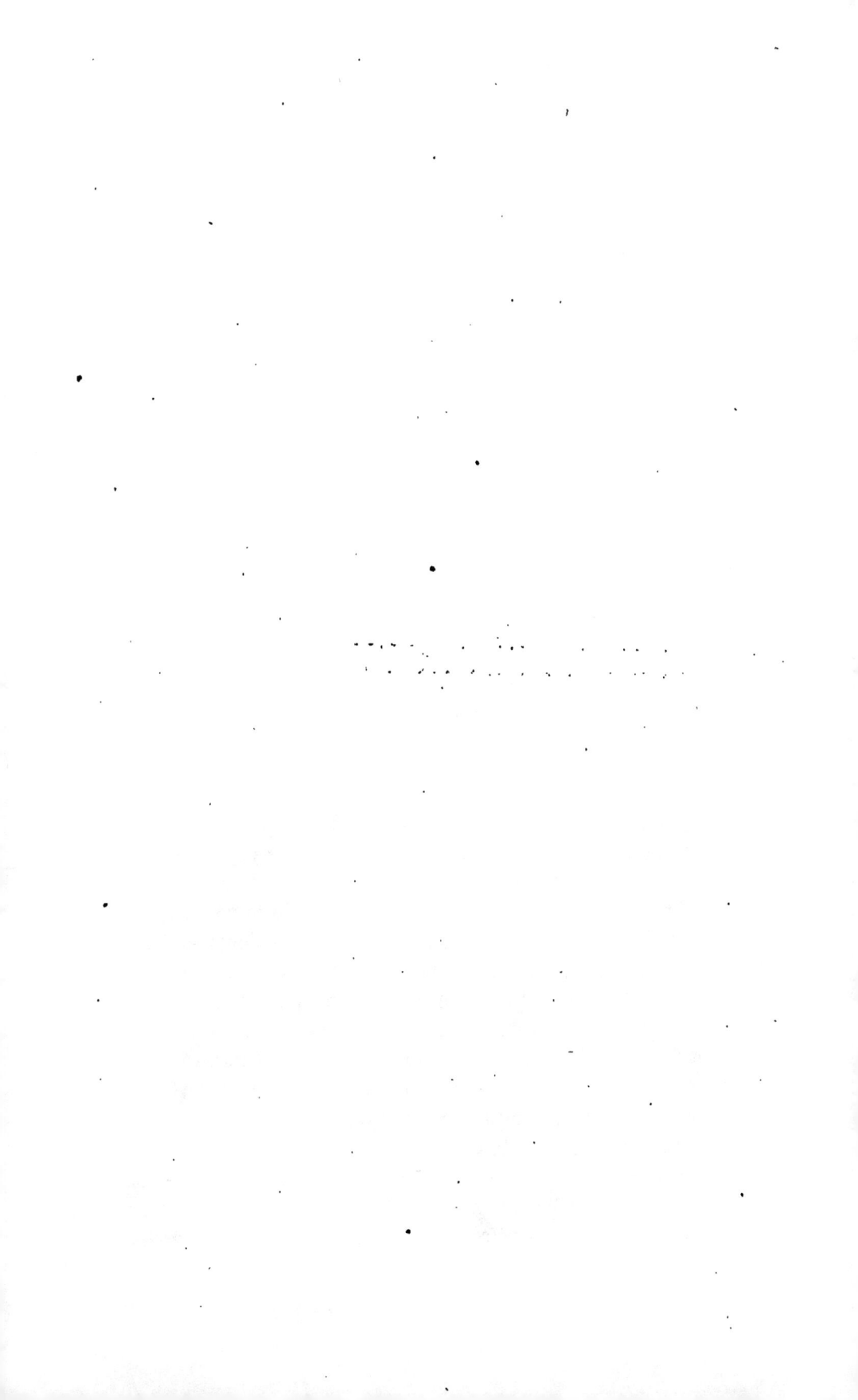

XI

LE TÉLESCOPE.

Télescope de Grégory. — Télescope d'Herschell.

Comme la lunette astronomique, le télescope sert à l'observation des astres; mais le grossissement des objets lointains est dû ici à un tout autre mécanisme physique. Dans la lunette astronomique, c'est, comme nous venons de le voir, par un effet de réfraction à travers le verre que les objets sont amplifiés; dans le télescope, le grossissement a lieu par la réflexion des objets opérée sur des miroirs métalliques courbes.

La première idée d'un instrument de ce genre a été émise, au milieu du dix-septième siècle, par le P. Zeucchi. Dans un ouvrage publié à Lyon, en 1652, ce savant nous dit qu'il lui vint à la pensée, pendant l'année 1616, d'employer des miroirs concaves de métal pour produire le grossissement des corps très-éloignés, afin d'obtenir, au moyen d'un simple phénomène de réflexion, les puissants effets de grossissement que l'on n'avait encore réalisés que par la réfraction des rayons lumineux à travers deux lentilles. Mettant ce projet en pratique, le P. Zeucchi construisit un télescope à réflexion qui donnait les mêmes résultats que les lunettes d'approche découvertes sept années auparavant.

C'est en 1663 qu'a été décrit, sinon exécuté, le télescope de Grégory, que l'on désigne souvent, à tort, sous le nom de *télescope de Newton.*

Le télescope de Gregory repose sur le phénomène de la réflexion qu'éprouvent les rayons lumineux en tombant sur une surface concave ; il sera donc nécessaire, pour l'explication des effets de cet instrument, d'entrer dans quelques détails sur les réflexions qu'éprouvent les rayons lumineux tombant sur différentes surfaces.

Quand un faisceau de rayons de lumière tombe verticalement sur une surface plane, opaque et polie, sur une lame de fer-blanc, par exemple, ces rayons reviennent sur eux-mêmes sans changer de direction. Mais s'ils tombent obliquement, ils

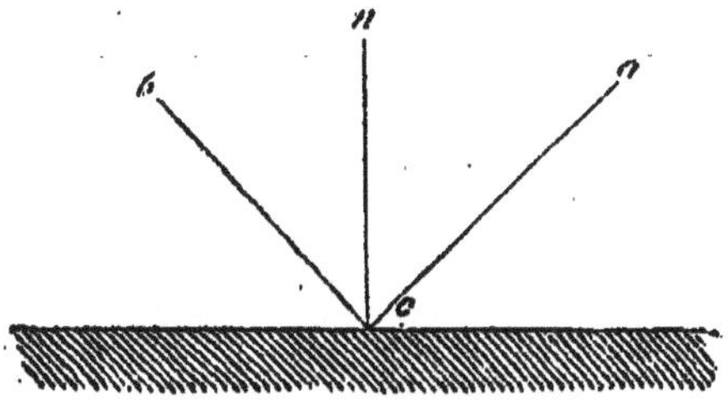

Fig. 81.

se réfléchissent et sont repoussés dans un sens opposé à celui de leur première direction, mais en faisant le même angle avec la surface plane, comme le montre la figure géométrique 81, dans laquelle *a c* représente le rayon lumineux incident, et *b c* le rayon réfléchi sur la surface plane au point *c*.

Si des rayons parallèles tombent perpendiculairement sur un miroir oblique, ils se dévient de la même façon que s'ils tombaient obliquement sur un miroir plan. Or, un miroir sphérique et concave présente partout une surface oblique, hormis au centre, et s'il est frappé par des rayons parallèles, ceux-ci se réfléchissent à sa surface, convergent les uns vers les autres, et finissent par se réunir en un même point de l'axe du miroir. Ce point, c'est le foyer principal F (fig. 82).

Si un objet VT est placé en avant d'un miroir concave (fig. 83), les rayons partis de V viendront tous, après leur ré-

Fig. 82.

flexion, passer sensiblement par le point *v*, qui sera le foyer de tous les points lumineux émanés de V. Il en sera de même pour le point T, et on aura ainsi une image renversée en *v t*.

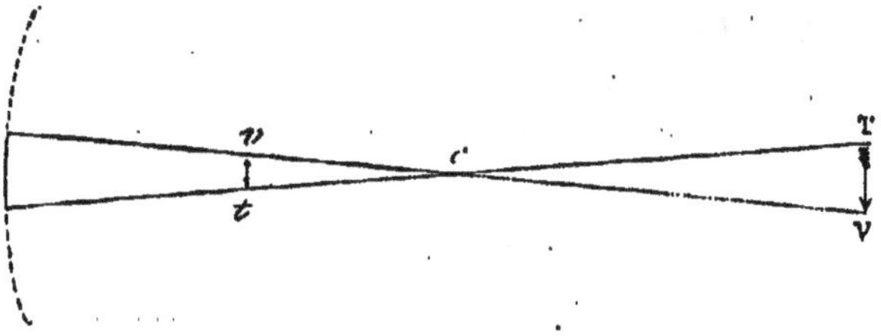

Fig. 83.

Ce miroir concave pourra donc remplacer l'objectif des lunettes, c'est-à-dire former à son foyer une image de l'objet éloigné.

Il faut maintenant amplifier cette image avec un oculaire. Mais on doit nécessairement s'arranger de manière que l'observateur, placé devant l'oculaire, ne s'interpose pas entre l'objet et le miroir, et n'empêche ainsi les rayons lumineux d'arriver au miroir. Voici l'ingénieuse disposition qui fut imaginée par Grégory pour parer à cette difficulté.

Son télescope se composait d'un long tuyau de cuivre AB. A l'un des bouts de ce tuyau est un miroir concave MM, percé à son

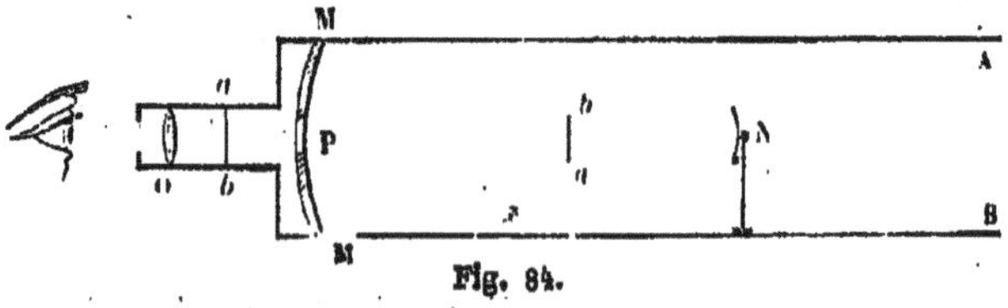

Fig. 84.

centre d'une ouverture circulaire P. En N est un second miroir concave, un peu plus large seulement que l'ouverture centrale du premier miroir. Les rayons émis par un astre se réfléchissent sur le grand miroir M, et forment une première image en *ab*. Celle-ci se trouve entre le centre et le foyer du petit miroir N, en sorte que les rayons, après s'être réfléchis une seconde fois sur le miroir N, vont former en *a' b'* une image amplifiée et renversée de *ab*, et, par conséquent, droite par rapport à l'astre. On amplifie cette image au moyen de l'oculaire O, qui est une lentille bi-convexe jouissant, par conséquent, d'un effet amplificateur.

En 1672, Newton fit présent à la *Société royale de Londres* d'un télescope à réflexion, qu'il avait exécuté de ses propres mains d'après le système de Grégory que nous venons d'exposer.

Fig. 85. Télescope de Newton ou de Grégory.

C'est cette circonstance qui explique l'erreur qui a fait attribuer à Newton la découverte du télescope à miroir, qui, en réalité, appartient à Grégory.

L'astronome William Herschel, qui vivait à la fin du dernier siècle, a beaucoup contribué, par les gigantesques dimensions des télescopes qu'il construisit, à répandre la connaissance de cet instrument dans le vulgaire, dont il frappait l'imagination. Herschel n'était ni destiné ni préparé par sa position à embrasser la carrière des travaux astronomiques : c'était un simple musicien. Un télescope lui tomba par hasard entre les mains. Ravi des merveilles que les cieux offraient à sa vue, grâce à cet instrument d'optique, il s'éprit d'un grand enthousiasme pour l'observation céleste. Le télescope dont il se servait n'avait qu'une faible puissance de grossissement; il essaya de se procurer alors un télescope de plus grandes dimensions. Mais le prix du nouvel instrument était trop élevé pour la bourse d'un simple amateur. Cependant Herschel ne perd point courage : l'instrument qu'il ne peut acheter, il le construira lui-même. Le voilà donc devenu mathématicien, ouvrier, opticien. En 1781, il avait façonné plus de quatre cents miroirs réflecteurs pour les télescopes.

Les puissants télescopes d'Herschel consistaient en un miroir métallique placé au fond d'un large tube de cuivre ou de bois légèrement incliné, de manière à projeter l'image très-amplifiée et très-lumineuse d'un astre au bord de l'orifice du tube, où il l'examinait à l'aide d'une loupe, c'est-à-dire en supprimant le second miroir employé par Grégory, qui amène nécessairement une perte par cette seconde réflexion sur le petit miroir.

Le plus grand télescope dont Herschel se soit servi était formé d'un miroir de 1^{m},47 de diamètre. Le tuyau avait 12 mètres, et l'observateur se plaçait à son extrémité, une forte lentille à la main, pour regarder l'image. Le grossissement pouvait s'élever jusqu'à six mille fois le diamètre du corps observé. Afin de donner au télescope l'inclinaison convenable pour chaque observation, Herschel avait fait établir l'immense appareil de mâts, de cordages et de poulies que représente la figure 86. Toute la construction reposait sur des roulettes, et pour l'orienter, on la faisait mouvoir tout d'une pièce à l'aide d'un treuil. L'observateur se plaçait sur une plate-forme suspendue à l'orifice du tube, à peu près comme les fauteuils accrochés à ces balançoires qui ont la forme de vastes roues et qu'on voit fonctionner aux Champs-Élysées à Paris. Du reste, Herschel ne se servit que rarement de cet immense télescope. Il n'y avait guère que cent heures dans l'année pendant lesquelles, sous le ciel brumeux de l'Angleterre, l'air fût assez limpide pour employer cet instrument avec succès.

De nos jours, lord Ross, en Angleterre, a construit un télescope encore plus puissant et plus énorme que celui d'Herschel.

Fig. 86. Télescope d'Herschel.

Le miroir du télescope de lord Ross pèse 3809 kilogrammes, le tube 6604 kilogrammes.

Nous dirons toutefois que, depuis les premières années de notre siècle, on a abandonné en France l'usage du télescope comme moyen d'observation céleste. On ne se sert communément, pour observer les astres, que des instruments à réfraction, c'est-à-dire des lunettes d'approche, décrites dans le chapitre précédent.

LE MICROSCOPE

XII

LE MICROSCOPE.

Microscope simple. — Microscope composé. — Historique. — Théorie du microscope composé. — Applications du microscope. — Microscope solaire.

L'intelligence de l'homme ne s'exerce pas seulement sur les corps infiniment grands, elle cherche encore à connaître les infiniment petits, ces êtres mystérieux qui, dans l'harmonie de la création, suppléent par leur nombre à leur petitesse. Ce monde nouveau nous est révélé par le microscope.

On appelle *microscope* l'instrument qui sert à amplifier considérablement les objets trop petits pour être aperçus à la vue simple.

Il importe de distinguer le *microscope simple* et le *microscope composé*, car ces deux instruments, quoique concourant au même but, diffèrent beaucoup, tant par leurs dispositions que par l'époque de leur découverte.

Microscope simple. — Le microscope simple n'est autre chose qu'une lentille biconvexe. On le désigne vulgairement sous le nom de *loupe*. Placée très-près de l'œil de l'observateur, cette lentille unique grossit l'objet que l'on considère à travers son épaisseur, d'après le mécanisme physique que nous avons suffisamment exposé en parlant des lentilles (page 138, figure 79).

Fig. 87.

Nous n'avons donc rien à ajouter ici pour expliquer l'effet de grossissement du microscope simple.

L'usage des lentilles grossissantes remonte à une haute antiquité. On reconnut en effet de très-bonne heure le phénomène de grossissement que produisent les corps translucides terminés par des surfaces sphériques. Les ampoules de verre, les globes pleins d'eau et d'autres substances diaphanes et réfringentes, étaient en usage chez les anciens pour grossir l'écriture et pour graver les camées. Au quatorzième siècle, on employa les loupes, ou verres taillés en forme sphérique, pour les travaux de certaines professions, telles que l'horlogerie, la gravure, etc. C'est avec ces verres taillés que furent construits les premiers microcospes simples qui servirent aux travaux des anatomistes Leuwenhoeck, Swammerdam et Lyonnet.

La loupe sert aujourd'hui aux naturalistes pour observer, avec un faible grossissement, différentes parties du corps des animaux ou des plantes. Les minéralogistes, les physiciens, les chimistes l'emploient pour reconnaître la forme des cristaux trop petits pour être discernables à la vue simple.

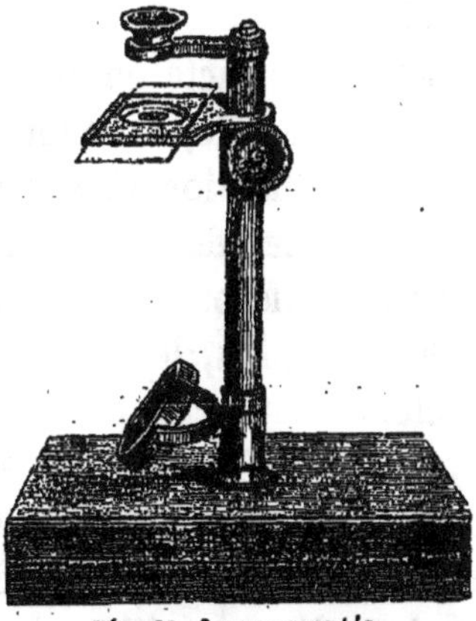
Fig. 88. Loupe montée.

On a donné pendant quelque temps le nom de *microscope de Raspail* au microscope simple, c'est-à-dire à une loupe ou lentille que l'on avait assujettie à une tige, munie elle-même d'un *porte-objet*, qui pouvait se fixer à différentes hauteurs sur cette tige à l'aide d'une vis. Ce n'était autre chose que le microscope dont s'étaient servis, comme nous venons de le dire, les premiers observateurs, tels que Leuwenhoeck et Swammerdam.

Le microscope simple, quels que soient la puissance de réfraction de la lentille et son degré de courbure, ne peut amplifier des objets au delà de cinquante fois leur diamètre.

Microscope composé. — Le microscope composé est formé de la réunion de deux lentilles de dimensions inégales ; la plus petite est l'objectif et la plus grande l'oculaire.

Le premier microscope composé, c'est-à-dire formé de la réunion de deux lentilles, fut construit, en 1590, par le Hollandais Zacharie Zansz ou Jansen. D'autres en font honneur à Cornelius Drebbel (1572), savant hollandais, auquel on attribue également l'invention du thermomètre.

Le microscope que Jansen présenta, en 1590, à Charles-Albert, archiduc d'Autriche, avait deux mètres de long : il était donc d'un usage assez incommode. Cet instrument fut perfectionné depuis par Galilée et par Robert Hooke. Mais, pour obtenir des grossissements considérables, il fallait employer des lentilles très-fortes, c'est-à-dire réfractant fortement la lumière.

Quand les physiciens voulurent amplifier les objets plus de cent cinquante à deux cents fois en diamètre, ils furent arrêtés par un obstacle qui parut insurmontable, et qui retarda la science pendant plus de deux cents ans. Essayons de faire comprendre la nature de cet obstacle.

En même temps que la lumière se réfracte en passant d'un milieu dans un autre, de l'air, par exemple, dans un morceau de verre, elle subit encore une modification plus profonde : elle se décompose en plusieurs espèces de rayons différemment colorés. Dans la lumière blanche ou ordinaire, il y a sept couleurs : le violet, l'indigo, le bleu, le vert, le jaune, l'orangé et le rouge. Tout le monde a vu ces couleurs quand l'arc-en-ciel jette comme un pont irisé d'un bout à l'autre de l'horizon céleste. On les voit encore sur nos tables, quand la lumière colore de mille nuances, en les traversant, nos vases de cristal. C'est enfin cette même décomposition de la lumière qui fait ressembler à des diamants de toutes couleurs les gouttes d'eau que la rosée du matin a suspendues sur l'herbe des prairies!

Par suite de cette décomposition de la lumière à travers le verre des lentilles, plus les microscopes étaient puissants, c'est-à-dire formés de plus fortes lentilles, plus les images produites étaient colorées et confuses. Newton regarda comme impossible l'obtention d'images nettes et non colorées. Selon lui, les lentilles qui ne donneraient pas d'images irisées, ou, comme on dit, les *lentilles achromatiques*, étaient impossibles à réaliser.

Cependant, en 1757, un opticien de Londres, nommé Dollond, réussit à construire des lentilles achromatiques. Il parvint à ce résultat en juxtaposant deux lentilles, l'une biconvexe en crown-glass, l'autre concave-convexe en flint-glass. Mais ce n'est qu'en 1824 que ces lentilles, appliquées depuis longtemps à d'autres instruments d'optique, furent utilisées dans la construction du microscope, par M. Selligues. Dès lors, le pouvoir amplifiant du microscope alla rapidement en augmentant. On a fini par atteindre un grossissement de douze cents diamètres.

Composition et théorie du microscope composé. — Il nous reste à expliquer le mécanisme physique au moyen duquel on parvient, avec deux morceaux de cristal convenablement taillés, à découvrir aux yeux émerveillés de l'observateur tout un monde inconnu, et à dévoiler ainsi à l'homme une page admirable du livre de la création que ses sens lui dérobaient, et qu'a reconquise son génie.

Le microscope composé renferme un oculaire et un objectif, formés chacun d'une lentille biconvexe comme la lunette astronomique. C'est, en quelque sorte, la lunette astronomique, car il est aisé de comprendre que, puisqu'il s'agit avec le microscope d'amplifier les objets très-petits, un mécanisme physique analogue à celui de la lunette astronomique doit permettre d'obtenir ce résultat.

Dans le microscope, l'objet AB (fig. 89) étant très-près de l'objectif O, une image *amplifiée ab* va se former par l'effet grossissant de la lentille biconvexe O de l'autre côté de l'objectif. Ensuite, l'oculaire P jouant, comme dans la lunette astronomique, le rôle de loupe, on obtient, en avant de la première image *a b*, une nouvelle image *a' b'* très-amplifiée et qui

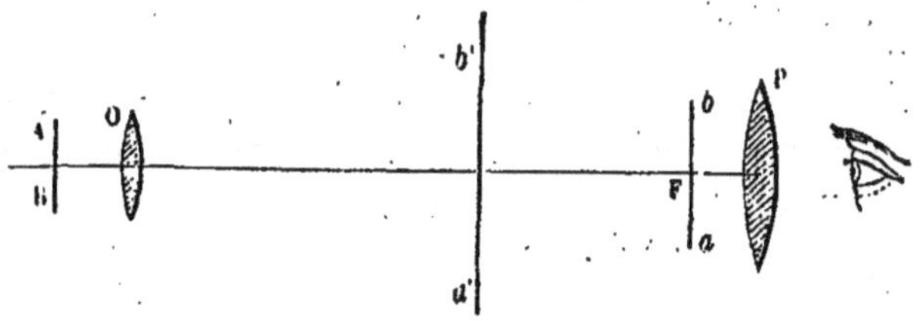

Fig. 89.

produit ainsi l'effet grossissant qui permet d'examiner dans leurs moindres détails les objets que leur dimension excessivement faible empêchait de discerner à la vue simple.

Un microscope est donc un instrument au moyen duquel on regarde à travers une loupe, non pas un objet, mais l'image de cet objet déjà amplifiée par une lentille biconvexe.

Dans la figure 90, qui représente le microscope composé, on voit en I l'oculaire et en C l'objectif; B est le porte-objet; A est une vis avec laquelle on fait mouvoir un miroir propre à éclairer, par la réflexion de la lumière que l'on fait tomber à sa surface, l'objet qu'on doit observer par transparence. En E est le bouton d'une crémaillère manœuvrée par l'observateur, et qui sert à mettre l'image au foyer de son œil.

Fig. 90.
Microscope composé.

Appliqué à une foule d'objets de la nature, le microscope charme nos yeux, étonne notre esprit, ravit notre imagination, devant les merveilles d'organisation qu'il nous révèle au sein des corps organisés. Un petit fragment de l'herbe de nos prairies, l'œil le plus imperceptible d'un insecte, soumis à l'action de cet admirable instrument, nous découvrent tout un monde nouveau où s'agitent l'activité et la vie. Une goutte d'eau empruntée à un ruisseau chargé de quelques immondices végétales, une matière organique en voie de décomposition, laissent apparaître, si on les observe au microscope, des myriades d'êtres vivants, d'animaux ayant chacun une organisation parfaite, et accomplissant leurs fonctions physiologiques comme les grandes espèces que nous connaissons. La révélation de ce monde invisible que les anciens ont ignoré est, pour les générations modernes, un motif de plus d'admirer la toute-puissance du Créateur.

Dans les sciences proprement dites, les applications du microscope sont nombreuses. Les chimistes emploient cet instrument pour découvrir les cristaux qui rendent certains liquides

Fig. 91.

opalins ou nacrés, pour étudier leurs formes et les différencier d'autres substances analogues. Entre les mains du médecin, il peut servir à faire reconnaître diverses maladies par la seule inspection des liquides vitaux : le sang, le lait, l'urine, le mucus, la salive, etc. Il sert encore à mettre en évidence les falsifications nombreuses auxquelles peuvent être soumis le fil, la soie, la laine, etc., et les matières alimentaires, telles que l'amidon et les farines. Il sert enfin à mesurer les corps les plus ténus. On a pu, de cette manière, reconnaître que la dimension des globules du sang n'est que de $\frac{1}{152}$ de millimètre de diamètre. Nous occasionnerons sans nul doute à nos lecteurs une vive surprise, et une haute admiration pour les procédés de la science actuelle, en leur apprenant que, grâce à certaines machines à diviser, on a pu exécuter dans le faible intervalle que mesure un millimètre, jusqu'à mille divisions égales. Quand on regarde au microscope un millimètre ainsi divisé en mille parties égales, on aperçoit très-nettement chacune de ces divisions.

Le *microscope solaire* est une simple lentille qui sert à amplifier considérablement l'image d'un objet vivement éclairé au moyen de la lumière solaire. On voit ici la figure d'un *micro-*

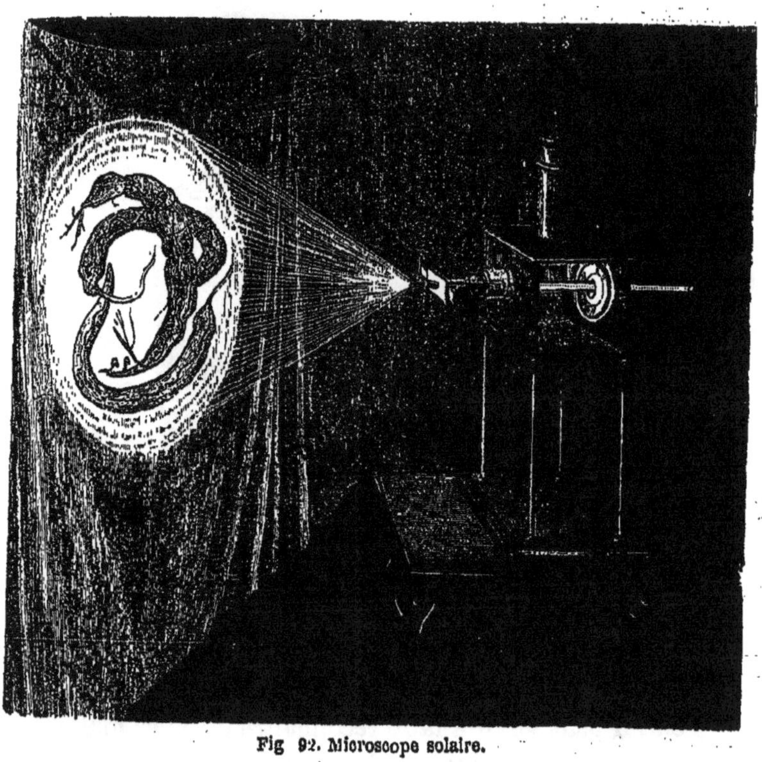

Fig 92. Microscope solaire.

scope solaire. Un faisceau de rayons de soleil est reçu dans une chambre entièrement obscure, au moyen d'une mince ouverture circulaire percée dans le volet de la fenêtre. Ce faisceau éclaire très-vivement un objet étalé sur une lame de verre, et placé sur le passage des rayons solaires. Une lentille de verre, fixée dans le petit tube qui fait suite à l'objet, amplifie considérablement cet objet, qui, ainsi agrandi, vient se projeter et se peindre sur un écran noir. Les dimensions de cette image augmentent à mesure que l'on recule cet écran.

On voit que le *microscope solaire* n'est autre chose que la *lanterne magique* fortement éclairée par les rayons solaires. L'image obtenu offre un énorme développement, mais elle est indécise, et plus elle s'accroît en dimension, plus elle perd en netteté, comme il arrive pour les images de la lanterne magique.

LE BAROMÈTRE

XIII

LE BAROMÈTRE.

Principe du baromètre : la pesanteur de l'air. — Conséquences du phénomène de la pesanteur de l'air. — Histoire de la découverte de la pesanteur de l'air et de la construction du baromètre. — Opinion de Galilée. — Torricelli découvre la cause de l'ascension de l'eau dans le tuyau des pompes. — Expériences de Pascal. — Construction du baromètre. — Baromètre à cuvette. — Baromètre à siphon. — Baromètre à cadran. — Usages du baromètre.

L'air est un gaz incolore et invisible, l'air est donc un corps; or tous les corps étant pesants, l'air est nécessairement doué de pesanteur.

Ce que le raisonnement indique, l'expérience le démontre avec certitude.

Prenez, comme l'indique la figure suivante, un vase de verre de forme sphérique, pourvu d'une garniture métallique et d'un robinet. Ce ballon étant plein d'air, par suite de son séjour dans l'atmosphère, attachez-le, par le crochet qui le surmonte, à un autre crochet fixé à la partie inférieure du plateau d'une balance, et dans le plateau opposé de cette balance, placez des poids en suffisante quantité pour contre-balancer le poids du ballon plein d'air. L'équilibre de la balance étant ainsi établi, détachez le ballon; puis, au moyen de la machine connue dans les laboratoires de physique sous le nom de *machine pneumatique* et qui sert à faire le vide, aspirez l'air qu'il renferme. Fermez le robinet du ballon de manière à empêcher l'air de rentrer dans son intérieur et suspendez-le de nouveau par son crochet, à la partie inférieure du plateau de la balance. Vous reconnaîtrez alors que l'équilibre qui existait avec le ballon plein d'air n'existe plus quand le ballon est vide d'air. Pour le rétablir, il faut ajouter un certain nombre de poids. Ces poids, nécessaires pour rétablir l'équilibre détruit, représentent évidemment le poids de l'air enlevé de l'intérieur du ballon par la machine pneumatique. L'air est donc pesant.

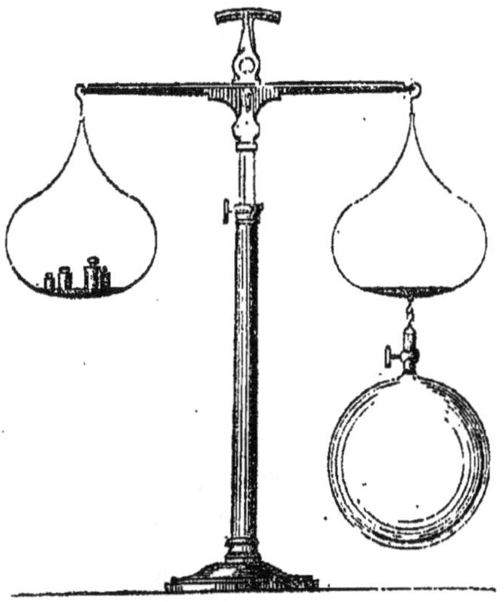

Fig. 93.

On peut exécuter cette expérience d'une manière inverse et arriver à la même conclusion. Commencez par faire le vide dans le ballon à l'aide de la machine pneumatique, fermez le robinet pour empêcher la rentrée de l'air dans son intérieur, attachez ce ballon vide d'air à la partie inférieure du plateau de la balance, et mettez celle-ci en équilibre au moyen de poids convenables placés dans le plateau opposé. Cela fait, ouvrez le robinet du ballon de manière à laisser revenir dans son intérieur l'air du dehors; vous verrez aussitôt l'équilibre de la balance se détruire; le plateau qui contient le robinet avec sa charge d'air, descendra, n'étant plus tenu en équilibre par les poids de l'autre plateau. Il faudra, pour rétablir l'équilibre, ajouter de nouveaux poids dans le plateau opposé à celui du ballon. Si la capacité de ce ballon est exactement d'un litre, le poids nécessaire pour rétablir l'équilibre sera d'un gramme et trois décigrammes; si sa capacité est de dix litres, le poids à ajouter sera de treize grammes. Donc l'air est pesant: il pèse un gramme et trois décigrammes par litre.

L'air étant pesant, il exerce nécessairement sur tous les corps placés à la surface de la terre une certaine pression. Le sol, les eaux, et en général tous les corps se trouvent pressés uniformément par la masse d'air qui repose sur eux. Si l'on prend une cloche pleine d'air et qu'on place cette cloche sur la surface de l'eau contenue dans une cuve, l'air enfermé dans l'intérieur de cette cloche presse l'eau recouverte par la cloche, et les autres parties du liquide non recouvertes par la cloche sont soumises à la même pression. Mais si, par un artifice quelconque, on vient à supprimer l'air qui existe à l'intérieur de la cloche; si, par exemple, on épuise l'air de cette cloche par la succion, ou mieux au moyen d'une machine pneumatique (ce que l'on peut faire aisément en adaptant à une ouverture placée à la partie supérieure de la cloche un tuyau qui communique avec la machine pneumatique), l'air étant chassé de l'intérieur de cette cloche, aucune pression ne s'exercera plus sur la partie de l'eau recouverte par la cloche. Mais comme l'air extérieur comprime toujours le liquide placé hors de la cloche, et comme la pression qu'il exerce se transmet au liquide dans tous les sens, il forcera l'eau de la cuve à s'élever dans l'intérieur de la cloche, puisque nulle résistance ne s'oppose à cette ascension.

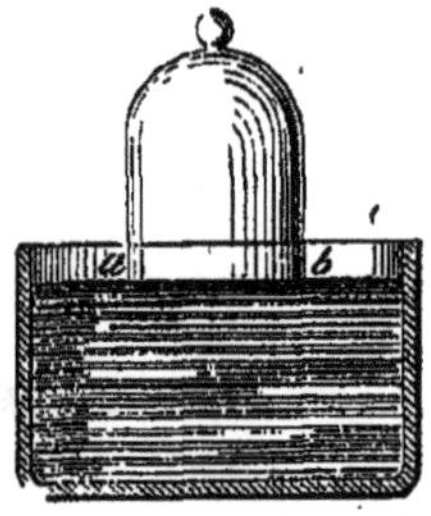

Fig. 94.

Si l'on remplace l'eau, dans l'expérience précédente, par un liquide plus pesant, le mercure, par exemple, et qu'au lieu de la cloche on prenne un tube de verre long d'un mètre, ouvert à l'une de ses extrémités, et fermé à l'autre extrémité par un robinet assujetti dans une monture de cuivre, l'expérience donnera le même résultat. Le robinet étant d'abord ouvert de manière à laisser à l'air atmosphérique un libre accès à l'intérieur du tube, le mercure se maintiendra à la même hauteur à l'intérieur et à l'extérieur du tube, parce que la pression exercée sur le liquide par l'air contenu à l'intérieur du tube est la même qui presse, à l'extérieur, la surface du reste du mercure. Mais si, à l'aide d'un tuyau flexible adapté au robinet B qui surmonte le tube de verre, on met l'extrémité supérieure du tube de verre en communication avec une machine pneumatique, et que, faisant jouer cette machine, on épuise l'air contenu dans l'intérieur du tube, cet air étant enlevé, aucune pression ne s'exerce plus à l'intérieur du tube, et comme l'air extérieur continue de presser dans tous les sens la surface de l'eau, il force, par cette pression qui n'est contre-balancée par rien, le mercure à s'élever à l'intérieur du tube. Dans ces conditions, le mercure s'élève et reste suspendu à une hauteur d'environ 76 centimètres en moyenne, parce que le poids de toute la colonne d'air atmosphérique est une force exactement suffisante pour faire équilibre à une colonne de mercure ayant la même surface et une hauteur de 76 centimètres. On peut donc dire que l'air exerce sur tous les corps placés à la surface de la terre une pression qui est exactement représentée par le poids d'une colonne de mercure ayant pour hauteur 76 centimètres et pour base la surface du corps considéré.

Fig. 95.

Le petit appareil que nous venons de décrire, c'est-à-dire le tube de verre reposant sur une cuvette contenant du mercure et dans lequel on peut faire le vide à l'aide de la machine pneumatique ou par un autre moyen, renferme tout le principe du baromètre, c'est-à-dire de l'instrument qui sert à traduire, par son effet, et à mesurer exactement la pression que l'air atmosphérique exerce à la surface de la terre et des eaux. Le baromètre n'est autre chose, en effet, qu'un tube de verre fermé à son extrémité supérieure, dont on a chassé l'air, et à l'intérieur duquel le mercure s'élève par l'action de la pression atmosphérique. On verra plus loin comment, dans la pratique, on parvient, par le plus simple des moyens, à chasser l'air de l'intérieur du tube du baromètre. Nous nous contentons de poser ici le principe général sur lequel l'instrument est fondé.

Les anciens croyaient, assez vaguement, au phénomène de la pesanteur de l'air. Il était assez difficile de mettre ce fait en doute en présence des puissants résultats mécaniques produits par les mouvements de l'atmosphère : les effets produits par le vent auraient suffi pour en établir l'évidence. Aristote admettait donc, avec les philosophes de son temps, le fait de la pesanteur de l'air, mais il n'allait pas plus loin, et ne savait pas tirer de ce principe la plus légère déduction pour l'explication des phénomènes naturels.

Pour expliquer le fait de l'ascension de l'eau dans le tuyau des pompes aspirantes, et cet autre fait, plus simple, que l'eau s'élève dans l'intérieur d'un tube ouvert à ses deux extrémités quand on le plonge dans l'eau et qu'on aspire par l'extrémité opposée, les anciens admettaient le principe de l'*horreur du vide*. Si l'eau, disait-on, s'élève à l'intérieur du tuyau d'une pompe aspirante, si elle monte dans un tube ouvert à ses deux bouts, plongeant dans l'eau par un de ses bouts, et à l'extrémité duquel on aspire l'air avec la bouche, c'est que la nature a *horreur de tout espace vide*. Quand le jeu de la pomme aspirante a soutiré l'air existant dans ce tuyau et produit ainsi le vide dans cette capacité, quand, par la succion, on a extrait l'air d'un tube plongeant dans l'eau, l'eau, disait-on, se précipite aussitôt à l'intérieur de ce tube, parce qu'il ne peut jamais exister sur la terre le moindre espace vide, en vertu de la répulsion de la nature pour le vide et de son affection pour le *plein*. Ceci nous donne un exemple de la manière vicieuse dont les ancicns, si remarquables pourtant dans le raisonnement des choses abstraites, envisageaient les phénomènes du monde physique, et des hypothèses erronées qu'ils mettaient en avant pour les expliquer, quand ils jugeaient nécessaire de s'en occuper, ce qui arrivait rarement.

La scolastique, c'est-à-dire la philosophie du moyen âge, continua de professer cette étrange maxime de l'*horreur du vide* empruntée aux anciens, qui demeura en honneur jusqu'au milieu du dix-septième siècle.

Vers l'année 1630, des fontainiers avaient construit, dans le palais du grand-duc de Florence, des pompes pour élever les eaux de l'Arno. L'eau ne put parvenir jusqu'à l'orifice d'écoulement, parce que la hauteur de la colonne liquide élevée était de plus de trente-deux pieds. Ce phénomène était d'ailleurs connu des ouvriers fontainiers, qui n'ignoraient point que l'eau ne peut s'élever au delà de trente pieds dans le tuyau d'une pompe aspirante qui a plus de trente-deux pieds de hauteur verticale. Témoin de ce fait, et ayant cherché à l'expliquer, Galilée, malgré la profondeur de son génie, ne put s'affranchir des entraves de la théorie des anciens : n'osant rejeter la maxime de l'horreur du vide, il donna une explication presque aussi erronée de ce phénomène.

Torricelli, jeune mathématicien romain, élève de Galilée, qui avait reçu communication des idées de ce savant sur la cause de l'ascension de l'eau dans le tuyau des pompes, fut peu satisfait de l'explication de son maître. Il chercha et découvrit la véritable cause de ce phénomène. Il attribua, avec juste raison, à la pression de l'air, qui, agissant sur l'eau, la force à s'élever dans le tuyau plongeant, lorsque cet espace a été dépouillé de tout air par le jeu des soupapes et du piston de la pompe aspirante.

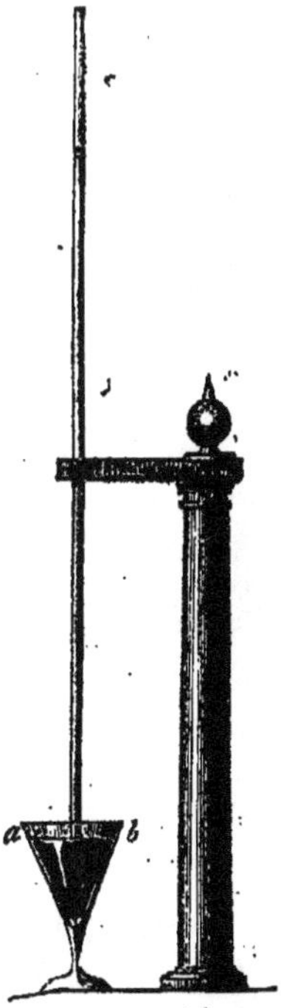

Fig. 96. Expérience de Torricelli.

Pour confirmer à ses propres yeux la vérité de cette explication, Torricelli fit une expérience capitale et qui devint l'origine de la construction du baromètre.

Le physicien romain pensa que si la pression de l'air extérieur était réellement la cause de l'ascension de l'air dans un tuyau vide d'air, la pression de l'air devrait élever un autre liquide que l'eau, et plus pesant que l'eau elle-même, à une hauteur moindre que l'eau. Le mercure étant quatorze fois plus pesant que l'eau, Torricelli espéra que la pression de l'air extérieur soutiendrait le mercure dans un tube à une hauteur quatorze fois moindre, c'est-à-dire à vingt-huit pouces seulement. Il prit donc un tube de verre d'environ trente pouces de long, le remplit de mercure, boucha avec le doigt le tube plein de mercure, et le renversant dans un bain de mercure, comme le montre la figure 96, il retira le doigt. Il ne vit pas alors sans une vive satisfaction le mercure se maintenir dans le tube ainsi disposé, à la hauteur exacte de vingt-huit pouces qu'indiquait sa théorie.

Cette expérience ne pouvait laisser aucun doute : l'ascension de l'eau dans un tube vide à une hauteur de trente-deux pieds était bien due à la pression de l'air, puisque, avec un autre liquide, la hauteur de la colonne maintenue en l'air par la pression de l'atmosphère était en raison inverse de la densité de ce liquide.

L'immortel philosophe français Blaise Pascal eut la gloire de mettre tout à fait en évidence le grand phénomène de la pesanteur de l'air, de manifester à tous les yeux la pression que l'air exerce sur les liquides placés à la surface du globe, et d'expliquer ainsi une foule de phénomènes naturels dont rien n'avait encore permis de découvrir la cause.

Fig. 97. Pascal.

Ayant eu connaissance, en 1646, de l'expérience de Torricelli, que nous venons de rapporter, Pascal la répéta à Rouen avec un de ses amis, nommé Petit, intendant des fortifications de la ville. Ayant varié et étendu cette expérience, Pascal commença à partager l'opinion du mathématicien romain. Cependant, comme il trouvait l'expérience de Torricelli trop indirecte comme preuve de la pesanteur de l'air, il conçut, par un trait de génie, le projet d'une autre expérience complétement décisive à cet égard.

« J'ai imaginé, écrivait Pascal, le 15 novembre 1647, à son beau-frère Périer, une expérience qui pourra seule suffire pour nous donner la lumière que nous cherchons, si elle peut être exécutée avec justesse. C'est de faire l'expérience ordinaire du vide plusieurs fois le même jour, dans un même tuyau, avec le même vif-argent, tantôt au bas et tantôt au sommet d'une montagne élevée pour le moins de cinq ou six cents toises, pour éprouver si la hauteur du vif-argent suspendu dans le tuyau se trouvera pareille ou différente dans ces deux situations. Vous voyez déjà, sans doute, que cette expérience est décisive sur la question, et que s'il arrive que la hauteur du vif-argent soit moindre au haut qu'au bas de la montagne (comme j'ai beaucoup de raisons pour le croire, quoique tous ceux qui ont médité sur cette matière soient contraires à ce sentiment), il s'ensuivra nécessairement que la pesanteur et pression de l'air est la seule cause de cette suspension du vif-argent, et non pas l'horreur du vuide, puisqu'il est bien certain qu'il y a beaucoup plus d'air qui pèse sur le pied de la montagne que non pas sur le sommet; au lieu que l'on ne saurait dire que la nature abhorre le vuide au pied de la montagne plus que sur le sommet. »

Le Puy-de-Dôme, montagne située à peu de distance de Clerment en Auvergne, et haute de plus de cinq cents toises, fut choisie par Pascal pour vérifier le fait de la décroissance de la colonne de mercure dans le tube de Torricelli selon la hauteur des lieux.

Cet important essai fut exécuté le 20 septembre 1648 par Périer, et donna le résultat prévu par le génie de Pascal. Au bas du Puy-de-Dôme, la hauteur du mercure dans le tube de Torricelli était de vingt-six pouces trois lignes et demie ; au sommet du mont, cette hauteur n'était plus que de vingt-trois pouces deux lignes; il y avait donc trois pouces une ligne et demie de différence entre les hauteurs du mercure au bas et au sommet de la montagne.

Fig. 98. Périer mesurant la hauteur de la colonne mercurielle au bas de la montagne du Puy-de-Dôme.

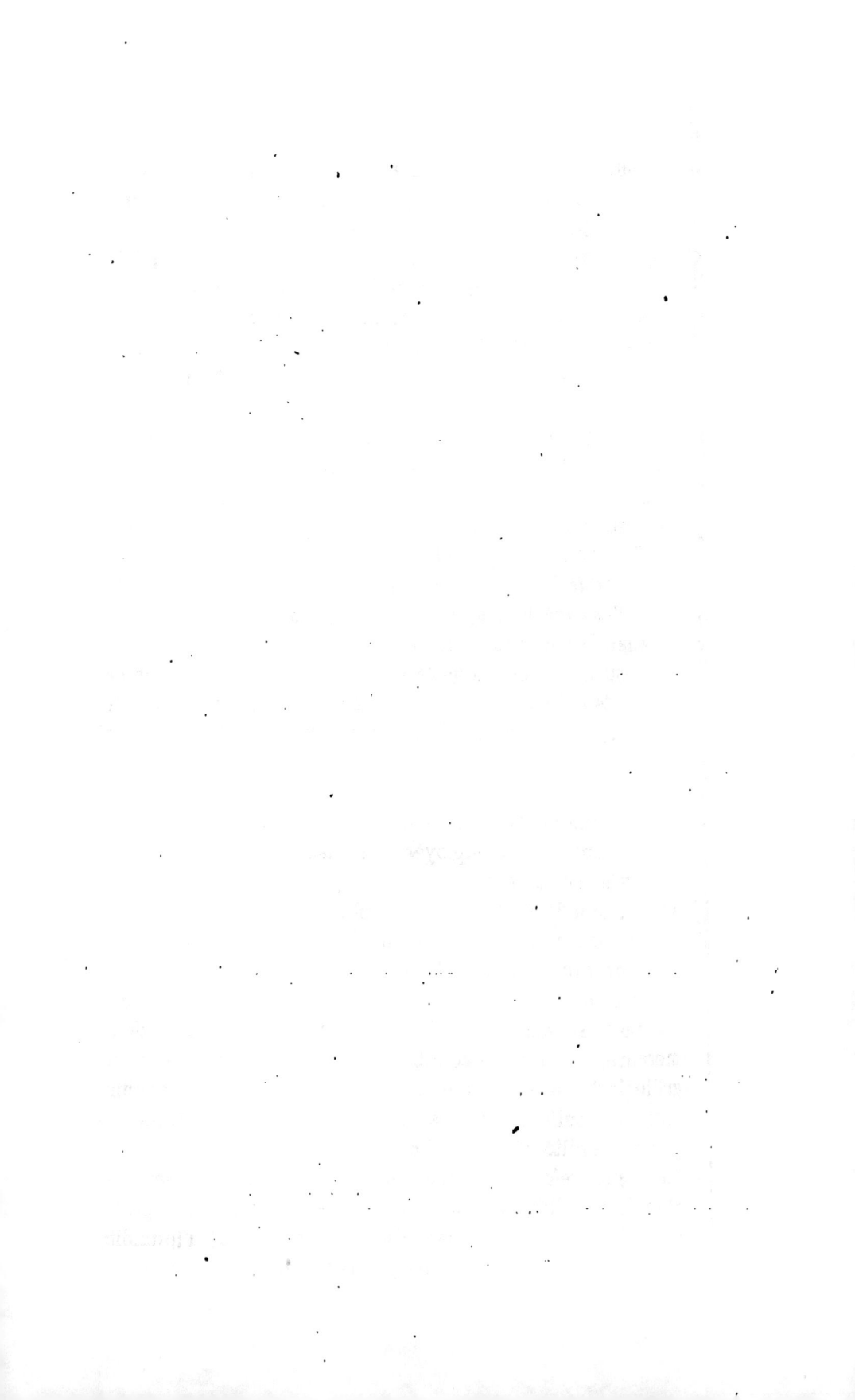

Cette magnifique expérience fut répétée bientôt après à Paris par Pascal lui-même, qui, ayant mesuré la hauteur du mercure dans le tube de Torricelli au bas et au sommet de la tour Saint-Jacques la Boucherie, haute alors de vingt-cinq toises, trouva une différence de plus de deux lignes entre ces deux mesures. C'est pour rappeler le souvenir de cette expérience célèbre que la ville de Paris a fait placer, en 1856, la statue de Pascal au-dessous de la tour Saint-Jacques la Boucherie, dans la rue de Rivoli.

Ces expériences de Pascal établissaient avec une complète évidence le fait de la pression de l'air, et donnaient l'explication d'un grand nombre de phénomènes naturels : l'ascension de l'eau dans le tuyau des pompes, le jeu du siphon, celui du soufflet, de la seringue, etc.

Le *tube de Torricelli*, que Pascal avait employé dans ses immortelles expériences, fut conservé, à partir de cette époque et sans subir aucune modification dans sa forme, comme moyen de mesurer la pression de l'air atmosphérique. Cet instrument, qui porte aujourd'hui le nom de *baromètre*, ne diffère en rien par son principe de celui dont se sont servis Torricelli et Pascal.

On donne au baromètre deux dispositions différentes, qui ont été toutes deux employées par Pascal : on construit le *baromètre à cuvette* et le *baromètre à siphon*, qui est d'un usage plus commode et d'un transport plus facile.

Baromètre à cuvette. — Pour construire un baromètre à cuvette, on prend un tube de verre d'environ 80 centimètres de longueur et de 5 à 6 millimètres de diamètre intérieur, fermé à l'une de ses extrémités. On le remplit à peu près à moitié de mercure, et on place ce tube contenant le mercure sur une grille inclinée et chargée de charbons ardents. Le mercure entre en ébullition et laisse dégager, par cette ébullition, la petite quantité d'air et d'humidité qu'il contenait. Quand le métal s'est refroidi, on achève de remplir le tube de mercure, et on fait bouillir cette seconde colonne, sans chauffer la partie qui a déjà bouilli; on chasse ainsi tout l'air et toute l'humidité adhérents au mercure ou aux parois du verre.

Le tube étant ainsi rempli de mercure bien purgé d'air et d'humidité, on le renverse, l'ouverture en bas et en le tenant bouché au moyen du doigt, dans une cuvette pleine de mercure bien sec (fig. 99). L'air ayant été chassé du tube par le mercure qui le remplissait entièrement, le liquide redescend en partie dans ce tube et s'y maintient à une certaine hauteur au-dessus de laquelle il n'existe plus d'air et qui est vide de tout corps : c'est le *vide barométrique*.

Le tube et la cuvette dans laquelle ce tube repose sont alors

Fig. 99.

Fig. 100. Baromètre à cuvette.

dressés contre une planchette de bois verticale contenant une échelle divisée en millimètres et destinée à indiquer très-exactement la hauteur de la colonne liquide au-dessus du niveau du mercure de la cuvette. Cette hauteur représente et mesure la pression exercée par l'air atmosphérique, car telle est la seule fonction de cet appareil. La hauteur de la colonne mercurielle, qui varie selon l'état de l'atmosphère est, en moyenne, de 76 centimètres; elle peut varier de 750 à 775 millimètres environ dans un même lieu et à une hauteur qui ne dépasse pas le niveau de la mer.

Baromètre à siphon. — Les indications du baromètre à cuvette ne sont pas d'une exactitude absolue quand cet instrument présente la forme qui vient d'être décrite. En effet, lorsque, par l'augmentation de la pression de l'air, le mercure s'élève dans le tube, le niveau du mercure s'abaisse dans la cuvette, par conséquent le zéro, ou le point de départ de l'échelle de mesure, n'est plus exact : il est au-dessus de la hauteur qu'il devrait occuper. Pour remédier à ce grave inconvénient, on donne au baromètre la forme dite *à siphon* qui a été imaginée par Pascal.

Le baromètre à siphon est formé d'un tube de verre à deux branches recourbées et inégales : la plus courte est ouverte et reçoit la pression de l'air; la plus longue est fermée, elle est d'une hauteur d'environ 80 centimètres.

Pour comprendre cette forme du baromètre, il faut se rappeler le principe de physique que l'on énonce en disant que deux fluides de densité inégale étant placés dans deux vases communiquant librement entre eux, les hauteurs occupées par chacun de ces fluides dans chaque vase sont en raison inverse de la densité de ces fluides.

Fig. 101.

Le tube *b a c* peut être considéré comme un vase contenant deux fluides de densité différente : le mercure dans la branche la plus longue, et dans la plus petite l'air atmosphérique, c'est-à-dire la colonne d'air ayant pour base la surface *b* et pour hauteur la hauteur de l'atmosphère. Quand la densité, et par conséquent la pression de l'air, viendra à varier, la hauteur de la colonne de mercure dans la grande branche variera également et traduira ainsi la mesure de cette pression.

Dans le baromètre à siphon, l'échelle disposée contre le tube de verre n'indique pas directement la pression atmosphérique; il faut prendre la hauteur *m c* du mercure dans la plus longue branche, et la hauteur *m b* du mercure dans la plus courte branche, et retrancher cette dernière quantité de la première : la différence des deux nombres représente la pression de l'air évaluée en millimètres.

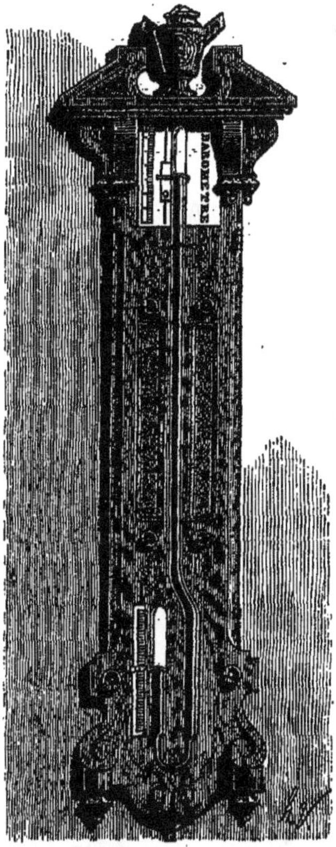

Fig. 102. Baromètre à siphon.

Le *baromètre à cadran*, imaginé par le physicien anglais Robert Hooke, dans la seconde moitié du dix-septième siècle, est un baromètre à siphon disposé de manière à représenter à l'extérieur, au moyen d'une aiguille mobile sur un cadran, les mouvements du mercure correspondant aux variations de la pression de l'air. Sur le mercure de la courte branche flotte un cylindre de fer exactement équilibré par un poids ; ce cylindre est attaché à un fil qui se replie sur une poulie. Selon que le mercure monte ou descend, la poulie tourne dans un sens ou dans un autre, et une aiguille qui est attachée à cette poulie parcourt la circonférence d'un cadran gradué.

La figure 103 représente le baromètre à cadran vu par derrière, avec son flotteur de fer et la poulie, pour faire comprendre le petit artifice sur lequel reposent les indications de cet instrument. La figure 104 montre le baromètre à cadran tel qu'il est monté et installé, pour dissimuler au dehors le tube de verre et son petit mécanisme. L'aiguille seule est apparente au dehors, pour traduire les indications de l'instrument.

On admet généralement qu'un air très-sec, une atmosphère très-pure, c'est-à-dire le beau temps, ont pour résultat de faire élever la colonne barométrique, et que la pluie ou un air chargé d'humidité fait baisser le baromètre. On trouve ces indications

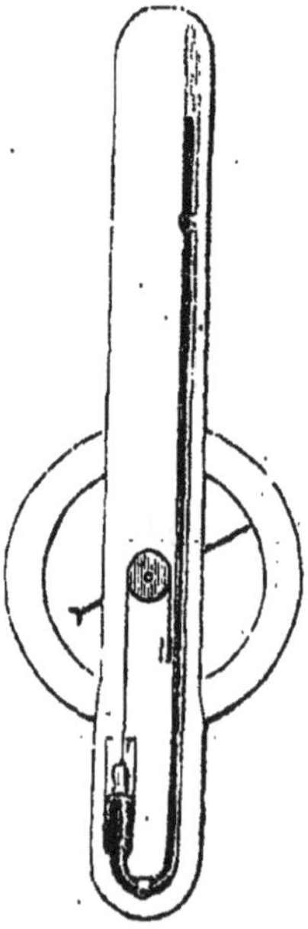

Fig. 103. Baromètre à cadran.

Fig. 104. Baromètre à cadran avec son aiguille.

sur les baromètres d'appartement. Ces relations sont assez souvent vraies, car un air chargé de vapeur d'eau diminue de densité, la vapeur d'eau étant plus légère que l'air[1], et par conséquent exerce moins de pression sur le mercure contenu dans le réservoir : dès lors le mercure redescend en partie dans le tube. Cependant, comme une foule d'autres influences, et surtout les vents, font varier la colonne barométrique, ces indications sont souvent trompeuses.

Ce serait une erreur de penser que l'usage essentiel du baromètre réside dans son emploi pour reconnaître d'avance les variations du temps, c'est-à-dire le beau temps ou la pluie. Ce n'est là qu'une application de peu d'importance et qui n'a rien de bien scientifique. Le véritable usage du baromètre c'est d'apprécier la pression, c'est-à-dire le poids de l'air, d'évaluer les modifications continuelles qui se produisent dans cette pression. Ces variations sont indispensables à connaître, tant pour les expériences des physiciens occupés à mesurer des gaz, que pour la connaissance des phénomènes atmosphériques qui se passent sur notre globe.

Le baromètre sert encore à mesurer la hauteur des montagnes. En effet, plus on s'élève au-dessus de la terre, moins la colonne d'air dans laquelle on se trouve exerce de pression, puisque sa masse a diminué. Dès lors le baromètre qui traduit la pression de l'air peut aussi servir à déterminer l'altitude des lieux. C'est là un important usage de cet instrument.

Par les mêmes motifs, le baromètre sert à l'aéronaute, flottant dans les airs avec son ballon, à reconnaître la hauteur à laquelle il se trouve dans l'atmosphère. Quand le ballon s'élève, le mercure du baromètre baisse ; quand le ballon descend, le baromètre s'élève : en tenant les yeux fixés sur la colonne mercurielle, l'aéronaute est donc averti du sens vertical de son mouvement dans l'air.

Pour les observations barométriques à faire pendant les voyages, on a donné au baromètre à cuvette une disposition particulière qui en rend le transport facile. On nomme *baro-*

1. Nous avons déjà vu que 1 litre d'air pèse 1gr,3; 1 litre de vapeur d'eau pèse seulement 0gr,81; en d'autres termes, 1,00 représentant la densité ou le poids spécifique de l'air, 0,62 représente la densité ou le poids spécifique de la vapeur d'eau. La vapeur d'eau est de près de moitié moins pesante que l'air, à volume égal

mètre de Gay-Lussac, le baromètre à cuvette modifié par ce physicien dans le but de rendre plus faciles son déplacement et son transport pendant les voyages.

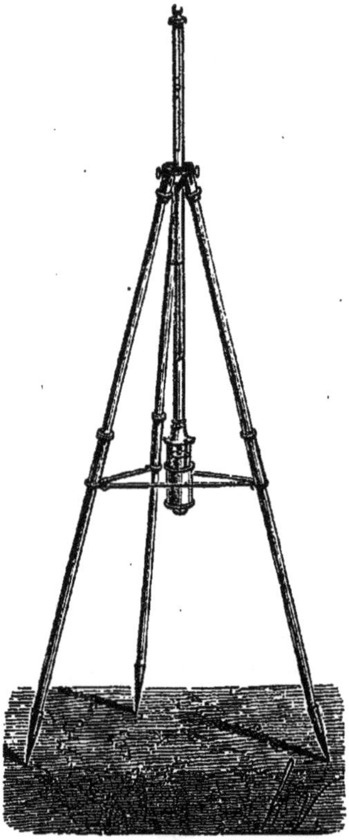

Fig. 105. Baromètre de Gay-Lussac.

Le tube de verre contenant le mercure est renfermé dans une gaîne de laiton, qui laisse seulement apercevoir, à travers une fente pratiquée à sa partie supérieure, la colonne mercurielle. C'est là qu'est placée l'échelle servant à mesurer la hauteur de la colonne barométrique. L'instrument se renferme dans trois baguettes creuses qui permettent de le transporter sans crainte de le briser, et ces baguettes creuses servent aussi de trépied, pour soutenir l'instrument quand on veut le mettre en observation.

LE THERMOMÈTRE

XIV

LE THERMOMÈTRE.

Cornelius Drebbel, inventeur du thermomètre. — L'Académie del Cimento perfectionne le thermomètre de Drebbel. — Adoption des points fixes pour la graduation du thermomètre. — Thermomètre de Newton. — Thermomètre d'Amontons. — Thermomètre de Fahrenheit. — Thermomètre de Réaumur. — Thermomètre centigrade. — Manière de construire le thermomètre. — Sa graduation. — Thermomètre à alcool. — Thermomètre à air et thermomètre métallique.

Le thermomètre, ou l'instrument qui sert à mesurer les variations de la chaleur, est d'invention moderne, car les principes sur lesquels reposent sa construction et son usage appartiennent à la physique pure, science que les anciens ont complétement ignorée. C'est dans les premières années du dix-septième siècle, époque où s'accomplit la véritable création des sciences physiques, que fut construit le premier thermomètre. Cornelius Drebbel, savant hollandais, mort en 1634, fut l'inventeur de cet instrument, dont on se servit pour la première fois en Allemagne, en 1621. L'appareil de Drebbel était toutefois singulièrement imparfait; c'était plutôt le rudiment du thermomètre que le thermomètre lui-même. Il consistait en un simple tube de verre fermé à son extrémité supérieure et contenant de l'air; ce tube plongeait verticalement dans un liquide, par son extrémité ouverte. Par l'effet des variations de température de l'air extérieur, ce liquide s'élevait ou s'abaissait à l'intérieur du tube. Une règle, munie de divisions égales, placée le long du tube, portait les degrés de l'instrument. Les indications du thermomètre de Drebbel n'avaient rien de scientifique, car sa graduation, tout arbitraire, n'étant fondée sur aucun principe rigoureux.

Au dix-septième siècle, il existait à Florence une association scientifique composée de physiciens éminents, l'Académie *del Cimento*, l'une des premières compagnies savantes qui aient paru en Europe. Vers le milieu du dix-septième siècle, divers membres de cette Académie perfectionnèrent l'instrument inventé par le Hollandais Drebbel. Le réservoir du liquide dans lequel plongeait le tube de Drebbel fut supprimé, et le liquide fut placé tout entier dans un tube de verre fermé à ses deux bouts. De cette manière, le corps destiné à indiquer, par sa dilatation, les variations de la température, n'était plus l'air, comme dans le thermomètre hollandais, mais bien un liquide, et cette substitution offrait divers avantages.

Le liquide adopté par les académiciens *del Cimento* était l'alcool, que l'on colorait avec un peu de carmin. Pour diviser l'échelle du thermomètre, on avait adopté un point de départ constant: c'était la hauteur à laquelle s'arrêtait l'alcool quand on le plaçait dans une cave. On divisait ensuite en 100 parties égales la partie du tube située au-dessus de ce point, et l'on divisait également en 100 degrés égaux la partie du tube située au-dessous de ce même point.

Le thermomètre de l'Académie *del Cimento* fut employé par les physiciens pendant une grande partie du dix-septième siècle; mais il présentait un vice essentiel : c'était sa graduation, dont le point de départ était arbitraire, car la température d'une cave varie selon les localités. Il résultait de là que les instruments employés par les physiciens des divers pays n'étaient nullement comparables entre eux, c'est-à-dire ne marquaient pas le même degré pour une même température. Il fallait nécessairement découvrir et adopter, pour en faire la base de l'échelle du thermomètre, un point fixe fondé sur un phénomène naturel, facile, par conséquent, à produire en tous lieux. Un professeur de Padoue, nommé Renaldini, démontra le premier la nécessité de rejeter les points de départ arbitraires et variables dans la construction des thermomètres; il proposa d'adopter des *points fixes* pour l'échelle de cet instrument.

Renaldini, qui avait parfaitement posé le principe théorique de la nécessité des points fixes, n'avait su qu'incomplètement réaliser dans la pratique cette importante idée. C'est le grand physicien Newton qui exécuta, 1701, le premier thermomètre à indications comparables; depuis cette époque, cet instrument fut désigné sous le nom de *thermomètre de Newton.*

Le *thermomètre de Newton* était un tube de verre entièrement purgé d'air, fermé à son extrémité supérieure, et terminé, à sa partie inférieure, par un réservoir sphérique ou cylindrique. Ce tube contenait de l'huile de lin, qui s'élevait à peu près jusqu'à la moitié du tube. Les points fixes de cet instrument étaient : pour le terme supérieur, la température du corps humain, qui est sensiblement constante à toutes les latitudes et dans tous les climats; et pour le terme inférieur, le point où le liquide s'arrêtait quand on maintenait l'instrument dans de la neige. On divisait en douze parties l'espace contenu entre ces deux points fixes, et l'on prolongeait les mêmes divisions au-dessus et au-dessous de ces deux points.

Guillaume Amontons, habile physicien français du dix-septième siècle, et qui fit partie de l'ancienne Académie des sciences de Paris, aux premiers temps de sa fondation par Colbert, proposa de substituer au thermomètre de Newton un *thermomètre à air;* il revenait ainsi aux dispositions primitivement adoptées par Cornelius Drebbel. Amontons adopta comme point fixe, pour le terme supérieur de son thermomètre, la température de l'eau bouillante, qu'il avait le premier reconnue comme un terme absolument constant.

Le termomètre à gaz d'Amontons rendit de grands services aux physiciens. Seulement, comme les gaz se dilatent considérablement par la chaleur, les degrés de cet instrument occupaient un grand espace, ce qui obligeait à donner à l'appareil une longueur qui devenait gênante pour les expériences. En outre, le point fixe inférieur n'avait pas la constance exigée pour la précision et la comparabilité des indications : c'était toujours le terme adopté par Newton, c'est-à-dire le degré de froid propre à la neige, et comme la neige, dans différentes conditions, varie dans sa température, ce point de départ manquait d'exactitude.

Gabriel Fahrenheit, constructeur d'instruments à Dantzig, modifia, avec le plus grand bonheur, le thermomètre de Newton en substituant le mercure à l'huile employée par le physicien anglais, et en adoptant pour point fixe la température de l'ébullition de l'eau, terme d'une exactitude physique irréprochable, emprunté au thermomètre à air d'Amontons. C'est en 1714 que Fahrenheit commença à construire ses thermomètres. Dans les premiers instruments sortis de ses mains, l'artiste de Dantzig avait fait usage d'alcool comme liquide thermométrique ; mais, quelques années après, il adopta exclusivement le mercure, liquide qui présente des avantages inappréciables pour mesurer la chaleur, en raison de l'uniformité de sa dilatation, et parce qu'il n'entre en ébullition qu'à une température très-élevée, ce qui permet de l'employer à la mesure des températures les plus hautes.

Le thermomètre de Fahrenheit consistait donc en un tube de verre fermé à sa partie supérieure, terminé par un réservoir et contenant du mercure. Le point fixe supérieur était le point où le mercure s'arrêtait quand on plaçait l'instrument dans la vapeur de l'eau bouillante ; le terme inférieur, le point où le mercure s'arrêtait quand on laissait séjourner l'instrument au milieu d'un mélange frigorifique particulier formé de neige et de sel ammoniac, mélange fait, d'ailleurs, dans des proportions dont l'artiste allemand s'est toujours réservé le secret. L'intervalle entre ces deux points fixes était divisé en 212 parties égales, qui représentaient les degrés du thermomètre.

Le thermomètre de Fahrenheit est encore en usage aujourd'hui en Allemagne et en Angleterre.

Le point fixe inférieur, ou le zéro du thermomètre de Fahrenheit, étant difficile à retrouver par d'autres que par le constructeur allemand, Réaumur, physicien et naturaliste français, membre de l'Académie royale des sciences de Paris, proposa, vers 1730, d'adopter le terme de la glace *fondante* pour le zéro du thermomètre, et de diviser en 80 parties égales la partie de cet instrument comprise entre ces deux points. A partir de 1750, le thermomètre de Réaumur devint, en France, d'un usage universel.

C'est un physicien d'Upsal, en Suède, nommé Celsius, qui proposa, en 1741, de diviser en 100 parties égales, au lieu de 80, l'échelle du thermomètre de Réaumur. Depuis cette époque, cet instrument n'a pas reçu de modifications qui touchent au principe de sa construction. Le thermomètre centigrade est le seul qui soit aujourd'hui usité en France.

Voici les diverses opérations qu'il faut exécuter pour construire un thermomètre et le graduer.

On prend un tube de verre d'un diamètre intérieur extrêmement fin, d'un diamètre dit *capillaire*, c'est-à-dire qui ne dépasse pas l'épaisseur d'un cheveu. On commence par s'assurer, par des moyens convenables, que son canal est sensiblement le même dans tous les points, afin que les degrés que l'on tracera plus tard sur ce tube renferment des volumes de mercure parfaitement égaux. Quand on a reconnu que le tube choisi présente sensiblement la même capacité dans toute sa longueur, on souffle en boule son extrémité à l'aide de la lampe d'émailleur, ou bien l'on y soude un morceau de tube cylindrique d'un diamètre plus fort, et l'instrument a dès lors la forme représentée par l'une des deux figures ci-dessous (fig. 106).

Il s'agit maintenant d'introduire dans ce tube le liquide thermométrique. Cette opération présente quelques difficultés, car l'extrême petitesse du diamètre du tube s'oppose à ce qu'on puisse y verser ce liquide directement, avec un entonnoir, par exemple ; ce tube est si étroit que le mercure et l'air ne peuvent s'y mouvoir en même temps, le premier pour y entrer, le second pour en sortir. Voici l'un des moyens qui sont employés pour introduire le mercure dans le tube capillaire du thermomètre.

On chauffe sur une lampe à esprit-de-vin le réservoir du tube;

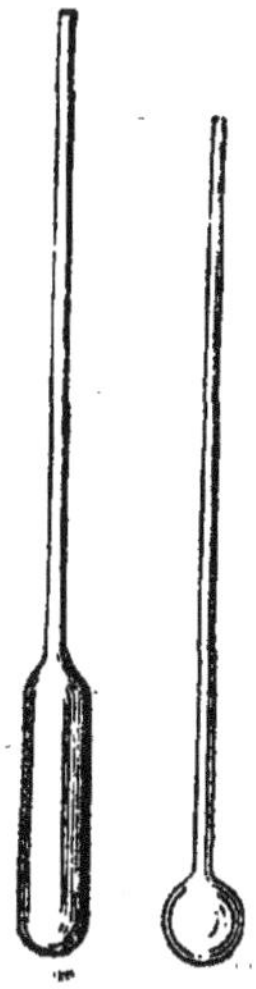

Fig. 106.

Fig. 107.

l'air qu'il contient, se dilatant considérablement par l'action de la chaleur, s'échappe en partie du tube qui finit par ne contenir, à cette température, qu'un air très-dilaté et par conséquent d'une faible tension. On plonge alors la pointe ouverte du tube, encore chaud, dans le mercure qu'il s'agit d'introduire, comme le représente la figure 107. Par le refroidissement, l'air contenu dans l'intérieur du tube a perdu son élasticité, il n'est plus capable de faire équilibre à la pression atmosphérique extérieure qui, dès lors, agissant comme dans le baromètre, force par sa pression le mercure à s'élever dans l'intérieur du tube thermométrique. En relevant le tube, on fait descendre sans difficulté à l'intérieur du réservoir la petite quantité de mercure ainsi introduite dans le tube. On répète alors la même opération, pour introduire une plus grande quantité de mercure. On fait ensuite bouillir, à l'aide d'une lampe à alcool, le mercure qui occupe une partie du réservoir; les vapeurs de mercure provenant de l'ébullition du liquide chassent tout l'air du tube et prennent sa place; si l'on plonge alors de nouveau la pointe ouverte du tube dans le bain de mercure, les vapeurs du mercure s'étant condensées par le refroidissement à l'intérieur du tube, laissent le vide dans cette capacité; dès lors la pression de l'air atmosphérique fait élever le mercure à l'intérieur du tube, qui se trouve ainsi entièrement rempli.

Il s'agit maintenant de fermer le tube sans y laisser aucune trace d'air, car sa présence gênerait les mouvements du mercure dans l'instrument une fois construit. Pour cela, on chauffe, à l'aide d'une lampe à alcool, le réservoir contenant le mercure. Par l'effet de la chaleur, le métal se dilate; par cette augmentation de volume, il remplit toute la capacité intérieure du tube et déborde même en partie à l'extérieur. En ce moment, c'est-à-dire lorsque le tube est entièrement occupé par le mercure dilaté, et par conséquent ne contient pas trace d'air, on dirige, à l'aide d'une lampe et d'un chalumeau pareil à celui des orfèvres, un dard de flamme sur l'extrémité du verre, qui fond et ferme ainsi l'orifice du tube, toujours plein de mercure. Quand l'instrument s'est refroidi, le mercure, revenu par le refroidissement à son volume primitif, n'occupe plus qu'environ la moitié du tube, ce qui laisse une certaine latitude aux variations de la colonne thermométrique pour les usages de l'instrument. L'espace libre au-dessus de la colonne thermométrique étant entièrement vide, c'est-à-dire privé d'air, le métal ne doit rencontrer aucune résistance capable de gêner son mouvement de dilatation ou de retrait.

Il s'agit maintenant de graduer, c'est-à-dire de diviser en parties égales, le thermomètre construit comme nous venons de l'indiquer.

On détermine le point fixe inférieur ou le zéro, à l'aide de la glace fondante.

Dans un vase rempli de glace pilée et disposé comme l'indique la figure 108, on place le thermomètre jusqu'à la moitié de la hauteur de sa tige; au bout d'un quart d'heure on marque, à l'aide d'une pointe de diamant, le point où le mercure s'est arrêté : ce sera le zéro du thermomètre.

Le point fixe supérieur s'obtient en exposant le tube à la température, non de l'eau bouillante elle-même, car les différentes couches de l'eau en ébullition n'ont point la même température (les plus inférieures sont plus chaudes que les supérieures), mais en l'exposant à l'action de la vapeur d'eau bouillante dont la température est toujours la même quand on se place dans les conditions physiques voulues.

Le figure 109 représente l'étuve à vapeur qui sert à obtenir le

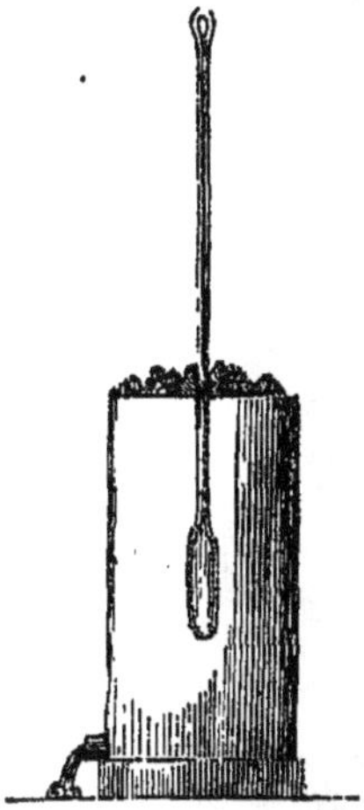

Fig. 108.
Manière de fixer le zéro du thermomètre.

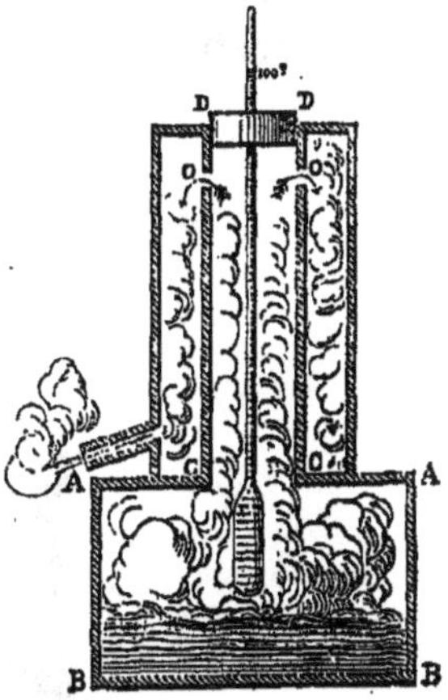

Fig. 109.
Étuve à vapeur d'eau bouillante pour fixer le 100e degré du thermomètre.

point fixe supérieur du thermomètre. On voit que, par un bouchon qu'il transperse, le tube de l'instrument est soutenu au-dessus d'une espèce de boîte métallique AB, surmontée d'un tuyau CD. Une certaine quantité d'eau contenue dans la boîte AB, que l'on place au-dessus d'un fourneau allumé, fournit de la vapeur qui vient remplir le tuyau CD, dans lequel le thermomètre est suspendu. Au bout de dix minutes environ, la colonne du mercure étant devenue stationnaire, on marque, avec une pointe de diamant, le point où le mercure s'est arrêté : ce sera le centième degré de l'échelle thermométrique.

La dernière opération consiste à diviser en 100 parties égales l'intervalle compris entre les deux points fixes. Quelquefois, et c'est le procédé le plus exact, on exécute ces divisions sur le verre même de la tige de l'instrument ; les thermomètres dont on fait usage dans les laboratoires de physique et de chimie ont leur échelle ainsi graduée sur le verre. Mais, pour les thermomètres d'appartement, on se contente de fixer le tube sur une petite planche de bois, de métal ou de porcelaine. On marque zéro en face du trait laissé par le diamant correspondant à la glace fondante, et 100 degrés au point qui correspond à la température de l'ébullition de l'eau. Ensuite, à l'aide d'une machine à diviser, on partage l'entre-deux en 100 parties égales, qui représenteront les degrés du thermomètre, et, s'il est nécessaire, on prolonge ces mêmes divisions au-dessus et au-dessous de ces deux points.

On construit le thermomètre à alcool à peu près comme le

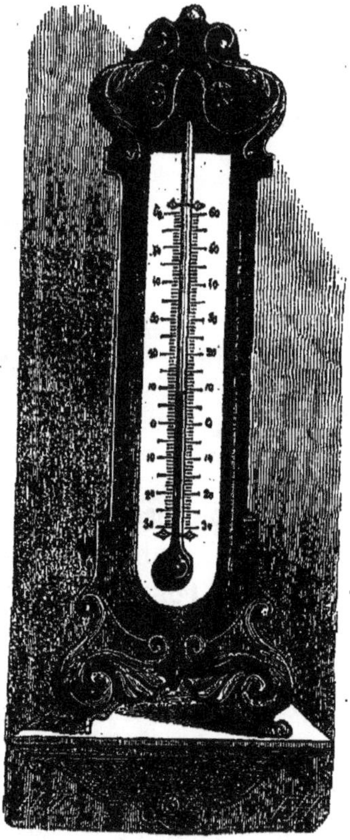

Fig. 110. Thermomètre.

thermomètre à mercure, mais on ne saurait procéder de la même manière pour diviser l'échelle de cet instrument. En effet, l'alcool ne jouit pas, comme le mercure, de la précieuse propriété de se dilater uniformément entre zéro et 100 degrés, c'est-à-dire d'augmenter de volume dans la proportion exacte de la chaleur qu'il reçoit. L'irrégularité de la dilatation de l'alcool oblige de se servir d'un bon thermomètre à mercure pour fixer sur le thermomètre à alcool en construction un certain nombre de points correspondant à des températures distantes entre elles de huit à dix degrés. On subdivise ensuite en parties égales l'intervalle compris entre les points de raccord qui ont été déterminés par le secours du thermomètre à mercure.

On voit, par ces détails, que le thermomètre à alcool doit donner des indications moins rigoureuses que celles du thermomètre à mercure. C'est donc à ce dernier instrument qu'il faut toujours recourir pour la mesure exacte de la température des corps. Le thermomètre à alcool présente néanmoins une supériorité sur le thermomètre à mercure, quand il s'agit d'évaluer des températures très-basses. En effet, le mercure se congèle à 39 degrés centigrades au-dessous de zéro, l'alcool, au contraire, ne se congèle jamais; le thermomètre à alcool est donc le seul dont on doive faire usage pour observer des températures très-inférieures à zéro.

C'est avec des liquides, le mercure et l'alcool, que sont construits, comme on vient de le voir, les thermomètres usuels. Cependant les physiciens font quelquefois usage de thermomètres construits avec des gaz et des corps solides. Le *thermomètre à air* est assez souvent employé dans les recherches des physiciens; un *thermomètre métallique* a été imaginé, bien qu'il soit peu employé. Nous devons nous borner à mentionner ici l'existence de ces deux instruments, dont l'invention et l'application ont été faites par les physiciens de notre époque.

LA VAPEUR

XV

LA VAPEUR.

Principe général de l'action mécanique de la vapeur. — Machines à vapeur à condensation et sans condensation. — Classification des machines à vapeur. — *Machines à vapeur fixes.* — Historique. — Denis Papin. — Newcomen et Cawley. — Machine de Newcomen. — Perfectionnement de la machine de Newcomen. — Travaux de James Watt. — Découverte de la machine à vapeur à double effet. — Découverte des machines à haute pression. — Perfectionnement de la machine à vapeur depuis Watt. — Description des machines à vapeur fixes. — *Machines de navigation.* — Historique. — Denis Papin. — Le marquis de Jouffroy. — Robert Fulton. — La navigation à vapeur aux États-Unis. — La navigation à vapeur en Europe. — Description des machines à vapeur qui servent à la navigation. — Moyens propulseurs; les roues à aube, l'hélice. — Systèmes de machines à vapeur employés sur les bateaux à roues. — Systèmes de machines à vapeur employés sur les bateaux à hélice. — *Locomotives.* — Historique : Olivier Evans. — Trevithick et Vivian. — Origine des chemins de fer actuels. — Chemins à rails de bois dans les mines et les manufactures de l'Angleterre. — Découverte de l'adhérence des roues sur les rails de fer. — Découverte des chaudières tubulaires. — Concours de locomotives à Liverpool. — Description de la machine à vapeur dite locomotive. — Voie ferrée. — Wagons. — Freins. — *Locomobiles.* — Description de la machine à vapeur locomobile.

Tous nos jeunes lecteurs ont été témoins des effets extraordinaires de la vapeur employée comme force motrice, et sans nul doute chacun d'eux a désiré se rendre compte de son action. Quand on entre dans une usine mécanique, quand on assiste à ce spectacle étonnant d'un moteur unique distribuant la force dans les différentes parties d'un atelier, soulevant les fardeaux les plus lourds, mettant en mouvement des masses énormes et triomphant de toutes les résistances qu'on lui oppose ; — lorsque, embarqué sur un bateau à vapeur, on voit les roues de ce bateau, tournant avec une rapidité excessive, fendre avec force les eaux d'un fleuve ou les flots de l'océan, et, sans le secours des voiles, s'avancer contre les courants et les vents contraires ; — lorsque, emporté sur les rails d'un chemin de fer, on voit une locomotive, lançant des torrents de vapeur sur son passage, traîner après elle, et comme en se jouant, de longs convois pesamment chargés ; — quand on voit, en un mot, les applications innombrables de la machine à vapeur, devenue l'agent indispensable et comme l'âme de l'industrie moderne, après le sentiment naturel de la reconnaissance envers Dieu qui accorde à l'homme la possession d'une telle puissance, il s'élève dans notre esprit l'impérieux désir de connaître exactement le mécanisme physique qui donne les moyens d'accomplir toutes ces merveilles. C'est ce désir que nous allons essayer de satisfaire, en exposant les principes, les règles et les faits sur lesquels repose l'emploi mécanique de la vapeur dans la série infiniment variée de ses applications. Nous rappellerons en même temps les noms des hommes de génie qui, par leurs efforts successifs, ont doté l'humanité de cet inappréciable bienfait.

L'emploi général de la vapeur d'eau comme force mécanique repose sur un principe simple et facile à comprendre.

Les gaz et les vapeurs, quand on les tient enfermés dans un espace clos, pressent très-fortement contre les parois de l'enceinte qui les resserre. Comme les vapeurs de tous les liquides, la vapeur d'eau, maintenue dans un espace clos, jouit d'une énorme force de pression.

Si l'on fait bouillir de l'eau dans une marmite exactement fermée par son couvercle, au bout de quelques minutes d'ébullition, la vapeur d'eau qui se forme au sein du liquide bouillant, surmontant le poids du couvercle, le soulève et s'échappe dans l'air.

Si l'on enferme dans une bombe métallique creuse, une petite quantité d'eau ; qu'on ferme exactement, à l'aide d'un bouchon à vis métallique, l'orifice de la bombe, et qu'on la place en cet état au milieu d'un feu ardent, la vapeur formée par l'ébullition du liquide à l'intérieur de cet espace, ne trouvant aucune issue pour s'échapper au dehors, brise violemment l'enveloppe métallique, et en projette au loin les éclats avec une bruyante et dangereuse explosion.

Ces faits, bien connus de tout le monde, établissent suffisamment la grande puissance mécanique dont jouit la vapeur des liquides resserrée dans un espace clos. Mais il est évident que l'on doit pouvoir tirer un parti utile de cette puissance, lorsque, sans atteindre la limite à laquelle elle produit ces effets de destruction, on la dirige par l'intelligence et par l'art. Nous allons voir quels sont les moyens dont on fait usage pour tirer parti, dans les machines dites *à vapeur*, de la force qui réside dans la vapeur de l'eau bouillante.

Si l'on adapte à une chaudière pleine d'eau que l'on peut porter à l'ébullition à l'aide d'un fourneau F, un tube T qui dirige la vapeur de la chaudière dans un cylindre métallique creux CC parcouru par un piston glissant à frottement dans son intérieur, il est évident que la vapeur arrivant par le tube TR à la partie inférieure du cylindre au-dessous du piston, forcera par sa pression le piston à s'élever jusqu'au haut du cylindre. Si l'on interrompt alors l'arrivée de la vapeur au-dessous du piston, et que, ouvrant le robinet E, on permette à la vapeur qui remplit cet espace de s'échapper dans l'air extérieur, et qu'en même temps, en ouvrant un second tube R', on fasse arriver de nouvelle vapeur *au-dessus* du piston, la pression de cette vapeur, s'exerçant de haut en bas, précipitera le piston jusqu'au bas de sa course, puisqu'il n'existera plus, au-dessous de lui, de résistance capable de contrarier l'effort de la vapeur. Si l'on

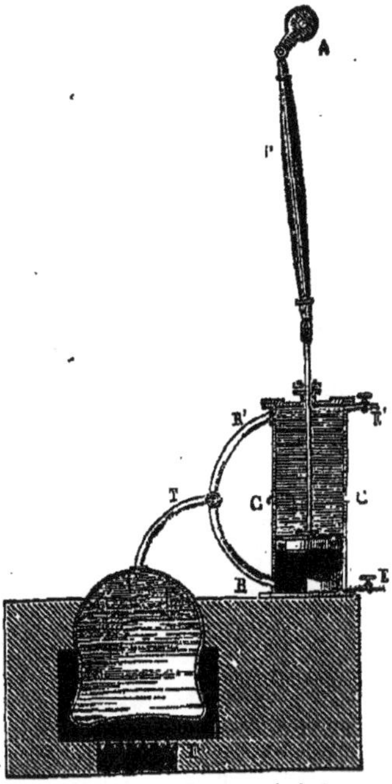

Fig. 111. Principe général de la machine à vapeur.

renouvelle continuellement cette arrivée alternative de la vapeur au-dessous et au-dessus du piston, en donnant à chaque fois issue à la vapeur contenue dans la partie opposée du cylindre, le piston, ainsi alternativement pressé sur ses deux faces, exécutera un mouvement continuel d'élévation et d'abaissement dans l'intérieur du cylindre.

Il est facile de comprendre maintenant que si le levier P, attaché à la tige de ce piston par sa partie inférieure, est fixé par sa partie supérieure à la manivelle de l'arbre tournant d'un atelier A, l'action continue de la vapeur aura pour résultat d'imprimer à cet arbre un mouvement continuel de rotation. Le mouvement de cet arbre pourra ensuite, à l'aide de courroies et de poulies, être transmis aux nombreuses machines ou outils distribués dans les différentes pièces d'une usine.

Beaucoup de machines à vapeur sont construites par la simple application du principe général que nous venons d'exposer. On désigne ces machines à vapeur sous le nom de *machines à haute pression*. Elles se réduisent à un cylindre métallique dans lequel la vapeur vient presser alternativement les deux faces opposées du piston, et s'échappe ensuite dans l'air.

Il est cependant une seconde manière de tirer parti de la force élastique de la vapeur. Toute vapeur se condense, c'est-à-dire revient à son état primitif, dès qu'elle se trouve exposée à une température inférieure à celle du lieu où elle s'est formée. Partant de ce principe, au lieu de rejeter la vapeur dans l'air après chaque oscillation du piston, comme nous venons de le montrer dans l'appareil précédent, on la condense à l'intérieur de l'appareil, et voici comment cette condensation donne naissance à un effet mécanique.

Si, au lieu de laisser perdre au dehors la vapeur d'une machine quand elle a produit son effet, on la dirige, au moyen d'un tube, dans un espace continuellement refroidi par un courant d'eau, la vapeur, en arrivant dans cet espace, se condensera et repassera immédiatement à l'état liquide : par suite de cette condensation, le vide existera à l'intérieur du cylindre. N'éprouvant plus de résistance au-dessous de lui, le piston obéit facilement à la pression que la vapeur exerce sur sa face supérieure, et il descend jusqu'au bas du cylindre. Si l'on répète continuellement ce jeu alternatif : l'arrivée de la vapeur sous le piston, la condensation de cette vapeur dans un vase isolé, l'arrivée de nouvelle vapeur au-dessus du piston, la condensation de cette vapeur, ainsi de suite, on produit une élévation et un abaissement continus du piston dans l'intérieur du cylindre; ces effets se transmettent ensuite comme à l'ordinaire à l'arbre moteur, par la tige du piston. Cette seconde espèce de machines porte le nom de *machines à condenseur* ou *à basse pression*.

On divisait autrefois les machines à vapeur en *machines à basse pression* et à *haute pression*, ou mieux, en machines à *condenseur* et *sans condenseur*. Cette division est aujourd'hui abandonnée. En considérant leur service, on divise les machines à vapeur en quatre classes : 1° les machines fixes, à l'usage des ateliers et des usines; 2° les machines de navigation; 3° les locomotives; 4° les locomobiles.

Nous allons étudier successivement les machines à vapeur, au point de vue historique et descriptif, dans chacune de ces quatre divisions.

MACHINES A VAPEUR FIXES.

Les anciens ont entièrement ignoré qu'il existât, dans la vapeur d'eau fortement chauffée, une force élastique, capable d'être utilisée comme agent moteur. C'est à la science moderne qu'appartient exclusivement la création de ces puissants appareils mécaniques.

Nous avons vu, en parlant du baromètre, que c'est au dix-septième siècle, par les travaux d'Otto de Guericke et de Pascal, que fut découvert le grand phénomène de la pesanteur de l'air, et que l'on mit en évidence la pression que l'atmosphère exerce sur tous les corps placés à la surface de la terre. C'est par une application du principe de la pression de l'air que fut imaginée la première machine à vapeur qui ait fonctionné dans l'industrie.

L'illustre Huyghens avait eu la pensée de créer une machine motrice en faisant détoner de la poudre à canon sous un cylindre parcouru par un piston : l'air contenu dans ce cylindre, dilaté par la chaleur résultant de la combustion de la poudre, s'échappait au dehors au moyen d'une soupape ; il existait dès lors au-dessous du piston, un vide partiel, c'est-à-dire de l'air considérablement raréfié, et dès ce moment la pression de l'air atmosphérique s'exerçant sur la partie supérieure du piston, et n'étant qu'imparfaitement contre-balancée par l'air raréfié existant au-dessous du piston, précipitait ce piston au bas du cylindre. Par conséquent, si l'on avait attaché à ce piston une chaîne ou une corde venant s'enrouler autour d'une poulie, on pouvait élever des poids placés à l'extrémité de cette corde et produire ainsi un véritable effet mécanique. C'est ce que montre la figure 112, empruntée à un ouvrage de cette époque. Dans cette figure, A représente la petite coupe destinée à recevoir la poudre à canon ; P, le piston qui doit être soulevé par l'effet d'expansion des gaz ; SS, les soupapes par lesquelles l'air dilaté se dégage au dehors ; M, le poids soulevé grâce à la corde qui s'enroule sur la poulie.

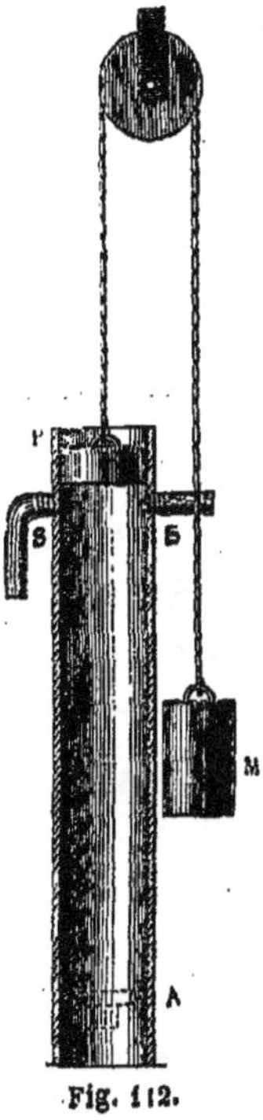

Fig. 112.

Soumis à l'expérience, l'appareil précédent n'avait pas donné de bons résultats en raison de la trop faible raréfaction de l'air contenu au-dessous du piston. C'est alors que se présenta l'idée, pleine d'avenir, de remplacer la poudre à canon, comme moyen de produire le vide sous un piston, par de la vapeur d'eau, que l'on faisait condenser dans cet espace même.

On comprend en effet que si dans le cylindre A (fig. 113), parcouru par un piston bien dressé contre la surface intérieure de ce cylindre, on fait arriver un courant de vapeur d'eau, la vapeur, par sa force élastique, obligera le piston à s'élever jusqu'au haut du corps de pompe. Maintenant, si, par un moyen quelconque, par exemple en faisant refroidir les parois extérieures du cylindre, on provoque la condensation de la vapeur d'eau ; quand cette vapeur sera condensée, le vide existera dans ce cylindre, car l'air avait été chassé de cet espace par la vapeur d'eau ; et puisque cette vapeur disparaît à son tour en se liquéfiant, il n'existe plus rien dans cet espace : c'est le vide. Or, la pression de l'air extérieur pesant de toute sa masse sur la tête du piston, et cette pression n'étant contre-balancée par rien, puisque le vide existe au-dessous du piston dans l'intérieur de ce cylindre, doit précipiter ce piston jusqu'au bas de sa course. D'après cela, il suffira d'introduire et de condenser successivement de la vapeur d'eau dans le cylindre A pour imprimer au piston qui le parcourt un mouvement alternatif d'élévation et d'abaissement; et si une tige B est fixée à ce piston, et qu'on mette cette tige en communication avec l'arbre moteur d'une machine, on pourra, grâce au mouvement continuel de cette tige, imprimer un mouvement de rotation à l'arbre et produire ainsi toute sorte de travail mécanique.

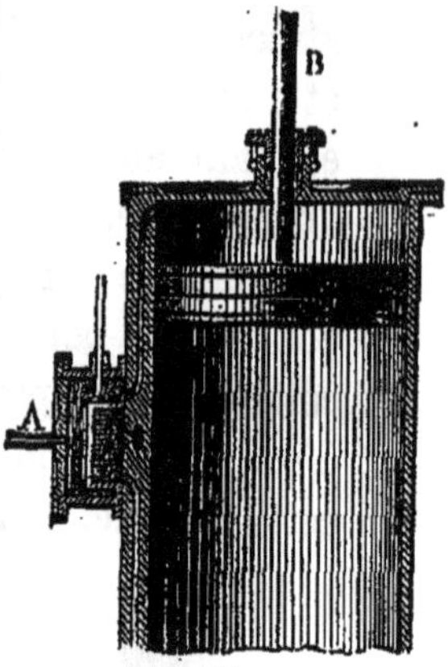

Fig. 113.

L'appareil que nous venons de décrire est la première machine à vapeur qui ait été imaginée. Elle a été proposée, en 1690 par un savant français, l'immortel Denis Papin.

Né à Blois le 22 août 1645, mort vers l'année 1714, Denis Papin nous offre un des plus tristes et des plus remarquables exemples du génie en proie à une adversité constante. Protestant, et fidèle à sa foi religieuse, il s'expatria comme des milliers de ses coreligionnaires à l'époque de la révocation de l'édit de Nantes par Louis XIV, en 1685, et ce fut à l'étranger, en Angleterre, en Italie et en Allemagne, qu'il réalisa le plus grand nombre de ses inventions, parmi lesquelles figure surtout la machine à vapeur.

En 1707, Papin avait exécuté une machine à vapeur conçue sur un principe un peu différent de celle dont nous avons parlé plus haut, et il l'avait installée sur un bateau muni de roues. Il s'était embarqué à Cassel, sur la rivière Fulda, et était arrivé à Münden, ville du Hanovre, pour passer de là, avec son bateau, dans les eaux du fleuve Weser, et se rendre enfin en Angleterre, où il aurait fait connaître et expérimenté sa machine à vapeur. Mais les bateliers du Weser lui refusèrent l'entrée de ce fleuve, et, pour répondre à ses plaintes, ils eurent la barbarie de mettre en pièces son bateau. A partir de ce moment, le malheureux Papin, sans ressources et sans asile, traîna une vie de privations et d'amertume; il languit dans la misère et l'aban-

Fig. 114. Denis Papin.

don. Retiré à Londres, il y vécut à l'aide de faibles secours péniblement arrachés à la *Société royale de Londres*, dont il était membre, et qui l'employait à des travaux de faible importance. On ignore même l'année précise et le lieu de la mort de cet homme illustre autant que malheureux, et dont la France glorifiera éternellement la mémoire.

La machine à vapeur atmosphérique que Papin avait fait connaître en 1690 fut réalisée et livrée à l'industrie par deux artisans intelligents de la ville de Darmouth, en Angleterre, par Newcomen et Cawley.

En 1698, Thomas Savery, ancien ouvrier de mines, devenu, grâce au travail et à l'étude, un habile ingénieur, avait réussi à exécuter une machine de son invention qui avait pour principe la pression de la vapeur d'eau, et il avait appliqué cette

Fig. 115. Les bateliers du Weser mettent en pièces le bateau à vapeur de Papin.

machine à l'élévation des eaux dans les mines de houille. Mais la machine à vapeur construite par Newcomen et Cawley, d'après les principes de Papin, avait une telle supériorité sur celle de Savery qu'elle fit promptement abandonner l'usage de cette dernière. Vers le milieu du dix-huitième siècle, la machine de Newcomen était déjà très-répandue en Angleterre. Une très-puissante machine de ce genre servait à la distribution des eaux dans la ville de Londres, et beaucoup d'autres machines semblables fonctionnaient dans les mines de houille de l'Angleterre, pour l'épuisement des eaux.

La figure 116, tirée de l'*Histoire des machines à vapeur* de M. Hachette, professeur adjoint à la Faculté des sciences de Paris[1], représente les éléments essentiels de la machine de Newcomen. P est le cylindre dans lequel le piston H s'élève par la pression de la vapeur envoyée par la chaudière A. Quand

1. Paris, 1830, in-8.

le piston est parvenu au sommet de sa course, on fait couler, au moyen du tube D, un courant d'eau froide qui vient con-

Fig. 116. Machine à vapeur de Newcomen.

denser la vapeur à l'intérieur du cylindre, et produire ainsi le vide par suite de la condensation de la vapeur. Dès lors, le vide existant à l'intérieur du cylindre, le piston H, sous le poids de l'air atmosphérique extérieur, descend dans l'intérieur du cylindre. Au moyen de la chaîne S attachée à la partie supérieure de ce piston et du contre-poids E, on peut produire un effort mécanique, élever des fardeaux, mettre en action des pompes pour l'épuisement des eaux, etc. On voit que la machine de Newcomen n'est autre chose que l'application pratique de l'appareil conçu en 1690 par notre compatriote Denis Papin.

La figure suivante, tirée d'un ouvrage du dix-huitième siècle, la *Physique de Désaguliers*, montre le mode d'installation de la machine à vapeur qui fonctionnait à Londres au dix-huitième siècle, pour l'élévation et la distribution des eaux de la Tamise.

La machine à vapeur de Newcomen resta en usage en Angleterre sans modifications notables jusqu'à la fin du dix-huitième

Fig. 117. Machine à vapeur de Newcomen, employée à Londres, au dix-huitième siècle, pour l'élévation et la distribution de l'eau de la Tamise.

siècle; à cette époque, James Watt s'en empara et lui fit subir les plus heureuses transformations.

Le célèbre James Watt, qui s'est tant illustré par ses découvertes multipliées sur l'emploi mécanique de la vapeur, n'était qu'un pauvre ouvrier mécanicien de la ville de Greenock, en Écosse. Par son application au travail, par sa persévérance et son génie, il devint un des hommes les plus importants de la Grande-Bretagne; par ses découvertes sur le mode d'emploi de la vapeur, il enrichit son pays et le monde entier.

Dans la machine à vapeur de Newcomen, alors assez répandue en Angleterre pour l'extraction des eaux dans les mines de houille, il y avait un vice essentiel : c'était le mode de condensation de la vapeur, que l'on provoquait, comme nous l'avons déjà dit, par un courant d'eau froide injectée dans l'intérieur même du cylindre. Cette eau refroidissait le cylindre, et la vapeur, en arrivant dans cet espace refroidi, s'y condensait en partie, ce qui amenait une perte considérable de chaleur, et augmentait beaucoup la dépense du combustible. Par une invention capitale, James Watt réalisa dans cette machine une économie des trois quarts du combustible employé. Au lieu de condenser la vapeur dans l'intérieur même du cylindre, il fit communiquer le cylindre, au moyen d'un tuyau, avec une

Fig. 118. Statue de James Watt élevée à Westminster.

caisse séparée parcourue par un courant d'eau continuel : la vapeur allait se liquéfier dans cet espace, qui reçut le nom de *condenseur isolé*.

Dans la machine de Newcomen ainsi perfectionnée par James Watt, la vapeur n'agissait que sur la face intérieure du piston, pour produire son oscillation ascendante. Par une autre invention capitale, Watt créa la *machine à vapeur et à double effet*. Au lieu de faire agir la vapeur sur la face inférieure du piston seulement, il la fit agir sur ses deux faces, de manière à produire, par le seul effet de la force élastique de la vapeur, les mouvements d'élévation et d'abaissement du piston. Il bannit ainsi toute intervention de la pression de l'air dans cette machine, qui reçut dès lors exclusivement de la force élastique de la vapeur son principe d'action.

Après avoir construit la machine à double effet, Watt apporta encore des améliorations d'une haute importance aux différents organes de la machine à vapeur. Sans entrer dans des détails qui nous entraîneraient trop loin, nous nous bornerons à dire que Watt découvrit successivement : 1° le *parallélogramme articulé*, qui sert à transmettre au balancier de la machine les deux impulsions successives résultant de l'élévation et de l'abaissement du piston ; 2° la *manivelle*, qui sert à transformer en un mouvement de rotation de l'arbre moteur le mouvement de va-et-vient du piston ; 3° le *régulateur à boules*, qui sert à régulariser l'entrée de la vapeur dans l'intérieur du cylindre, en n'y admettant que la quantité de vapeur exactement nécessaire au jeu de la machine.

C'est par cet ensemble de perfectionnements et de découvertes dans les organes essentiels et secondaires de la machine à vapeur, que Watt parvint à créer presque de toutes pièces la machine à vapeur moderne. Ayant reçu de cette manière la forme et les dispositions les plus avantageuses, tant pour l'économie que pour l'usage pratique, cette importante machine se répandit promptement en Europe, et dans les premières années de notre siècle, elle était devenue d'un usage général en Europe et en Amérique.

Une autre découverte d'une haute importance dans le mode d'emploi de la vapeur a été faite au début de notre siècle : c'est l'emploi, dans les machines, de la vapeur à haute pression.

Que faut-il entendre par le mot de *vapeur à haute pression?*

Quand l'eau est en ébullition, si l'on envoie sa vapeur dans le cylindre, elle y produit une puissante action mécanique. Mais cette action mécanique sera considérablement augmentée si, avant d'envoyer dans le cylindre cette vapeur, on la chauffe très-fortement en la maintenant dans la chaudière, sans ouvrir le robinet qui doit la faire passer dans le cylindre. Ainsi chauffée, elle acquiert une puissance considérable : et la *tension* de la vapeur (c'est là l'expression consacrée) est d'autant plus forte que la vapeur est chauffée plus longtemps avant d'être dirigée dans le cylindre.

C'est un mécanicien allemand, Leupold, qui avait le premier, vers 1725, conçu l'idée de faire usage de la vapeur à haute tension dans les machines à vapeur. Il donna la description d'une machine à vapeur à haute pression dans un ouvrage justement célèbre, *Theatrum machinarum*. Mais ce mode d'emploi de la vapeur ne fut pas adopté par James Watt. La construction des premières machines à haute pression appartient à un Américain, Oliver Evans, d'abord simple ouvrier à Philadelphie, plus tard constructeur d'appareils mécaniques dans la même ville.

En 1825, les mécaniciens Trevithick et Vivian commencèrent à répandre en Angleterre l'usage des machines à vapeur à haute pression d'Oliver Evans, qui jouirent bientôt d'une grande faveur.

Une foule d'autres perfectionnements ont été apportés de nos jours à la machine à vapeur. Comme systèmes nouveaux destinés à remplacer la machine de Watt, nous citerons :

1° Les *machines à deux cylindres*, ou *machines de Wolf*, qui sont très-répandues dans les usines françaises;

2° Les *machines à cylindre fixe horizontal*, qui sont aujourd'hui en grande faveur dans nos ateliers mécaniques;

3° Les *machines à cylindre oscillant*, qui offraient peu d'avantages et que l'on a abandonnées;

4° Les *machines rotatives*, dont le système a beaucoup d'avenir;

5° Les *machines à vapeur d'éther*, dans lesquelles un liquide auxiliaire, l'éther, vient ajouter la force élastique de sa vapeur à celle de la vapeur d'eau;

6° Enfin les *machines à air chaud*, dans lesquelles on se propose de remplacer la vapeur d'eau par une même masse d'air alternativement échauffée et refroidie.

Après ce court exposé historique des divers perfectionnements qui ont été apportés à la machine à vapeur fixe depuis son origine jusqu'à nos jours, il nous reste à décrire brièvement les divers systèmes des machines fixes qui sont en usage dans nos ateliers et nos usines. On peut réduire ces systèmes à deux :

1° Les *machines sans condenseur*, dans lesquelles la vapeur s'échappe dans l'air après avoir exercé son effort sur les deux faces du piston ;

2° Les *machines à condenseur*, dans lesquelles la vapeur d'eau, au lieu de se perdre au dehors, se liquéfie dans un vase nommé *condenseur*.

Rien n'est plus facile à comprendre que le mécanisme des *machines sans condenseur*, souvent désignées sous le nom de *machines à haute pression* parce que la pression s'y trouve employée à une tension de deux atmosphères au moins, et peut aller jusqu'à dix ou douze atmosphères.

La figure 119 représente le mécanisme fondamental de la machine à vapeur sans condenseur.

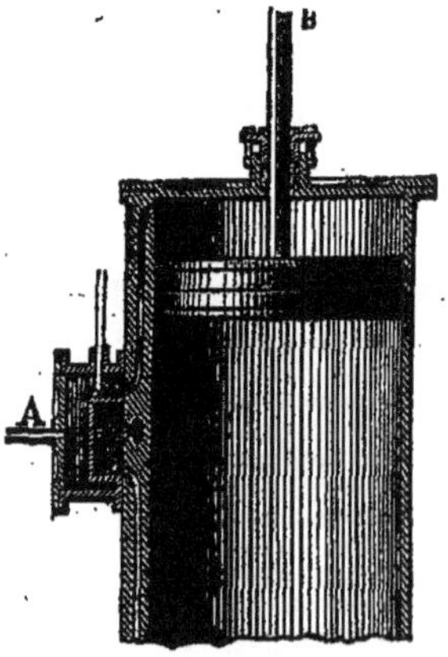

Fig. 119.

La vapeur arrive par le tuyau A sous le piston et le soulève de bas en haut. Quand le piston est parvenu au sommet de sa course, une soupape s'ouvre, et fait arriver la vapeur de la chaudière au-dessus ou sur la tête du piston. En même temps, une autre soupape venant à s'ouvrir, la vapeur du cylindre se précipite au dehors. N'ayant à surmonter que la résistance de l'air à sa partie inférieure, c'est-à-dire la résistance d'une atmosphère, étant soumis à sa partie supérieure ou sur sa tête à la pression de la vapeur, qui est de plusieurs atmosphères, le piston s'abaisse nécessairement dans l'intérieur du corps de pompe. A peine y est-il parvenu que l'on fait échapper au dehors la vapeur qui remplissait la partie supérieure du cylindre. Au même instant, une nouvelle vapeur arrive au-dessous du piston et le repousse en haut, par le fait de la pression de cette vapeur qui, portée à la tension de plusieurs atmosphères, n'a à surmonter que la pression d'une atmosphère de l'air extérieur. C'est en répétant la série de ces mouvements, c'est-à-dire en faisant arriver alternativement de la vapeur au-dessus et au-dessous du piston, et en lâchant ensuite cette vapeur dans l'air dès qu'elle a produit son effort sur l'une des faces du piston, que l'on produit d'une manière continuelle les mouvements d'élévation et d'abaissement de ce piston. Il est facile de comprendre qu'à l'aide de dispositions mécaniques particulières, on peut transmettre ce mouvement rectiligne de la tige du piston à l'arbre moteur d'un atelier mécanique.

Les machines sans condenseur ont la disposition représentée par la figure 120 : C est le cylindre à vapeur, qui est placé horizontalement; T, le tube qui rejette hors de l'usine la vapeur qui sort du cylindre après avoir exercé son effort sur le piston.

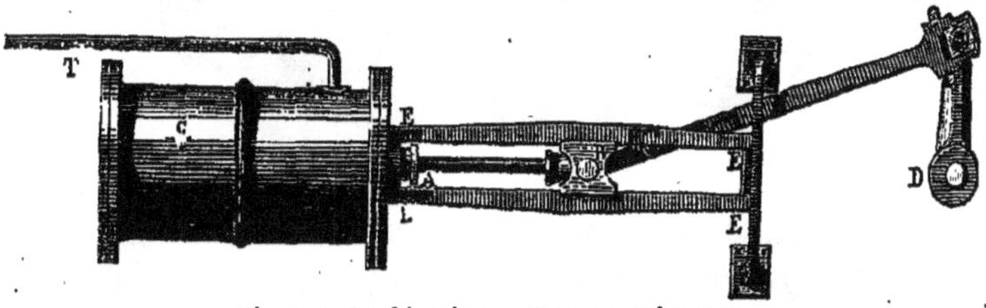

Fig. 120. Machine à vapeur sans condenseur.

Pour transmettre à l'arbre moteur de l'usine le mouvement de la tige du piston A, on adapte au sommet de cette tige une articulation très-mobile B, qui pousse la tige O, mobile autour du point ou de l'articulation B, et lui permet d'exécuter ainsi un mouvement de haut en bas. Ce mouvement se transmet ensuite à la tige RD et fait tourner l'arbre moteur dont la section se voit au point D.

La *machine à condenseur* diffère de la précédente en ce qu'on ne projette pas dans l'air la vapeur sortant du cylindre, mais qu'on la dirige dans une caisse ou bâche, remplie d'eau froide, à l'intérieur de laquelle elle se condense.

La figure 121 représente la machine à condenseur; *a* est l'entrée de la vapeur qui passe successivement, par le jeu du *tiroir*, au-dessus et au-dessous du piston; *c* est le cylindre à vapeur;

Fig. 121. Machine à vapeur à condenseur, ou machine de Watt.

d, la tige de ce cylindre qui vient mettre en mouvement le balancier *e e*; *g* est la manivelle du volant *v* : cette manivelle transmet au volant le mouvement du balancier, et change en un mouvement circulaire continu le mouvement alternatif de ce balancier. L'appareil de condensation de la vapeur au moyen de l'eau froide est placé dans l'intérieur de la caisse qui supporte la machine; *m* est le *régulateur à boules* ou à *force centrifuge* qui règle les quantités de vapeur admises dans le cylindre; *l*, la tige de la pompe alimentaire qui introduit dans la chaudière de l'eau pour remplacer celle qui disparaît à l'état de vapeur; *k*, *i*, sont les tiges des pompes qui alimentent d'eau froide le condenseur et évacuent au dehors l'eau échauffée par la condensation de cette vapeur.

Nous devons nous borner à énoncer cette disposition générale, car la description spéciale des différents organes qui servent à effectuer la condensation de la vapeur, dans les machines à basse pression, exigerait des détails et des considérations que nous ne saurions aborder ici.

Nous mettrons seulement sous les yeux du lecteur la figure de la chaudière qui, dans les machines fixes, sert à produire la vapeur.

G (fig. 122) est le corps de la chaudière; H, l'un des deux *bouilleurs*, c'est-à-dire l'une des deux chaudières plus petites qui sont placées au-dessous du corps de la chaudière principale. Les

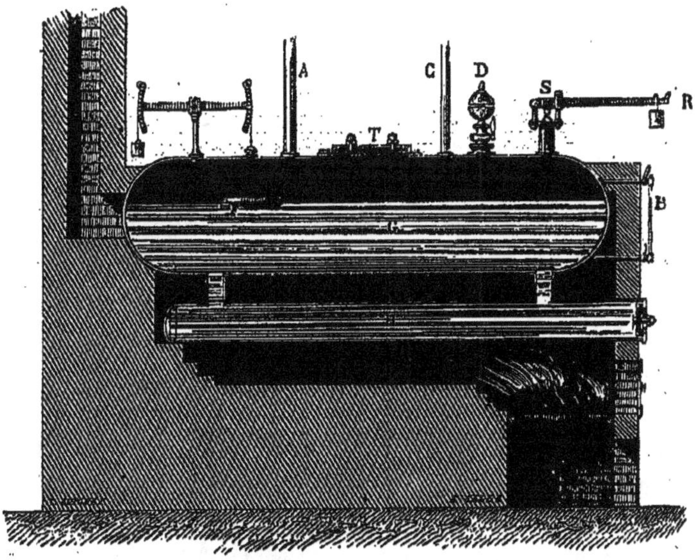

Fig. 122. Coupe d'une chaudière à vapeur.

bouilleurs communiquent avec la chaudière principale par de gros tubes; ils ont pour fonction d'augmenter la surface offerte à l'action de la chaleur. F est le flotteur qui fait connaître au chauffeur la hauteur que l'eau occupe à l'intérieur de la chaudière; B est le niveau d'eau : c'est un tube de verre communiquant avec l'intérieur de la chaudière, et qui, se remplissant d'eau à la même hauteur que celle de la chaudière, laisse voir la hauteur de l'eau dans son intérieur. C est le tube de sortie de la vapeur se rendant au cylindre de la machine; A, le tube donnant entrée à l'eau liquide envoyée par la pompe d'alimentation pour remplacer celle qui disparaît sans cesse à l'état de vapeur. T est le *trou d'homme* par lequel l'ouvrier s'introduit pour visiter ou réparer l'intérieur de la chaudière. On voit suffisamment sur cette figure la marche de l'air chaud qui provient du foyer, et qui s'échappe dans le tuyau de cheminée après avoir circulé autour des parois extérieures de la chaudière. S est la *soupape de sûreté* à plaque mobile, organe qui, en raison de son importance, doit nous arrêter quelque temps.

La *soupape de sûreté*, qui est d'ailleurs en usage dans toutes les machines à vapeur en général, consiste en un bouchon métallique qui ferme la chaudière et qui s'y trouve maintenu par un poids agissant à l'extrémité d'un levier horizontal RS. Le poids qui porte le bouchon métallique a été calculé de manière à être soulevé par l'effort de la vapeur, quand elle a acquis une puissance assez considérable pour inspirer des craintes quant à la solidité de la chaudière. Si la température du foyer vient à s'élever trop, et que la vapeur vienne à acquérir ainsi une tension qui pourrait être dangereuse par la pression de cette vapeur, le bouchon métallique R est soulevé, parce que le poids situé à l'extrémité du levier horizontal RS ne peut soutenir cette pression; dès lors, la chaudière étant ouverte en ce point, la vapeur se dégage librement dans l'air et aucune explosion n'est à craindre. Quand la vapeur a été ramenée par cet écoulement partiel à sa tension normale, la soupape retombe sous la pression du poids S, et la chaudière se trouve refermée.

Cet organe si important pour la sécurité des machines à vapeur, c'est-à-dire la *soupape à poids*, fut imaginé par Denis Papin, en 1681, et appliqué par lui, en 1707, à une machine à vapeur, comme moyen de prévenir l'explosion de la chaudière.

MACHINES DE NAVIGATION.

La machine à vapeur fixe une fois créée, l'industrie humaine a disposé d'un nouveau moyen de force, et elle n'a pas tardé à en tirer toutes les applications que peut recevoir un moteur mécanique. La machine à vapeur a été appliquée à la navigation, à la locomotion sur les routes ferrées, enfin aux travaux de l'agriculture. L'emploi de la machine à vapeur à la propulsion des bateaux est, dans l'ordre historique, la première de ces applications : c'est donc ce sujet qui nous occupera d'abord.

L'emploi de la voile et des rames, comme moyen de navigation, présente, dans une foule de circonstances, de graves inconvénients. La voile et les rames assujettissent les navires à une marche lente et souvent pénible, retardée par les vents contraires, arrêtée par le calme. Aussi a-t-on de tout temps désiré pouvoir disposer à bord des navires d'une force motrice propre, indépendante des éléments extérieurs ou du travail humain. Vers le milieu du siècle dernier, la découverte de la machine à vapeur vint apporter à la navigation le moteur depuis si longtemps désiré. La machine à vapeur fixe était à peine créée, elle commençait à peine à fonctionner dans les usines, que, de tous les côtés, on cherchait à l'utiliser dans la navigation, afin de substituer à l'emploi de la rame ou des voiles le moteur puissant qui rendait déjà tant de services pour les travaux des ateliers. Cependant l'appropriation de la machine à vapeur à la propulsion des navires présentait dans la pratique beaucoup de difficultés, de sorte qu'un temps considérable s'écoula avant que l'industrie humaine parvînt à appliquer avec sécurité et économie la puissance de la vapeur au service de la navigation sur les fleuves et les mers.

Papin fut le premier qui osa entreprendre d'appliquer la force mécanique de la vapeur à la navigation. En 1707, nous l'avons déjà vu; il installait sur un bateau qui navigua sur la Fulda la première machine de navigation à vapeur, fruit du génie de l'homme.

En 1724, J. Dickens, en 1737, Jonathan Hulls, tous deux mécaniciens anglais, proposaient d'appliquer à la navigation la machine à vapeur telle qu'elle existait à cette époque.

Le même projet était mis en avant en France, en 1753, par l'abbé Gauthier, savant chanoine de Nancy. Peu de temps après, en 1760, un ecclésiastique du canton de Berne, nommé Génevois, insista sur les avantages que présenterait la machine de Newcomen comme moyen de propulsion des bateaux. Cependant la machine à vapeur telle qu'elle existait à la fin du dix-huitième siècle, c'est-à-dire la machine de Newcomen, était trop imparfaite pour pouvoir servir à cet usage.

En perfectionnant la machine à vapeur de Newcomen par l'invention du *condenseur isolé*, James Watt avait donné beaucoup de chances de réussite à l'emploi de la machine à vapeur dans la navigation. Le premier essai pratique de la navigation au moyen de la vapeur est dû à un Français, au marquis de Jouffroy, qui installa sur un bateau une machine à vapeur à simple effet, telle que Watt l'avait perfectionnée. Après plusieurs tentatives faites à Paris, en 1775, et continuées par lui, en 1776, sur la rivière du Doubs, à Baume-les-Dames, le marquis de Jouffroy fit construire à Lyon, en 1780, un bateau à vapeur de quarante-six mètres de long. Le 15 juillet 1783, ce

Fig. 123. Appareil moteur du bateau à vapeur du marquis de Jouffroy, construit en 1780.

bateau fit une expérience décisive sur les eaux de la Saône ; il navigua avec succès sous les yeux de dix mille spectateurs. La figure 123 représente la coupe du bateau à vapeur du marquis de Jouffroy. On y voit deux cylindres à vapeur qui viennent mettre en action, par les tiges des pistons, deux espèces de rames articulées pouvant s'ouvrir et se refermer alternativement au sein de l'eau. Ce mécanisme avait reçu le nom de *système palmipède*, pour rappeler qu'il avait quelque ressemblance avec la patte *palmée* des oiseaux aquatiques. Toutefois cette importante tentative n'eut pas de suites sérieuses. Née en France, l'application de la vapeur à la navigation demeura fort longtemps négligée dans notre pays.

En Amérique, deux constructeurs, John Fitch et James Rumsey, firent de nombreuses recherches pour employer la vapeur comme moyen de propulsion sur les fleuves. Mais leurs efforts n'aboutirent à aucun résultat positif. Leurs travaux embrassèrent la période de 1781 à 1792.

En Ecosse, Patrick Miller, James Taylor et William Smington s'efforcèrent, en 1787, d'atteindre le même but, mais ils échouèrent aussi dans leurs tentatives.

Le petit bateau à vapeur de Miller, Taylor et Smington est représenté sur la figure suivante. Dans la machine, composée

Fig. 142. Bateau à vapeur de Patrick Miller.

de deux cylindres verticaux, la force de la vapeur était transmise, au moyen de deux chaînes de fer, à deux roues placées aux flancs de l'embarcation. Ce bateau à vapeur fut essayé sur une pièce d'eau appartenant à Patrick Miller; mais les effets que l'on obtenait de la vapeur ne parurent pas supérieurs à ceux fournis par la force de l'homme, et les trois ingénieurs écossais abandonnèrent cette tentative.

C'est à Robert Fulton, ingénieur américain, né dans le comté de Lancastre, dans l'État de Pensylvanie, qu'appartiennent le mérite et la gloire d'avoir créé, dans ses conditions pratiques, la navigation par la vapeur.

Fils de pauvres émigrés irlandais, d'abord apprenti chez un joaillier de Philadelphie, le jeune Fulton, doué de quelques talents pour la peinture et le dessin, avait tiré de son pinceau

Fig. 125. Robert Fulton.

ses premiers moyens d'existence. A l'âge de vingt ans, il était peintre en miniature à Philadelphie. En 1786, il partit pour l'Europe, et se rendit en Angleterre, où son goût pour la mécanique se développant de plus en plus, il abandonna sa profession de peintre pour devenir ingénieur. Pendant le séjour de quinze années qu'il fit en Europe, tant en Angleterre qu'en France, Fulton se distingua par un grand nombre d'inventions mécaniques d'un ordre varié. Mais le problème de la navigation par la vapeur, qu'il commença à aborder en 1786, fut le but principal de ses travaux.

Par ses persévérantes recherches, par l'étude approfondie à laquelle il se livra des causes qui avaient empêché le succès des tentatives de ses nombreux devanciers, Fulton parvint à réussir là où tant d'autres avaient échoué. Au mois d'août 1803, un bateau à vapeur, construit par l'ingénieur américain, fut essayé sur la Seine, en plein Paris. Cependant Fulton, n'ayant pas trouvé en Europe les encouragements qu'aurait dû rencontrer son admirable invention, retourna en Amérique, après avoir pris toutes les dispositions nécessaires pour doter son pays de cette grande découverte.

Le 10 août 1807, *le Clermont*, grand bateau à vapeur construit par Fulton, fut lancé sur la rivière de l'Est à New-York. Ce bateau, qui présentait la plupart des dispositions mécaniques

Fig. 126. *Le Clermont*, premier bateau à vapeur construit par Fulton en Amérique en 1807.

qui sont encore employées de nos jours, décida l'adoption de la navigation par la vapeur aux États-Unis. Dans les divers États de l'Union américaine, la marine à vapeur prit bientôt un grand développement, sous l'inspiration et grâce aux efforts continuels de Fulton, qui mourut à New-York, en 1815, après avoir doté son pays de la cause la plus puissante de sa prospérité.

L'Europe ne tarda pas à profiter de la découverte de Fulton. En 1812, un constructeur, nommé Henry Bell, établissait sur la Clyde, en Écosse, le premier bateau à vapeur qui ait fait un service régulier en Europe : c'était *la Comète*, construite à l'imitation du bateau de Fulton.

Fig. 127. *La Comète*, de Henri Bell, premier bateau à vapeur d'Europe.

De la Grande-Bretagne, la navigation par la vapeur ne tarda pas à se répandre dans le reste de l'Europe. Vingt ans après ses modestes débuts en Écosse, la marine à vapeur avait pris chez toutes les nations un développement immense. Les fleuves et les rivières du continent se couvraient de bateaux à vapeur, et bientôt toutes les mers du globe en étaient sillonnées. Aujourd'hui la marine à vapeur tend à faire disparaître la marine à voiles, par suite des avantages pratiques, de l'économie et de la rapidité qui sont propres à ce genre de moteur.

Les machines à vapeur consacrées au service de la navigation varient dans leur système, selon la nature du moyen de propulsion adopté. Il est donc nécessaire, avant de parler des systèmes de machines à vapeur employées dans la navigation, de dire quelques mots des agents propulseurs.

Deux principaux moyens mécaniques sont employés pour la propulsion des bateaux à vapeur : les *roues à aubes* ou *à palettes*, et l'*hélice*.

L'emploi, dans la navigation, des roues à *aubes* ou *palettes* remonte à une époque très-ancienne. On trouve dans quelques écrivains latins la description de roues à aubes, mues par des bœufs, et qui fonctionnaient sur des radeaux ou des navires. Papin, sur son bateau de 1707, faisait usage de deux roues à aubes comme moyen propulseur. Le bateau à vapeur du marquis de Jouffroy, à Lyon, avançait au moyen de ces roues. Fulton adopta sur ses bateaux l'usage des roues motrices, et depuis on les a très-longtemps conservées d'une manière exclusive sur les bateaux et les navires à vapeur.

L'*hélice* est d'une invention beaucoup plus récente. En 1752, le mathématicien Daniel Bernoulli parla le premier d'appliquer aux navires un moteur de forme hélicoïde. En 1768, Paucton, ingénieur français, proposait de remplacer par des hélices les rames des navires.

En 1803, un mécanicien natif d'Amiens, Charles Dallery, avait adapté deux hélices à un petit bateau qu'il avait commencé à construire sur la Seine, à Paris, afin d'essayer de résoudre le problème de la navigation par la vapeur ; mais les fonds lui manquèrent pour pousser plus loin cette tentative.

Beaucoup de mécaniciens, tant en France qu'en Angleterre, se sont occupés, après Dallery, de substituer l'hélice aux roues à aubes dans la navigation par la vapeur. C'est un Français, le capitaine du génie Delisle, qui a démontré avec le plus d'évidence, par des considérations théoriques, la supériorité de l'hélice sur les roues à palettes.

En Angleterre, les constructeurs Smith et Rémie ont fait les premières expériences heureuses avec une hélice substituée aux roues à aubes.

La disposition actuelle de l'hélice, c'est-à-dire l'hélice simple à une seule révolution, a été essayée et proposée par un constructeur de Boulogne, Frédéric Sauvage. Malheureusement, notre compatriote ne put parvenir à exécuter ses essais sur une échelle suffisante.

Frédéric Sauvage est mort en 1857, à Paris, dans une maison

d'aliénés. Détenu dans la prison pour dettes de Boulogne, il assistait, de sa fenêtre, aux expériences que faisait dans ce port le commandant du *Ruttler*, navire anglais construit à Londres, pour essayer le système de l'hélice simple que Sauvage avait lui-même imaginé. Ce spectacle, si déchirant pour un inventeur, ébranla sa raison.

Le premier bateau à vapeur français à hélice a été construit au Havre, en 1843, par M. Normand. Depuis cette époque, l'emploi de l'hélice n'a cessé de prendre faveur dans notre marine. Aujourd'hui, chez toutes les nations maritimes du monde, l'hélice a presque entièrement détrôné les roues motrices. Toutefois, dans les paquebots à vapeur qui font le service sur les rivières et les fleuves, on substituerait difficilement l'hélice aux roues à aubes, de telle sorte que l'on peut dire, pour résumer ce qui précède, que l'hélice est aujourd'hui le moyen propulseur généralement employé pour la navigation maritime, et que les roues à palettes sont le moyen propulseur qui reste affecté à la navigation à vapeur sur les fleuves et les rivières.

L'hélice se place, comme l'indique la figure suivante, au sein de l'eau, au-dessous de la ligne de flottaison du navire. Mise

Fig. 128. Hélice des bateaux à vapeur.

en mouvement par la machine à vapeur, elle produit l'effet des rames et fait progresser le vaisseau par l'impulsion réactive qu'elle communique au liquide au milieu duquel elle tournoie avec une rapidité prodigieuse.

Le système de machine à vapeur employé dans la navigation diffère selon que le bateau est pourvu de roues ou d'une hélice.

Le type de machines à vapeur le plus souvent employé aujourd'hui pour mettre en action les bateaux à roues, c'est la machine à condenseur, telle à peu près que Watt l'a établie. Nous avons décrit, en parlant des machines fixes, la machine à condenseur ou machine de Watt (page 209). Nous n'entrerons en conséquence dans aucun détail à cet égard, car la machine à condenseur qui met en action les bâtiments à roues ressemble, dans toutes ses parties essentielles, à la machine à condenseur qui fonctionne dans nos ateliers et nos usines. Elle n'en diffère que par quelques dispositions secondaires que l'on est forcé d'adopter pour ménager l'espace dans l'installation de ce volumineux mécanisme à bord d'un bateau.

Sur les bateaux à roues on fait assez souvent usage, au lieu de la machine de Watt, dont le cylindre est vertical, de la *machine à cylindre horizontal*, dont le mécanisme est plus simple en ce qui concerne le renvoi du mouvement.

Quand l'agent propulseur d'un navire à vapeur est l'hélice, la machine de Watt n'est pas employée, parce qu'elle ne saurait fournir commodément l'énorme vitesse qu'il faut imprimer à l'hélice tournant au sein de l'eau. On fait alors usage de systèmes particuliers de machines dans lesquelles la force de la vapeur agit directement sur l'arbre tournant de l'hélice. Sans entrer dans des détails qui nous entraîneraient trop loin, nous nous bornerons à dire que l'on fait usage dans ce but : 1° de machines à vapeur à cylindre horizontal ; 2° de machines à deux cylindres inclinés, agissant sur le même arbre et conformes au type des locomotives.

LOCOMOTIVES.

C'est la découverte des machines à vapeur à haute pression qui a rendu possible la construction des locomotives et leur emploi pour traîner les convois les plus lourds sur des routes pourvues de rails en fer. Dès que la machine à vapeur fut en usage dans les ateliers et les usines, on chercha à utiliser cette force mécanique pour la traction des véhicules. On fit, à cette époque, des essais pour construire des *voitures à vapeur* roulant sur les routes ordinaires.

En 1769, un officier suisse, nommé Planta, avait proposé d'appliquer la machine à vapeur à la traction des véhicules sur les routes ordinaires. Un ingénieur français, né à Void en Lorraine, nommé Joseph Cugnot, poussa plus loin ce projet, car il construisit un chariot à vapeur qui fut expérimenté, en 1770, en présence de M. de Choiseul, ministre de Louis XV, et du célèbre général Gribeauval, l'un des créateurs de l'artillerie moderne. Mais la machine à vapeur, telle qu'elle existait à cette époque, ne pouvait en aucune manière s'appliquer à cet usage, car la quantité d'eau que l'on pouvait admettre sur le chariot étant très-peu considérable, il aurait fallu s'arrêter tous les quarts d'heure pour renouveler la provision d'eau de la chaudière.

La figure suivante représente le *chariot à vapeur* de Cugnot. La chaudière, munie de son fourneau, est placée à la partie

Fig. 129. Chariot à vapeur construit par Cugnot en 1770.

antérieure. La vapeur fournie par cette chaudière se rend, au moyen d'un tube, dans deux cylindres dont les pistons viennent agir sur les deux roues antérieures du char, qui sont seules motrices. Le frottement énorme des roues contre le sol, qui aurait opposé trop de résistance à la force motrice, et la très-mauvaise disposition de l'appareil à vapeur, devaient empêcher la réussite de ce primitif engin de locomotion par la vapeur.

Ces premiers essais ne pouvaient aboutir à un résultat utile que par le perfectionnement des machines à vapeur et la découverte des machines à haute pression.

En Amérique, Oliver Evans, l'inventeur de la machine à

vapeur à haute pression, s'occupa, vers 1790, de construire des voitures à vapeur marchant sur les routes ordinaires, à l'aide d'une machine à haute pression ; mais il n'obtint aucun résultat pratique avantageux.

C'est en Angleterre que l'on réussit pour la première fois à retirer quelques avantages de l'emploi de la vapeur dans la locomotion. Trevithick et Vivian, constructeurs dans le comté de Cornouailles, eurent le mérite de cette première tentative. Ils obtinrent le succès qui avait manqué en 1790 à Oliver Evans, parce que, après avoir échoué, comme leur prédécesseur, dans le projet de lancer les voitures à vapeur sur les routes ordinaires, ils eurent l'heureuse idée d'appliquer la même machine locomotive sur les chemins à rails de fer qui étaient en usage dès cette époque dans plusieurs manufactures et mines de l'Angleterre.

Sur les routes ordinaires, beaucoup d'obstacles nuisent à la rapidité de la marche des voitures. Les roues rencontrent une grande résistance par le frottement considérable qu'elles exercent contre le sol élastique qu'elles pressent. Si le sol est sablonneux ou caillouteux, il présente des inégalités de niveau qui font perdre une partie de la force motrice à surmonter ces petites pentes accidentelles; enfin, les ornières du chemin opposent des difficultés à la régularité de la marche.

Pour diminuer le plus possible la résistance que présente le sol inégal des routes, les Romains avaient imaginé de paver en pierre très-dure et peu élastique les parties des voies publiques les plus fréquentées. Mais ce pavage était dispendieux et il ne fut employé chez les anciens que dans de rares circonstances.

Vers le dix-septième siècle, on commença à faire usage en Angleterre, pour les travaux des mines, d'ornières de bois disposées le long des routes, afin de diminuer le frottement des roues. On posait sur le sol des madriers en ligne non interrompue, formant une sorte d'ornière dans l'intérieur de laquelle circulaient des chariots dont les roues étaient garnies d'un rebord qui les maintenait constamment dans l'ornière de bois.

Comme la résistance du bois n'est pas considérable, ces ornières artificielles s'usaient assez promptement. On prit donc le parti de les remplacer par des ornières en fonte. Plus tard, enfin, grâce à la diminution du prix du fer, ce métal fut substitué à la fonte ; c'est vers l'année 1789 qu'eut lieu cette heureuse substitution.

Les *chemins à ornières de fer* ainsi établis furent en usage, à partir de cette époque, dans beaucoup de mines et de manufactures de l'Angleterre. La traction des chars ou *wagons* se faisait par des chevaux.

C'est en 1804 que les constructeurs Trevithick et Vivian eurent l'idée de remplacer les chevaux, sur les chemins de fer des mines, par leur locomotive à vapeur, qu'ils avaient vainement essayé de lancer sur les routes ordinaires. Placée sur des rails, cette machine à vapeur mobile put traîner, outre son propre poids, quelques wagons chargés de houille.

La figure suivante représente la locomotive de Trevithick et

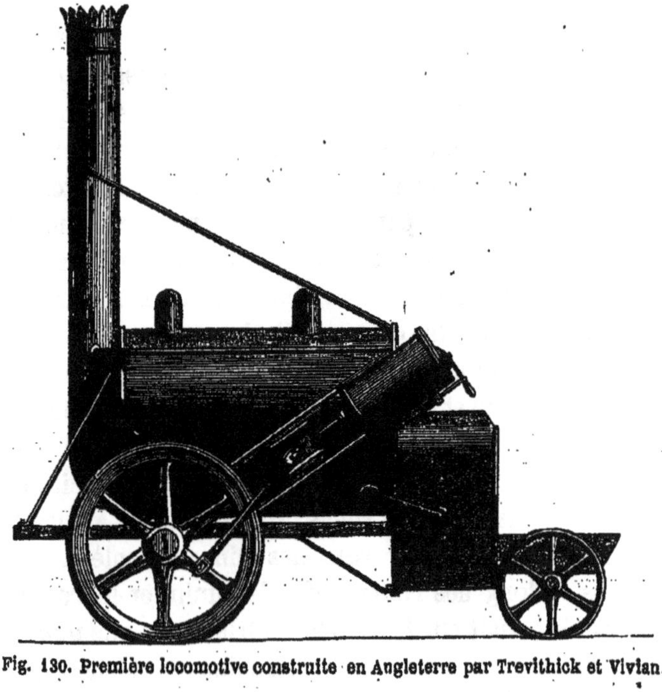

Fig. 130. Première locomotive construite en Angleterre par Trevithick et Vivian.

Vivian. Au milieu est le corps cylindrique de la chaudière qui envoie la vapeur dans deux cylindres placés obliquement au-dessus des roues antérieures, qui sont seules motrices. Le foyer est contenu dans le même corps cylindrique, au-dessous de la chaudière. Quelques mines de houille adoptèrent ces premières locomotives sur leurs *railways*.

Une découverte capitale fut faite en 1813 par un ingénieur anglais, M. Blacket, qui constata que, quand le poids d'une locomotive est considérable, ses roues ne glissent point sur la surface unie du rail. Cet ingénieur reconnut par l'expérience que, grâce aux aspérités qui existent toujours sur la surface des rails, quelque polie qu'elle soit, les roues peuvent y prendre un point d'appui qui leur permet d'avancer. On avait pensé jusque-là que les surfaces de la roue et du rail étant extrêmement polies toutes les deux, la roue devait tourner sur place, ou du moins n'avancer sur le rail qu'en perdant par le glissement ou le *patinement* une quantité énorme de force. Les expériences de M. Blacket démontrèrent qu'en donnant à la locomotive un poids de plusieurs tonnes, on pouvait triompher de ce glissement, et ne perdre par le *patinement* de la roue qu'une petite quantité de force.

Cette découverte eut pour résultat de donner de la faveur à l'emploi des locomotives sur les routes ferrées alors en usage pour le service des mines. En 1812, George Stephenson con

Fig. 131. Locomotive construite par George Stephenson, en 1812.

struisit une locomotive qui fonctionna avec un certain avantage sur le chemin de fer des usines de Killingworth.

Mais la découverte qui provoqua directement, on peut le dire, la création des chemins de fer actuels, est due à un ingénieur français, M. Seguin aîné, d'Annonay. En 1829, M. Seguin construisit la première *chaudière à tubes*, forme particulière de chaudière à vapeur dans laquelle la surface de chauffe, étant extraordinairement étendue, permet de produire dans un temps donné une quantité prodigieuse de vapeur.

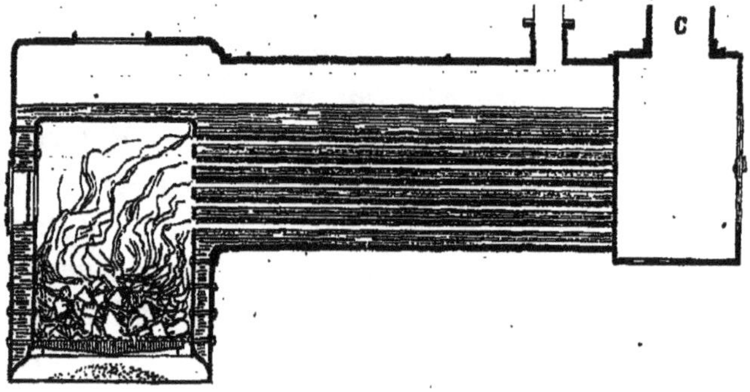

Fig. 132. Coupe d'une chaudière tubulaire.

La figure 132, qui montre la coupe d'une chaudière dite *tubulaire*, fait comprendre les avantages de cette disposition pour produire une grande quantité de vapeur avec une faible masse de liquide. Le foyer F échauffe l'air qui, pour s'échapper dans le tuyau de la cheminée C, est forcé de traverser des tubes étroits longitudinaux. L'eau occupe l'intervalle de ces tubes; présentant ainsi une surface considérable à l'action de la chaleur, elle entre promptement en ébullition, et produit une énorme quantité de vapeur en un espace de temps très-court. Or, la force d'une machine à vapeur dépendant de la quantité de vapeur qu'elle peut recevoir, on voit que la chaudière dite *tubulaire* doit être d'un grand secours pour augmenter la force d'une machine à vapeur. L'emploi des chaudières tubulaires sur les locomotives accrut extraordinairement la puissance de cet appareil moteur.

En 1830, eut lieu à Liverpool, en Angleterre, l'événement qui détermina la création des chemins de fer européens. Les directeurs du chemin de fer de Liverpool à Manchester se décidèrent à adopter pour le service de ce chemin l'usage des locomotives, au lieu de machines à vapeur fixes destinées à remorquer les wagons, comme on l'avait d'abord projeté. Ils ouvrirent alors un concours public, où tous les constructeurs de l'Angleterre furent invités à présenter des modèles de locomotive. Le prix fut décerné à la locomotive *la Fusée*, de George et Robert Stephenson. La supériorité que cette machine montra sur les autres locomotives qui figuraient dans ce concours, tenait à ce que le constructeur avait adopté les *chaudières à tubes* de M. Seguin.

La figure suivante représente la locomotive de George et Robert Stephenson, *la Fusée*.

Fig. 133. *La Fusée*. Locomotive de George et Robert Stephenson.

Les locomotives destinées au chemin de fer de Manchester à Liverpool furent construites sur le modèle de *la Fusée*. Les avantages de ce système de locomotion se manifestèrent dès lors avec une telle évidence, que ce chemin de fer, qui n'avait été construit que pour transporter les marchandises, fut bientôt consacré au service des voyageurs.

Le grand succès du chemin de fer de Liverpool à Manchester décida l'adoption générale du système des voies ferrées dans toute l'Europe. L'Angleterre, la Belgique, l'Allemagne, enfin la France et les autres nations européennes, se sont couvertes, dans l'espace de dix ans, de 1840 à 1850, d'une immense étendue de ces voies nouvelles, qui, dans tous les pays, ajoutent à la fortune publique, et procurent au commerce et à l'industrie

Fig. 134. Locomotive avec son tender.

des avantages incomparables. On a dit que les chemins de fer produiraient dans la société actuelle une révolution analogue à celle qu'a amenée au quinzième siècle la découverte de l'imprimerie, et cette assertion n'a rien d'exagéré.

La locomotive est une machine à vapeur à haute pression, qui se traîne elle-même, et qui dispose de son excès de puissance pour remorquer, outre sa charge d'eau et de combustible, un nombre plus ou moins considérable de véhicules composant un convoi.

La figure 135 représente en coupe les éléments essentiels d'une machine locomotive. L'appareil moteur est représenté par le cylindre A, dont la tige *b*, attachée au piston *a* et pourvue d'une seconde tige, ou bielle articulée *cc*, vient agir sur l'un des rayons d'une des roues *m* pour pousser en avant cette roue sur les rails. Deux appareils moteurs du même genre sont disposés sur les deux côtés de la locomotive, et viennent agir chacun sur chaque roue motrice ; cette double impulsion détermine la progression du véhicule sur les rails.

Mais comment est disposé le mécanisme de l'appareil à vapeur pour produire, dans l'espace si resserré de la locomotive, l'énorme puissance nécessaire pour entraîner de lourds convois avec une vitesse qui va facilement jusqu'à dix lieues par heure ? C'est ce que montre dans la même figure la coupe de l'appareil de vaporisation de la locomotive.

La machine locomotive est une machine à vapeur à haute pression, c'est-à-dire dans laquelle la vapeur n'est point condensée. Voici l'appareil de vaporisation et l'appareil moteur où les cylindres à vapeur sont disposés sur cette machine.

Le foyer est placé en M; cet espace est divisé en deux parties par la grille verticale qui sert de support au combustible. C est le cendrier; M le foyer proprement dit, où brûle le coke ou la houille.

La chaudière, qui occupe à elle seule presque toute l'étendue du véhicule, est de forme cylindrique; elle est traversée par un grand nombre de tubes horizontaux; le nombre de ces tubes, sur une locomotive ordinaire, est de plus de cent. Ces tubes, qui constituent la cause de l'énorme puissance de vaporisation des chaudières des locomotives, servent à donner passage au

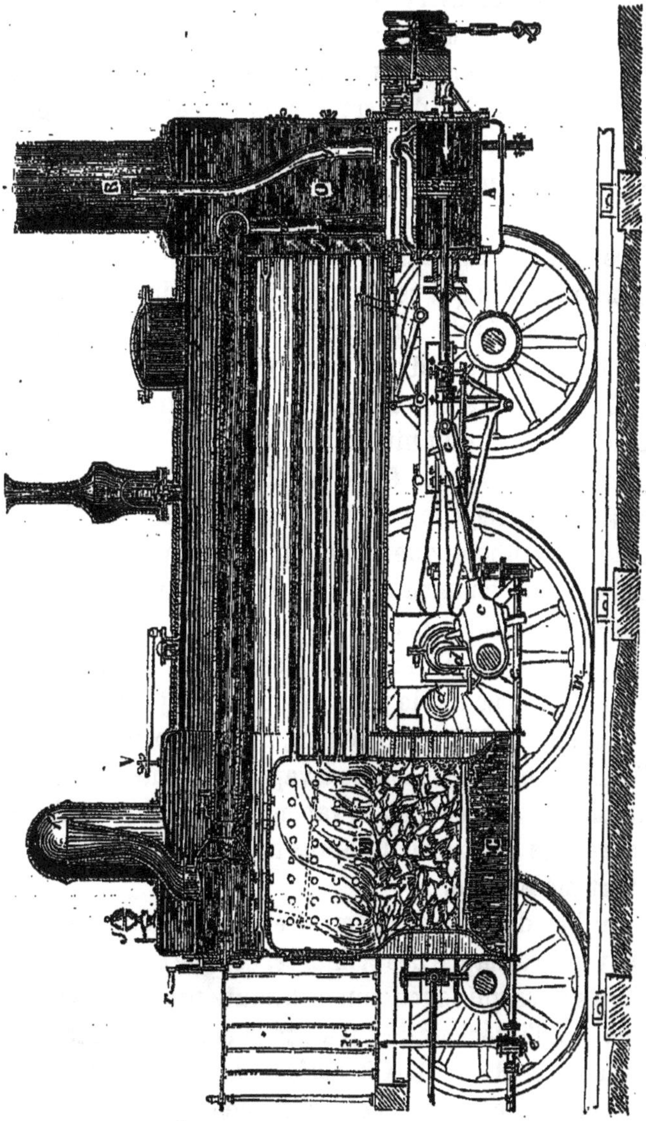

Fig. 135. Coupe d'une locomotive.

gaz et à la fumée qui se forment dans le foyer, et à multiplier considérablement les surfaces exposées à l'action du feu. Après avoir traversé ces tubes, les gaz résultant de la combustion s'échappent dans l'espace O, c'est-à-dire dans la *boîte à fumée*, et se dégagent au dehors par la cheminée P. Traversant ces tubes, avec la température très-élevée qu'ils ont prise dans le foyer, ces gaz échauffent très-rapidement l'eau de la chaudière, qui remplit les intervalles qui les séparent ; la chaleur se trouve ainsi communiquée sur mille points à la fois à l'eau, qui entre en ébullition avec une très-grande rapidité, et fournit, dans un très-court espace de temps, une quantité de vapeur prodigieuse. Or, la force d'une machine à vapeur étant proportionnelle à la quantité de vapeur qui est dirigée dans un même espace de temps dans le cylindre, cette circonstance, c'est-à-dire la forme tubulaire de la chaudière, explique la puissance extraordinaire qui est propre aux machines locomotives. Une soupape de sûreté V surmonte la chaudière et sert à prévenir les terribles effets d'une trop forte tension de la vapeur.

C'est à l'extrémité du tube *p*, c'est-à-dire à une certaine distance au-dessus du niveau de l'eau de la chaudière, que se fait la *prise* de vapeur. Cette partie du cylindre surmontant la chaudière a reçu le nom de *dôme de vapeur*. C'est par l'extrémité *p* du tube *qs* que la vapeur s'introduit dans le petit canal qui doit la conduire dans les deux cylindres placés, comme nous l'avons dit, sur les deux côtés de la locomotive.

Après avoir agi à l'intérieur des cylindres, c'est-à-dire après avoir mis en action le piston moteur qui joue à leur intérieur, la vapeur s'échappe au dehors, car la locomotive, il ne faut pas l'oublier, est une machine à vapeur à haute pression, dans laquelle par conséquent la vapeur n'est point condensée, mais est rejetée à l'extérieur après avoir exercé sur le piston son effort mécanique.

Au lieu de rejeter purement et simplement dans l'air la vapeur qui s'échappe des cylindres, comme on le fait dans les machines fixes qui fonctionnent à haute pression, on dirige cette vapeur à l'intérieur du tuyau de la cheminée de la locomotive, par l'orifice R du tube OR, et c'est par là qu'elle se trouve définitivement rejetée dans l'air, pêle-mêle avec les gaz et la fumée qui s'échappent du foyer. Chacun a vu, en effet, que c'est par le même tuyau que l'on voit s'échapper alternativement ou simultanément et la fumée du foyer et la vapeur de la chaudière.

Ce n'est pas sans motif que l'on rejette ainsi la vapeur sortant des cylindres dans le tuyau de la cheminée de la locomotive. Ce moyen entre pour beaucoup dans la puissance de vaporisation de la chaudière, et, par conséquent, dans la puissance même de la machine. Cette injection continuelle d'un courant de vapeur au bas du tuyau de cheminée a en effet pour résultat d'activer extraordinairement le tirage de la cheminée ; ce courant de vapeur entraîne, balaye incessamment devant lui l'air occupant le tuyau de la cheminée ; dès lors, à l'autre extrémité, c'est-à-dire dans le foyer, de nouvelles quantités d'air son incessamment attirées ou appelées ; le tirage du foyer prend ainsi une énergie extraordinaire. Le combustible brûle très-rapidement sous l'influence de ce courant d'air sans cesse entretenu ; de telle sorte que le *tuyau soufflant* est une des causes les plus actives de la puissance des machines locomotives. Il aurait été difficile de provoquer un courant d'air convenable pour entretenir la combustion du foyer à travers les cent petits tubes que la fumée doit franchir en s'échappant dans l'air ; l'ingénieux artifice du *tuyau soufflant* a merveilleusement remédié à cet obstacle.

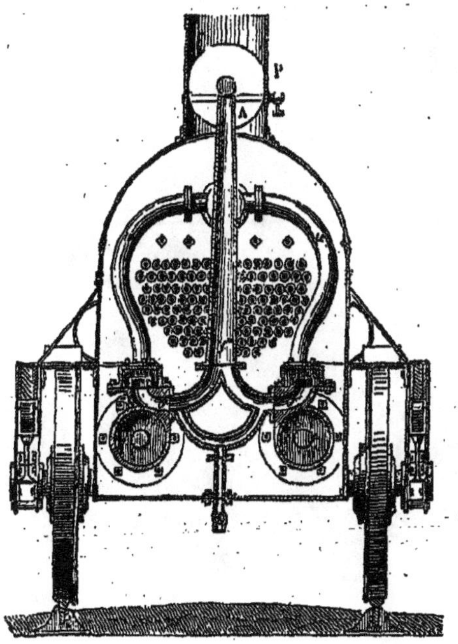

Fig. 136. Coupe de la boîte à fumée de a locomotive.

La figure 136 montre la disposition du *tuyau soufflant*, placé à l'avant de la locomotive. On voit sur cette figure la terminaison des *tubes à fumée* de la chaudière, et la réunion des deux tubes qui, venant de chaque cylindre à vapeur, se réunissent en un seul pour former l'*échappement de vapeur* ou le *tuyau soufflant* A, qui débouche au bas de la cheminée P.

On voit, en résumé, que la forme tubulaire donnée à la chaudière, c'est-à-dire les tubes à fumée joints au *tuyau soufflant*, contient le secret de l'énorme puissance motrice qui est propre à la locomotive. L'auteur de cette importante découverte, l'ingénieur français Seguin, doit être considéré comme le véritable créateur des chemins de fer.

Fig. 137. Vue extérieure de la locomotive; mécanisme de la distribution; pompes alimentaires, etc...

La figure 137 représente la locomotive avec les dispositions mécaniques diverses qui viennent d'être énumérées.

Un complément nécessaire de la locomotive est le véhicule qu'on appelle *tender*, qui porte l'eau, le combustible et les ustensiles nécessaires à la traction. Le coke y est accumulé dans un espace en forme de fer à cheval, entouré d'une caisse à eau, dont les parois sont en tôle, et qui contient de cinq à huit kilolitres de liquide. On y introduit l'eau au moyen d'un cône creux en cuivre rouge, percé de petits trous, qui plonge dans la caisse à l'arrière, ainsi que cela se voit dans la figure 138. Ce

Fig. 138. Le tender ; coupe longitudinale ; vue intérieure.

panier ou tamis, par lequel passe l'eau d'alimentation, sert à retenir les impuretés et menus objets qui pourraient nuire au jeu des pompes alimentaires. Les tuyaux d'aspiration de celles-ci aboutissent sur le fond de la caisse, vers l'avant du tender, et deux soupapes que manœuvre le chauffeur servent à donner accès à l'eau dans la chaudière ou à intercepter son passage. Le tender est relié à la locomotive par une barre d'attelage, et au train par un crochet qui saisit la barre du premier wagon. Il est toujours muni d'un frein, qui, en agissant directement sur les roues, amortit peu à peu la vitesse du train lorsqu'il s'agit d'arrêter le convoi.

Les locomotives de gare et de banlieue, auxquelles on ne peut donner que des dimensions restreintes pour qu'elles puissent passer sous les petits ponts des routes, réunissent le tender et l'appareil de locomotion en un seul corps de machine, qu'on appelle *locomotive-tender*. L'eau et le coke y sont disposés au-dessus ou au-dessous du cylindre à vapeur.

On distingue trois catégories de locomotives : les *machines à voyageurs*, affectées au service de la grande vitesse ; les *machines à marchandises*, destinées au service de la petite vitesse ; enfin les *machines mixtes*, affectées tantôt à l'une, tantôt à l'autre destination. Outre ces trois classes, les *machines-tenders*, et les

Fig. 139. Locomotive Crampton suivie de son tender ; machine à voyageurs et de grande vitesse.

locomotives de montagne, inventées par Engerth, etc., constituent quelques autres types spéciaux.

La *grande vitesse* sur une ligne ferrée est d'au moins 40 kilomètres à l'heure; mais elle atteint 60, et quelquefois même 100 kilomètres, quand le nombre des voitures à traîner est peu considérable. Dans les machines destinées à marcher à grande vitesse les roues motrices sont d'un très-grand diamètre (jusqu'à 2m,3), elles sont indépendantes des autres roues. Les cylindres sont très-courts, et le piston a peu de course. Le type le plus tranché de cette classe est la *locomotive Crampton* qui fait, avec une rapidité merveilleuse, le service des trains express sur la plupart des chemins de fer français. La figure 139, qui représente une machine de cette catégorie, montre que ses roues motrices sont placées à l'arrière, et deux autres paires de roues distribuées au milieu et à l'avant.

Les locomotives destinées à remorquer les convois de marchandises ont des roues motrices beaucoup plus petites, et des cylindres à vapeur plus longs. En outre, les roues motrices y sont réunies avec les autres roues, au moyen d'une bielle d'accouplement. Ces machines gagnent en force ce qu'elles perdent en vitesse. Elles ne font guère plus de 30 kilomètres à l'heure; mais leur charge peut aller jusqu'à 45 wagons chargés chacun de 10 tonnes. Le type le plus saillant de cette catégorie est la machine Engerth, due à un ingénieur autrichien; nous la représentons sur la figure 140. On voit que le tender y est, en partie, réuni à la locomotive. Les *machines Engerth* fonctionnent sur la ligne du Nord, pour le transport de la houille.

La vitesse des machines mixtes varie entre 35 et 50 kilomètres à l'heure; elles remorquent de 20 à 25 wagons chargés. Leurs roues ont 1m,5 de diamètre, et toutes leurs dispositions réalisent une sorte de moyenne entre les types extrêmes dont nous venons de parler. Telles sont les machines que M. Polonceau a fait construire pour le chemin de fer d'Orléans.

Le poids total de la machine et du tender réunis est d'environ 46 tonnes (de 1000 kilog.) pour le *Crampton*, de 63 tonnes pour l'*Engerth*, et de 35 pour les machines mixtes.

La puissance d'une locomotive peut être évaluée à 200 ou 300 chevaux-vapeur. On conçoit qu'un travail si formidable doit user la voie en bien peu de temps si elle n'est pas construite avec un soin tout particulier.

Donnons un aperçu de la manière d'établir la voie d'un chemin de fer.

Quand il s'agit d'établir une nouvelle voie, on commence par

Fig. 140. Locomotive à marchandises, type d'Engerth, à six roues accouplées.

étudier le terrain ; puis on procède au nivellement et au tracé de la ligne, dont la courbure et la pente ne doivent jamais dépasser certaines limites. Alors commencent les travaux de terrassement, les tranchées, les déblais et les remblais. On perce des tunnels souterrains, qui ont parfois plusieurs kilomètres de longueur, témoin celui qu'on a commencé de percer au travers du Mont-Cenis, et qui conduira les voyageurs au milieu des profondeurs des Alpes, sur une longueur de 12 kilomètres, pour réunir les voies ferrées de la France à celles de l'Italie.

Nous représentons sur la figure 141 une vue de l'entrée du tunnel de Blaisy, sur la ligne de Paris à Lyon, lequel a une

Fig. 141. Entrée du tunnel de Blaisy, sur la ligne de Paris à Lyon.

longueur de 4100 mètres, a coûté 10 millions, et a été achevé en trois ans et quatre mois. Sa largeur intérieure est de 8 mètres, la hauteur de la voûte de 7 mètres et demi. La profondeur maximum au-dessous du massif qu'on a entamé est de 200 mètres.

Dans d'autres points du parcours d'une ligne ferrée, il faut franchir des fleuves ou des vallées. On construit alors des ponts et des viaducs. Enfin, quand toutes les constructions sont terminées, on procède à la pose de la voie.

La chaussée est protégée contre les effets des pluies et contre ceux de l'ébranlement continuel, par une couche de matériaux perméables, appelés *ballast*, qui donne passage aux eaux du ciel et les laisse s'écouler sur les plans légèrement inclinés de la chaussée. Nous représentons cette disposition de la voie avec la couche de *ballast*, sur la figure 142. Le ballast fait encore office de matelas et amortit les secousses qu'éprouveraient

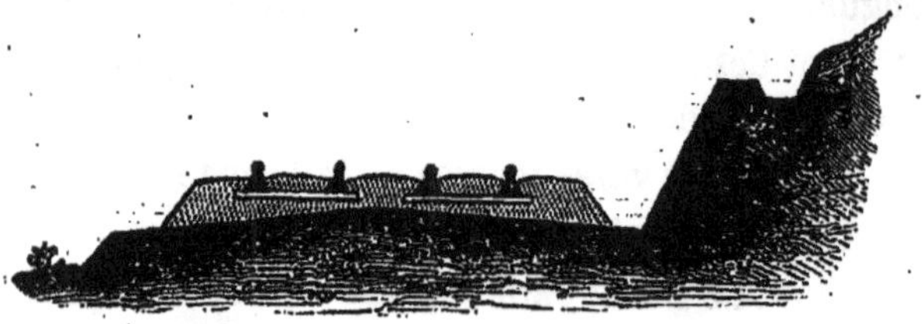

Fig. 142. Coupe transversale de la voie; nivellement et ballastage.

les wagons. C'est dans cette couche qu'on fixe les *rails*, ou bandes de fer sur lesquelles marchent les roues des voitures.

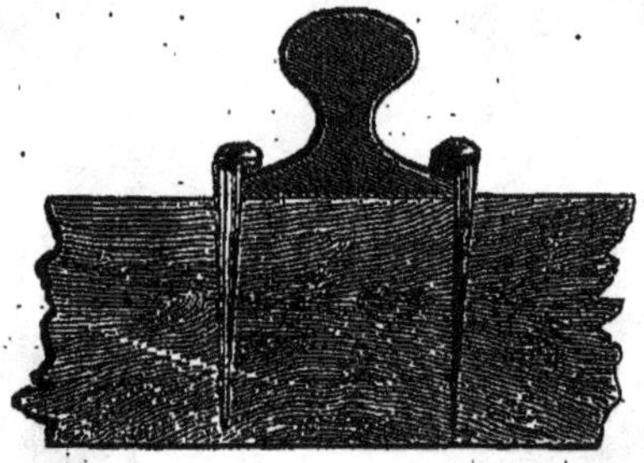

Fig. 143. Rails à patin; type allemand.

Les rails reposent sur les *traverses*, pièces de bois posées

Fig. 144. Rails à double champignon.

sur le ballast, et dont le but est d'assurer la stabilité de la route et de rendre solidaires les deux lignes de rails.

Le rail à simple champignon, dont la figure 143 donne une coupe transversale, peut se terminer en bas par une semelle, fixée sur les traverses au moyen de chevillettes ; on le nomme alors *rail à patin*. Mais il peut aussi se terminer par un bourrelet inférieur qui entre dans un coussinet où il est assuré par

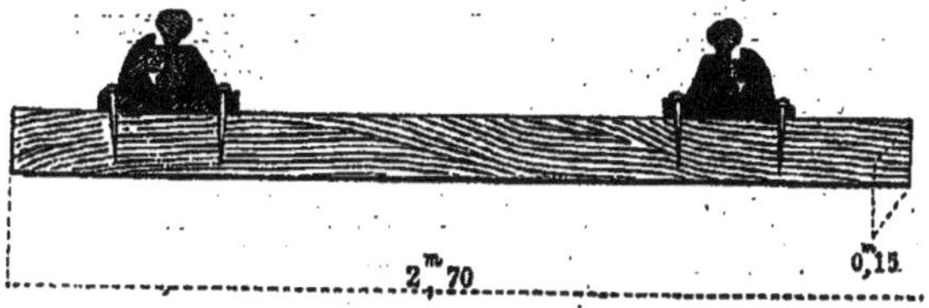

Fig. 145. Assemblage d'une traverse et des coussinets.

un coin de bois enfoncé à frottement. C'est de cette manière qu'on maintient aussi sur les traverses les rails à double cham-

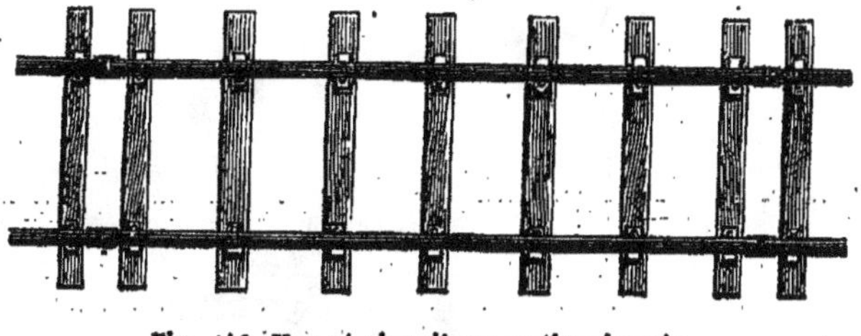

Fig. 146. Vue et plan d'une portion de voie.

pignon, ou à deux bourrelets pareils, que l'on peut retourner quand le champignon inférieur est usé, comme on le comprend par l'inspection de la figure 144.

Les deux figures suivantes représentent : la première (fig. 145), une traverse munie de ses rails à double champignon et de leurs coussinets, dessinés de profil ; l'autre (fig. 146), une vue en perspective d'une portion de voie, avec rails à simple champignon.

Quand une voie se bifurque, on fait passer le train sur l'une ou l'autre branche à volonté, au moyen d'un appareil qu'on appelle *changement de voie*. Si le changement de voie traverse une autre branche des mêmes rails, il devient une *traversée de voie*. Enfin, quand deux voies différentes se coupent, on a recours à un *croisement de voie* (fig. 147).

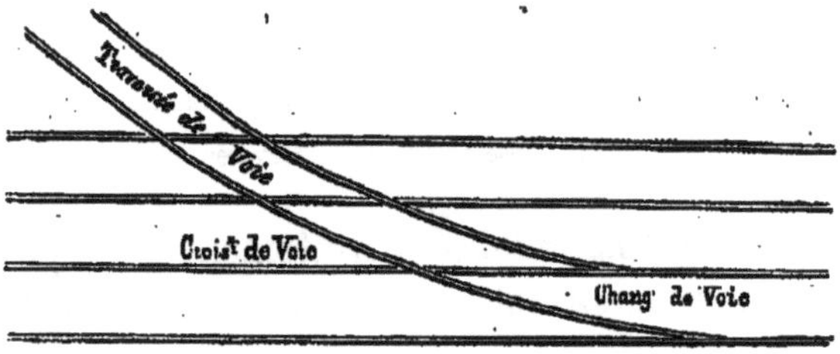

Fig. 147. Changement, croisement et traversée de voie.

Comme les roues, avec leurs rebords en saillie, ne sauraient sans danger monter sur les rails placés en travers de leur chemin, on est forcé d'interrompre les voies aux points de croisement; et pour éviter le déraillement des roues, on place vis-à-vis des interruptions, des contre-rails, ou tronçons de rails. Voici (fig. 148) le châssis d'un appareil de croisement de voie :

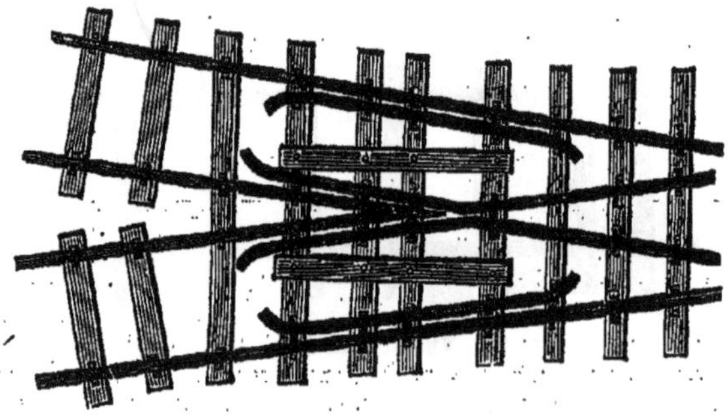

Fig. 148. Appareil de croisement de voie.

Dans le cas des changements de voie où il s'agit de faire prendre à un convoi, à volonté, l'une ou l'autre de plusieurs branches de bifurcation, on se sert d'un appareil plus compliqué, qu'on appelle *aiguilles* : ce sont des bouts de rails, taillés

16

en biseau, mobiles au moyen d'un levier, qui viennent s'appliquer par leurs extrémités contre les rails de la voie que l'on veut décharger, et qui font glisser les roues des wagons sur la voie nouvelle que le train doit suivre à partir du point de

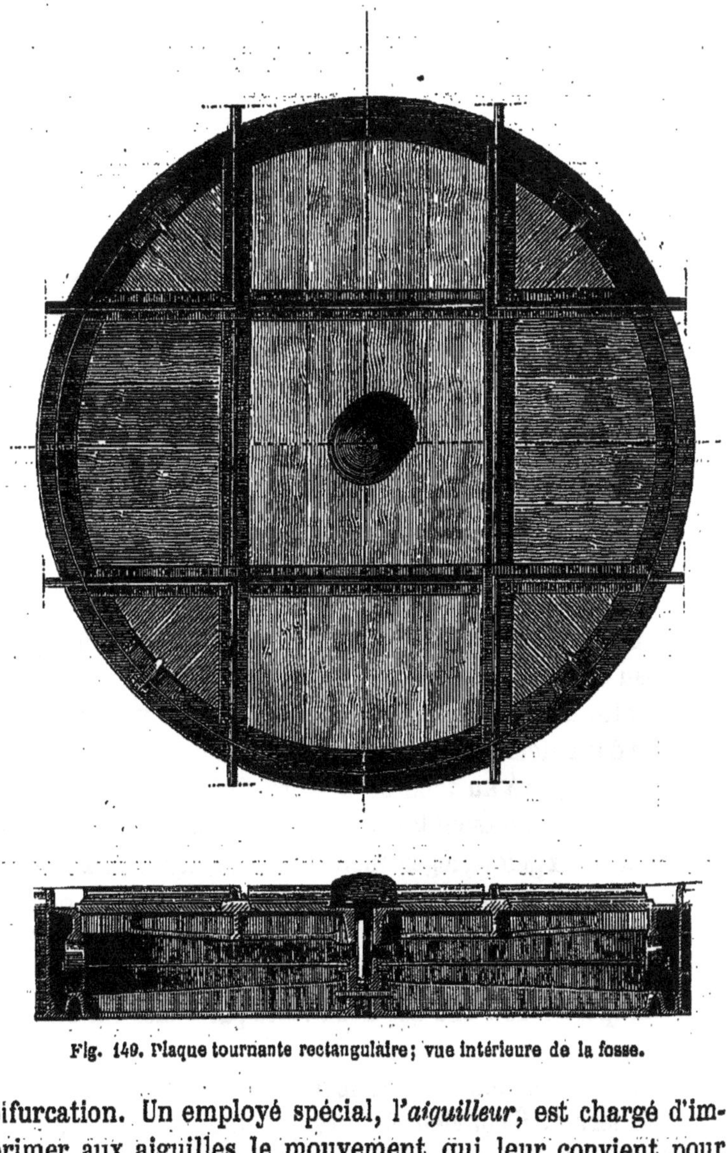

Fig. 149. Plaque tournante rectangulaire; vue intérieure de la fosse.

bifurcation. Un employé spécial, l'*aiguilleur*, est chargé d'imprimer aux aiguilles le mouvement qui leur convient pour faire passer le train d'une voie à l'autre.

Les *plaques tournantes* sont destinées également à opérer des changements de voie. Ce sont des disques mobiles qui reposent sur un pivot en fer et qui portent sur leur surface supérieure des portions de voie destinées à relier deux tronçons opposés. La figure 149 montre une plaque tournante rectangulaire permettant à la voiture qu'elle porte de passer d'une voie sur une autre qui la coupe à angle droit. La figure 150 représente une plaque à trois voies, ou hexagonale.

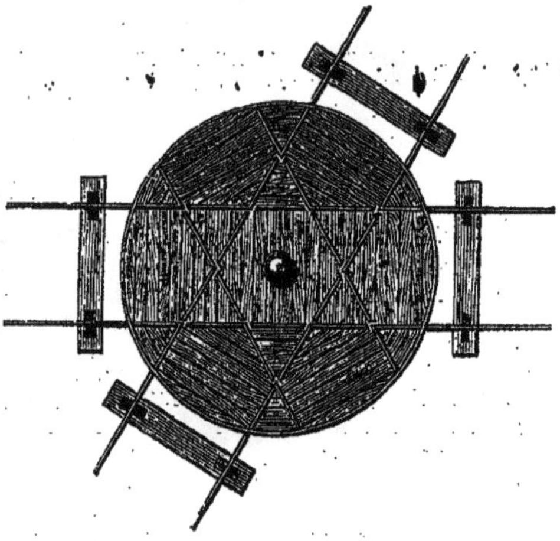

Fig. 150. Plaque tournante à trois voies.

Le mécanisme des plaques tournantes est fort simple. Le plateau supérieur, qui porte à sa circonférence un rail circulaire, pivote autour de son centre. Le rail circulaire repose lui-même sur des galets qui roulent entre lui et un autre rail circulaire inférieur, fixé au fond de la fosse. Ces rails s'appellent *cercles de roulement*; ils sont tournés avec le plus grand soin pour permettre aux galets, légèrement coniques, de rouler sans obstacle.

Comme les plaques tournantes sont très-chères, on les remplace quelquefois par des chariots qui circulent sur des voies transversales, et sur lesquels on hisse les voitures qu'il faut transporter de l'une des deux voies parallèles sur l'autre.

Après avoir expliqué le mécanisme des locomotives et de la voie ferrée, il convient de dire quelques mots des voitures qui servent au transport des voyageurs et des marchandises.

Une des parties les plus essentielles des voitures de chemins de fer sont les roues. Dans le matériel roulant des chemins de fer, les roues jumelles font corps avec l'essieu, qui tourne dans des colliers spéciaux. Ainsi, les deux roues de chaque côté du wagon sont solidaires : cela est nécessaire pour éviter que, l'une des roues étant arrêtée momentanément par un obstacle accidentel, l'autre ne continue à tourner, ce qui pourrait donner lieu à un déraillement.

Les wagons sont de formes très-variées. Les maisons roulantes qui sont destinées au transport des voyageurs offrent des différences proportionnées aux prix des places. La disposition des wagons des différentes classes est assez connue pour que nous nous dispensions d'en donner aucun dessin ; nous représenterons seulement, parce qu'ils sont dérobés habituel-

Fig. 151. Intérieur d'un wagon de poste.

lement à l'œil du voyageur, l'intérieur du *wagon de poste* (fig. 151) et celui du *wagon-écurie* (fig. 152).

Les voitures à moutons et à porcs ont deux étages et ne sont points divisées en stalles. Il y a aussi des wagons spéciaux pour le lait, pour la houille et le coke, et des *trucks* destinés au transport des voitures ordinaires, chaises de poste ou diligences. Les wagons qui transportent des pierres et du ballast pendant les travaux de terrassement ont une forme plus simple : ce

LAMBERT. S. GUIGUET. D.

Fig. 152. Intérieur d'un wagon-écurie.

sont des espèces de tombereaux qu'on peut décharger, sur la droite ou sur la gauche de la voie, par un simple mouvement de bascule.

Considérant maintenant le convoi en marche, traîné par l'infernal Pégase aux yeux de feu et à l'haleine embrasée, dont le mugissement lointain a inspiré tant de terreur aux paysans qui le voyaient arriver pour la première fois, demandons-nous par quel moyen on parvient à arrêter cette masse énorme, une fois mise en branle. On ne pourrait souger à arrêter subitement un train sur place, car le choc qui résulterait d'un arrêt instantané serait aussi terrible qu'une chute d'un quatrième étage. On ne peut donc qu'amortir progressivement la rapidité de la marche. Ce résultat est obtenu au moyen du *frein*, qui, sous l'action d'un levier manœuvré par l'employé nommé *garde-*

frein, presse des sabots de bois contre le pourtour des roues. La figure 153 montre de quelle manière le mouvement est transmis aux leviers coudés qui font agir les sabots. La tige horizontale dont on ne voit qu'une partie communique avec un bras de levier semblable à celui du premier frein, et ainsi de suite.

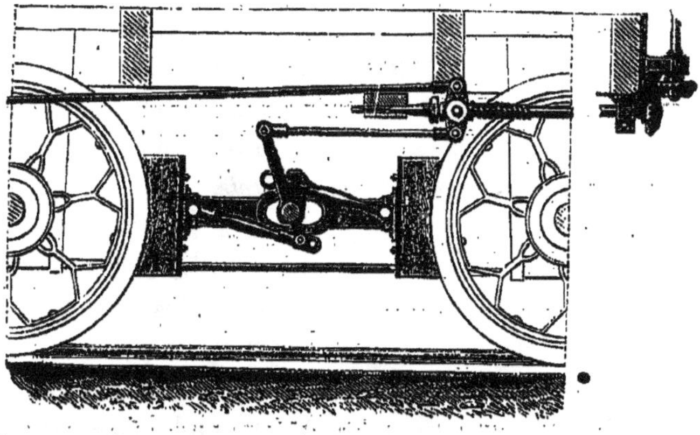

Fig. 153. Mécanisme d'un frein.

Quand il faut éviter un obstacle, le mécanicien siffle pour donner avis au *gardes-freins;* ceux-ci serrent aussitôt l'appareil; mais avant de s'arrêter, le convoi parcourt quelquefois encore un kilomètre, tant est grande l'impulsion à laquelle il obéit.

On est encore à désirer un système de freins dont l'action soit plus rapide. Heureusement, les accidents qui nécessitent l'arrêt d'un train sont devenus extrêmement rares, grâce au système de signaux qui permet d'avertir instantanément le mécanicien de tout ce qui se passe sur la voie. Il y a d'abord des signaux à main : un drapeau roulé indique une voie libre, un drapeau déployé signifie : ralentissement s'il est vert, arrêt s'il est rouge; la nuit, on emploie encore des lanternes de trois couleurs (blanc, vert, rouge). Il y a enfin les signaux fixes établis sur la voie, le télégraphe électrique, etc., pour avertir les employés. Mais l'énumération de tous les moyens qui servent à garantir la sécurité des chemins de fer, et qui se perfectionnent encore tous les jours, nous mènerait trop loin.

Au 1er janvier 1861, l'étendue totale des lignes exploitées sur notre globe était de 111 000 kilomètres, ou bien, à peu près, égale à trois fois le tour de la terre ; elles ont coûté ensemble 29 millards. Sur ce nombre, 52 500 kilomètres appartiennent à l'Europe (9278 à la France) et 54 400 à l'Amérique du Nord.

LOCOMOBILES.

On donne le nom de *locomobile* ou de *machine à vapeur locomobile* à une machine à vapeur que l'on peut transporter d'un point à un autre, pour y exécuter sur place différents travaux mécaniques. On l'a appliquée particulièrement jusqu'ici aux travaux réclamés par l'agriculture : c'est ce qui lui a fait donner le nom de *machine à vapeur agricole*.

La machine à vapeur destinée à accomplir les opérations mécaniques réclamées par l'agriculture, c'est-à-dire à battre les grains, à confectionner sur place les tuyaux de drainage, à exécuter les irrigations, à semer, et même à labourer les champs, nous est venue d'Amérique. La rareté des bras, le prix élevé du travail manuel, ont conduit les agriculteurs des États-Unis à remplacer dans beaucoup de cas, pour le travail de la terre, les bras des ouvriers par un appareil mécanique. La machine à vapeur étant le plus puissant et le plus économique de tout les moteurs actuels, les Américains ont été ainsi conduits à créer les premiers la *machine à vapeur agricole*.

L'Angleterre a adopté, après l'Amérique, la machine qui nous occupe, et ce pays n'a pas tardé à en tirer les résultats les plus avantageux sous le rapport de l'économie dans le travail agricole.

L'exposition universelle de Londres de 1851, qui présentait dix-huit appareils de ce genre, de modèles divers, fit connaître les locomobiles à l'Europe industrielle. La France n'a pas tardé à profiter de cet enseignement, et aujourd'hui, dans plusieurs de nos contrées, les locomobiles sont devenues un utile auxiliaire pour les travaux mécaniques qui s'exécutent dans les campagnes. Leur rôle se borne encore parmi nous au battage des grains et à la confection des tuyaux de drainage, mais il serait de l'intérêt bien entendu des propriétaires et des ouvriers eux-mêmes de voir leur usage prendre plus d'extension. On n'a pas à redouter que l'introduction des appareils mécaniques dans les travaux des champs ôte le travail aux ouvriers de chaque contrée, car il est bien établi par les résultats de l'expérience de toutes les nations, que l'emploi des machines dans les différentes industries, loin d'avoir diminué le nombre des ouvriers employés, a, au contraire, considérablement augmenté ce nombre et amélioré leur sort.

La locomobile étant une machine destinée à être mise en œuvre par des personnes peu expérimentées, à ne fonctionner que par intervalles, et à être par conséquent souvent démontée, devait nécessairement présenter très-peu de complication dans sa structure. On a donc extrêmement simplifié la machine à vapeur pour cette application spéciale. On l'a réduite à ses

Fig. 154. Locomobile.

éléments tout à fait indispensables, de telle sorte que la locomobile n'est, à proprement parler, qu'un rudiment de la machine à vapeur.

Dans une locomobile, la vapeur n'est jamais condensée, car

la machine est à haute pression. On se trouve ainsi débarrassé des organes lourds et encombrants qui servent, dans les machines à basse pression, à condenser la vapeur. Réduite ainsi à un faible poids, cette machine, montée sur des roues et pourvue d'un brancard auquel on attelle un cheval, peut être aisément transportée d'un point à un autre sur les routes étroites et accidentées qui traversent les propriétés rurales.

Comme on le voit par la figure 154, une locomobile est une machine à vapeur réduite à ses deux éléments essentiels : la chaudière et le cylindre. F est le foyer de la machine; G, le cendrier. La chaudière est tubulaire comme celle des locomotives, mais réduite à un petit nombre de tubes, ce qui permet néanmoins de produire une certaine quantité de vapeur avec une quantité d'eau médiocre. Le réservoir d'eau nécessaire à l'alimentation de la chaudière consiste simplement en un seau ou tonneau placé à terre, dans lequel la machine vient puiser l'eau à l'aide d'un tube R au fur et à mesure de ses besoins. C'est le mouvement de la machine elle-même qui règle la quantité d'eau qui s'introduit dans la chaudière.

L'appareil moteur, ou cylindre à vapeur A, est placé horizontalement au-dessus de la chaudière. Au moyen d'une tige T et d'une manivelle M, le piston de ce cylindre imprime un mouvement rotatoire à un arbre horizontal placé en travers de la locomobile; cet arbre fait tourner une large roue ou volant V qui s'y trouve fixé. Une courroie qui s'enroule autour de ce volant permet d'exécuter toute espèce de travail mécanique. On peut donc, en adaptant cette courroie à la machine qu'on veut faire travailler, battre les grains, manœuvrer des pompes, exécuter enfin toute action qui demande l'emploi d'un moteur. C'est le tuyau de la cheminée, que l'on a rendue mobile au moyen d'une charnière, pour que l'appareil occupe moins de place quand il est au repos.

L'ÉLECTRICITÉ

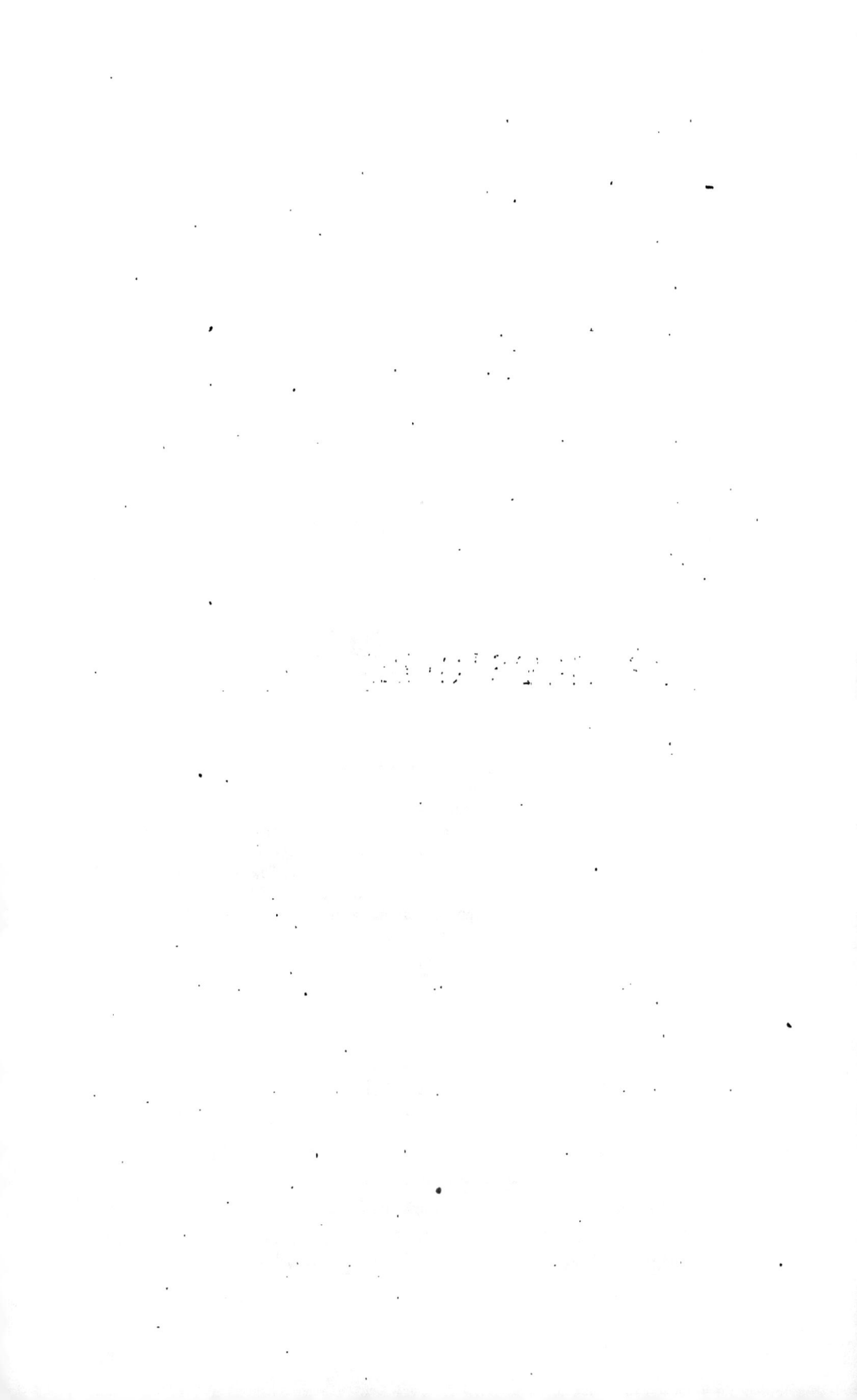

XVI

L'ÉLECTRICITÉ.

La science de l'électricité dans l'antiquité et au moyen âge. — Gilbert et Otto de Guericke. — Machine électrique d'Hauksbee. — Découverte du transport de l'électricité à distance. — Dufay. — Modifications successives de la machine électrique jusqu'à nos jours. — Machine électrique de Ramsden. — La bouteille de Leyde. — Vitesse de transport de l'électricité. — Construction définitive de la bouteille de Leyde. — Analyse physique de la bouteille de Leyde. — Découverte de l'électricité dynamique. — Travaux de Galvani. — Discussion entre Galvani et Volta. — Pile de Volta. — Décomposition de l'eau par la pile. — Suite des applications de la pile à la décomposition électrochimique des corps. — Travaux de Davy. — Découverte de la pile à auges. — Formes nouvelles données à la pile de Volta. — Théorie de la pile. — Ses effets. — Découverte de l'électro-magnétisme.

La science de l'électricité est entièrement moderne. Tout ce que les anciens nous ont transmis à ce sujet, c'est la connaissance de la propriété d'attraction pour les corps légers qui est propre à l'ambre jaune. Thalès, chez les Grecs, six cents ans avant Jésus-Christ, Pline, chez les Romains, au premier siècle de l'ère chrétienne, ne connaissaient rien de plus que ce fait vulgaire de l'attraction des corps légers par l'ambre et le jayet.

C'est que la philosophie des anciens détachait ses yeux des objets terrestres, pour s'envoler vers les choses idéales et les contemplations abstraites. Les anciens, qui ont poussé si loin les sciences morales et philosophiques, n'ont eu aucune notion rigoureuse sur les sciences physiques.

Approfondissant les mots au lieu d'approfondir les choses, la philosophie du moyen âge n'était pas mieux en mesure que l'antiquité de découvrir et de développer la partie de la science qui nous occupe. Il faut attendre jusqu'à la fin du seizième siècle pour voir naître l'étude de l'électricité, en même temps que la méthode expérimentale dans les sciences.

Guillaume Gilbert, de Colchester, médecin de la reine Élisabeth d'Angleterre, après avoir étudié le phénomène de l'attraction du fer par l'aimant, eut l'idée d'examiner le phénomène de l'attraction des corps légers par l'ambre, qui lui semblait avec juste raison un fait du même ordre. Pour se livrer à ces expériences, il plaçait une aiguille légère et pareille à celle de nos boussoles sur un pivot; comme la boussole, cette aiguille était excessivement mobile, la plus petite attraction électrique la faisait tourner.

Gilbert eut bientôt l'idée de s'assurer si d'autres corps que l'ambre et le jayet jouiraient de la propriété électrique. Il reconnut alors que le diamant, le saphir, le rubis, l'opale, l'améthyste, le cristal de roche, le verre, le soufre, la cire d'Espagne, la résine, etc., attiraient son aiguille après des frictions préalables. Gilbert fit encore d'autres essais, mais sans pouvoir en tirer de conclusion générale. Il lui manquait, en effet, un instrument pour faire des observations rigoureuses : il n'avait employé dans le cours de ses expériences qu'un tube de la matière susceptible de s'électriser, qu'il frottait avec un morceau de laine et qu'il approchait ensuite d'un corps léger disposé en forme d'aiguille et monté sur son pivot.

C'est un bourgmestre de la ville de Magdebourg, Otto de Guericke, qui, vers 1650, construisit la première machine électrique que les physiciens aient eue à leur disposition. Elle consistait en un globe de soufre qu'on faisait tourner rapidement d'une main avec une manivelle, et que l'on frottait, de l'autre main, avec une pièce de drap.

La figure suivante, empruntée au traité d'Otto de Guericke, *Experimenta nova Magdeburdica*, représente cette machine électrique rudimentaire.

Fig. 155. Première machine électrique, machine d'Otto de Guericke.

Un physicien anglais, Hauksbee, ayant remplacé le globe de soufre de la machine d'Otto de Guericke par un globe de verre qu'on frottait au moyen de la main, obtint une machine électrique plus puissante. Malheureusement pour la science, cet instrument ne fut pas adopté ; on en revint au tube de verre de Gilbert, qu'on frottait avec une étoffe de laine.

La figure 156, tirée de l'ouvrage d'Hauksbee, *Expériences physico-mécaniques*, fait voir la disposition de cette machine. A l'aide de deux roues de bois, on mettait en rotation un cylindre de verre en pressant la main sur le cylindre en rotation, pour l'électriser par ce frottement.

En 1729, Grey et Wehler, physiciens anglais, firent une découverte capitale : celle du transport de l'électricité le long de certains corps, qu'ils nommèrent *conducteurs*. Dans la suite de leurs belles expériences, ces deux physiciens furent amenés à diviser les corps en *corps conducteurs* et en *corps non conducteurs* de l'électricité. Grey et Wehler reconnurent que le verre, la résine, le soufre, le diamant, les huiles, etc., arrêtent le transport du fluide électrique, tandis que les métaux, les liqueurs acides ou alcalines, l'eau, le corps des animaux, etc., lui laissent un libre passage. Grey et Wehler avaient donc découvert

Fig. 156.

le transport de l'électricité à distance, et de plus divisé les corps de la nature en *électriques* et *non électriques*, c'est-à-dire en mauvais et en bons conducteurs. C'étaient deux premiers pas, et deux pas immenses, dans la science, alors si nouvelle, de l'électricité.

Jusque-là les faits observés dans l'étude expérimentale de l'électricité étaient assez nombreux, mais extrêmement confus. Il fallait les relier entre eux, les expliquer, en un mot créer la théorie de l'électricité. Dufay, naturaliste et physicien français, membre de l'Académie des sciences, et prédécesseur de Buffon dans l'intendance du Jardin des Plantes de Paris, eut le mérite de jeter les fondements de cette théorie. Le système d'explication des phénomènes électriques imaginé par Dufay a permis jusqu'à nos jours de se rendre compte de tous ces phénomènes d'une manière simple et commode.

Grey avait divisé les corps en *électrisables* et *non électrisables* par le frottement. Dufay prouva que tous les corps étaient électrisables à la condition d'être isolés, c'est-à-dire tenus avec un manche de résine ou de verre. Il fit voir aussi que les substances organiques ne doivent leur conductibilité qu'à l'eau qu'elles contiennent. Mais le vrai titre de gloire de Dufay consiste à avoir établi les deux principes théoriques suivants qu'il énonça en ces termes :

« 1° Les corps électrisés attirent tous ceux qui ne le sont pas, et les repoussent dès qu'ils sont devenus électriques par le voisinage ou par le contact d'un corps électrisé.

« 2° Il y a deux sortes d'électricité différentes l'une de l'autre : l'électricité *vitrée* et l'électricité *résineuse*. La première est celle du verre, des pierres précieuses, du poil des animaux, de la laine, etc.; la seconde est celle de l'ambre, de la soie, du fil, etc. Le caractère de ces deux électricités est de se repousser elles-mêmes et de s'attirer l'une l'autre. Ainsi, un corps animé de l'électricité vitrée, repousse tous les autres corps qui possèdent l'électricité vitrée et, au contraire, il attire tous ceux de l'électricité résineuse. Les résineux pareillement repoussent les résineux et attirent les vitrés [1]. »

Faisons remarquer que le dernier principe peut servir à reconnaître quelle espèce d'électricité possède un corps électrisé. En effet, étant donné un corps électrisé, on veut connaître la nature de l'électricité qu'il renferme, c'est-à-dire si c'est du fluide vitré ou du fluide résineux. Approchez de ce corps un fil de soie électrisé résineusement : si le fil est attiré, c'est que le corps est chargé d'électricité vitrée ; si le fil est repoussé, c'est que le corps est chargé d'électricité résineuse. C'est là le principe d'un appareil très-important qu'on nomme *électromètre*, et qui sert à la fois à déterminer la présence, la nature et l'intensité de très-faibles quantités de fluide électrique.

Le nom de Dufay devint populaire en France quand il eut montré que le corps humain peut fournir des étincelles électriques. Il s'était placé sur une petite plate-forme, soutenue par des cordons de soie propres à l'isoler, et il se faisait tou-

1. Les physiciens modernes se servent des mots *positive* et *négative* pour désigner l'électricité vitrée et l'électricité résineuse.

cher avec un gros tube de verre frotté, pour électriser son corps. Un jeune savant, dont le nom devint plus tard célèbre, l'abbé Nollet, qui lui servait d'aide, tirait de vives étincelles quand il approchait son doigt de la jambe de Dufay.

Nous avons dit plus haut que la machine électrique d'Hauksbee avait été rejetée par les expérimentateurs. En 1733, un physicien allemand, nommé Boze, construisit une machine qui n'était autre chose que celle d'Hauksbee, dans laquelle seulement un globe de verre remplaçait le globe de soufre. La machine de Boze se composait, en effet, d'un globe de verre creux, traversé par une tige de fer et qu'on faisait tourner à l'aide d'une manivelle, pendant qu'une main bien sèche, appuyant sur ce globe, y développait de l'électricité par le frottement. Un conducteur de fer-blanc sur lequel s'accumulait et se conservait le fluide, était porté par un homme monté sur un gâteau de résine.

Wolfius et Hausen modifièrent un peu la forme de cette machine, en la munissant de gros conducteurs isolés au moyen de cordons de soie suspendus au plafond ou portés sur des pieds de verre.

Bientôt après, Winckler, professeur de langues grecque et latine à l'université de Leipsick, substitua un coussin à la main de l'opérateur. Cette dernière modification ne fut pas d'abord généralement goûtée. Elle fut repoussée en France, surtout par l'abbé Nollet, qui construisit et fit adopter généralement la machine que représente la figure 157.

On voit que cette machine se compose d'un globe de verre A, que l'on fait tourner au moyen d'une roue B, portant dans une gorge ou rainure une corde enroulée sur l'axe du globe de soufre. Un aide présentait la main au globe en rotation ; par le frottement qui en résultait, l'électricité qui se formait demeurait accumulée sur le globe de soufre. Cette machine fut pendant longtemps en usage.

Vers l'année 1768, un opticien anglais, nommé Ramsden, substitua au globe de verre de la machine électrique de Nollet un plateau circulaire de la même substance. Le plateau frottait en tournant contre quatre coussins de peau rembourrés de crin ; l'électricité développée sur ce plateau de verre passait ensuite sur deux conducteurs isolés par des pieds de verre. En 1770, l'usage de cette machine était général.

Fig. 157. Machine électrique de l'abbé Nollet.

La figure suivante représente la machine électrique de l'opticien anglais, qui a servi de modèle à la machine actuellement usitée.

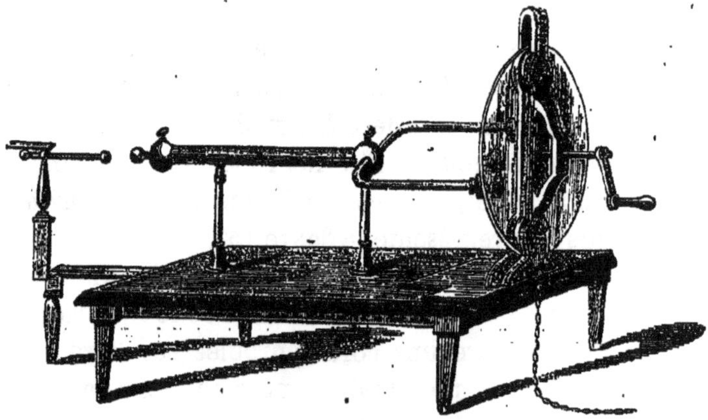

Fig. 158. Machine électrique de Ramsden.

En effet, la machine électrique généralement employée aujourd'hui est celle de Ramsden, modifiée en ce sens qu'elle a deux conducteurs au lieu d'un. La figure 159 représente cette machine. Voici comment il faut expliquer le développement de l'électricité dans cette machine, et le passage de ce fluide sur les conducteurs qui doivent la recueillir et la conserver.

L'électricité positive développée sur le plateau de verre *a b d d* par le frottement décompose *par influence* le fluide naturel des

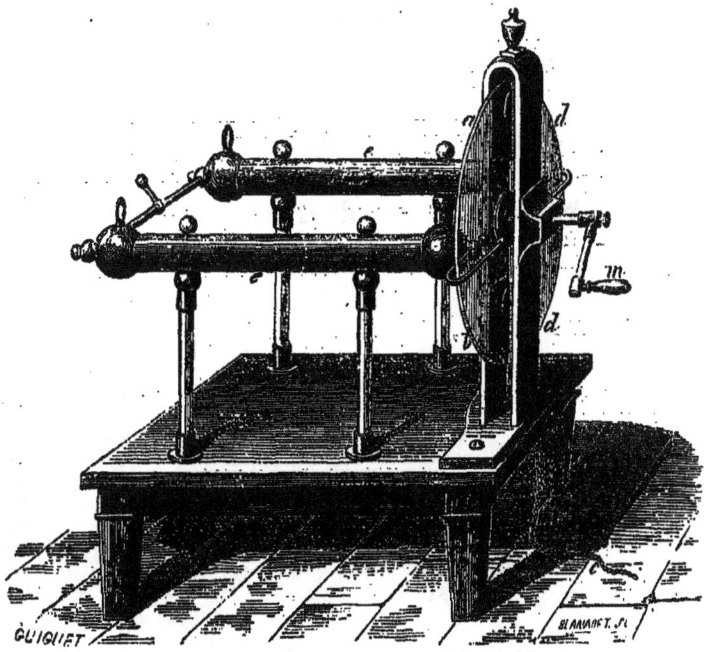

Fig. 159. Machine électrique moderne.

conducteurs *e*, *e*. L'extrémité de ces conducteurs est armée de pointes, par l'action desquelles le fluide naturel de ces conducteurs est décomposé, le fluide négatif passe, en franchissant l'intervalle d'air qui le sépare, sur le plateau, pour ramener à l'état naturel l'électricité positive répandue sur ce plateau, tandis que le fluide positif reste accumulé sur les mêmes conducteurs. Des tiges de verre supportent et isolent ces conducteurs.

Les corps électrisés exposés librement à l'air y perdent rapidement leur électricité, parce que l'air est bon conducteur du fluide électrique. Un physicien de Leyde, Musschenbroek, s'occupait un jour d'électriser de l'eau dans une fiole de verre, espérant qu'en raison de la mauvaise conductibilité du verre, l'eau recevrait une plus grande masse d'électricité et la conserverait plus longtemps. L'expérience ne présentant rien de particulier, un des opérateurs qui aidaient Musschenbroek voulut retirer la fiole : il la saisit d'une main, et approcha l'autre main du conducteur métallique qui amenait dans l'eau l'électricité de la machine. Quels ne furent pas sa surprise et son effroi de se sentir frappé d'un coup violent sur les bras et à la poitrine. Musschenbroek se crut mort, et il déclara qu'il ne s'exposerait pas à une nouvelle décharge semblable quand on lui offrirait la couronne de France.

La figure 160, qui accompagne un mémoire publié par l'abbé

Fig. 160. Expérience de Musschenbroek.

Nollet dans les *Mémoires de l'Académie des sciences de Paris*, montre très-clairement comment l'expérience fut exécutée, et comment le physicien de Leyde dut ressentir la commotion quand il mit l'intérieur du vase de verre électrisé en communication à travers son corps, avec le conducteur métallique électrisé.

A Paris, l'abbé Nollet répéta sur lui-même cette expérience, qui réussit si bien que la commotion lui fit tomber des mains le vase plein d'eau qu'il tenait. Il répéta la même expérience à Versailles, devant le roi et la cour. Il donna la commotion électrique à toute une compagnie de gardes françaises, composée de 240 hommes, qui se tenaient par la main, formant ce que l'on appela dès lors la *chaîne électrique*. La commotion se fit sentir au même instant à tous les soldats. Quelques jours après, l'abbé Nollet soumit à la même épreuve les religieux du

Fig. 161. L'abbé Nollet fait éprouver la commotion électrique à une compagnie de gardes françaises.

couvent des Chartreux. La commotion fut éprouvée simultanément de toutes les personnes qui composaient la chaîne.

Tout le monde s'étonnait de la rapidité prodigieuse avec laquelle le fluide électrique se transportait d'un point à un autre. On essaya de mesurer la vitesse de transport de ce fluide. En France, Lemonnier, membre de l'Académie des sciences à Paris, fit, dans cette vue, un grand nombre d'expériences. Dans l'une de ces expériences, une personne placée à l'extrémité d'un conducteur de 250 toises ressentait la commotion au moment précis où elle voyait briller l'étincelle à l'autre extrémité de ce long conducteur.

En Angleterre, la commotion se fit sentir au même instant à deux observateurs séparés par la Tamise, l'eau du fleuve formant une partie de la chaîne conductrice. On put même enflammer des liqueurs spiritueuses à l'aide d'un courant électrique traversant le fleuve. On s'assura encore que la vitesse du passage du fluide électrique, dans un fil qui avait 12 276 pieds de longueur, était instantanée.

Ces belles expériences excitèrent l'enthousiasme de tous les physiciens de l'Europe et les conduisirent à entreprendre de nouvelles recherches. En France, Nollet modifie de plusieurs façons la fameuse expérience de Leyde. Il montre que la forme de l'appareil n'entre pour rien dans le résultat. Musschenbroek reconnaît ensuite que l'expérience échoue quand les parois extérieures de la bouteille sont humides. Watson, en Angleterre, prouve que le choc est plus violent quand le verre est plus mince, et que la force de la décharge augmente proportionnellement avec l'étendue de la surface du verre; son intensité étant indépendante de la force de la machine électrique qui la provoque.

Un autre physicien anglais, Bévis, pensant que l'eau contenue dans la bouteille et la main qui la tenait, jouaient seulement le rôle de conducteurs, substitua à l'eau de la grenaille de plomb. Une feuille d'étain enveloppant la bouteille jusqu'à une certaine hauteur, remplaça dès lors la main. On put ainsi placer la bouteille sur un support en bois sans que l'on eût besoin d'une personne pour la tenir.

Fig. 162.

C'est par cette série de découvertes successives, et quand on eut substitué des feuilles d'or à la grenaille de plomb, que la bouteille de Leyde reçut la forme qu'on lui donne aujourd'hui, et que représente la figure 162. A est l'armature extérieure de la bouteille que l'expérimentateur tient dans la main; C, le crochet par lequel la bouteille est suspendue au conducteur d'une machine électrique.

Tous les physiciens de l'Europe étaient restés impuissants à donner l'explication théorique de l'expérience de Leyde. C'est à l'illustre Franklin, philosophe et savant américain, que la science doit l'analyse des effets de cet instrument. Voici comment on se rend compte du phénomène depuis les travaux de Franklin.

Quand on met la bouteille de Leyde en communication

avec le conducteur d'une machine électrique, fournissant par exemple du fluide positif, ce fluide passe dans les feuilles d'or ou, comme on dit, dans la *garniture intérieure* de la bouteille. Là, il agit par influence, au travers du verre, sur la lame d'étain qui l'enveloppe à l'extérieur, et il décompose son fluide neutre. Le fluide positif, repoussé, s'écoule dans le sol. Le fluide négatif, au contraire, est attiré; mais le verre de la bouteille étant mauvais conducteur, l'arrête et ne lui permet pas d'aller former du fluide neutre avec le fluide positif qui existe à l'intérieur de la bouteille. C'est ainsi qu'une masse considérable d'électricité s'accumule entre les deux garnitures, la garniture extérieure empruntant au sol avec lequel elle communique, autant d'électricité que la garniture intérieure de la bouteille peut en accumuler. Si maintenant on fait communiquer les deux garnitures au moyen d'un arc métallique pourvu d'un manche isolant, les deux électricités se précipitent au-devant l'une de l'autre et se combinent en formant une brillante étincelle. Si l'on réunit les deux garnitures avec les mains, l'opérateur reçoit une vive secousse, parce que la recomposition des fluides se fait à l'intérieur même de son corps en provoquant un ébranlement physique considérable.

Dans tout ce qui précède, il n'a encore été question que de l'électricité dite *statique*, c'est-à-dire en repos; il nous reste maintenant à parler d'un état nouveau de l'électricité, l'état *dynamique*, c'est-à-dire l'électricité en mouvement. Jusqu'à la fin du dernier siècle, les physiciens n'ont connu que l'électricité obtenue par les machines à frottement, ou, comme on dit, l'*électricité statique*. En 1791, Aloysius Galvani, professeur d'anatomie à Bologne, publia un travail résultant de onze années d'expériences, et dans lequel était révélée l'existence de l'électricité sous la forme de courant continu. L'électricité en mouvement ou l'électricité *dynamique* fut ainsi révélée aux hommes pour la première fois. C'était une branche de la physique, entièrement nouvelle et qui devait être féconde en applications merveilleuses. Donnons une idée des travaux de Galvani.

Un soir de l'année 1780, Galvani posa par hasard sur la tablette de bois qui servait de support à la machine électrique de son laboratoire, une grenouille, dont on avait séparé, d'un coup de ciseau, les membres inférieurs, en conservant les deux nerfs de la cuisse qui maintenaient ces membres appendus au tronc. Galvani reconnut qu'en approchant la pointe de son scalpel tantôt de l'un, tantôt de l'autre des nerfs de la

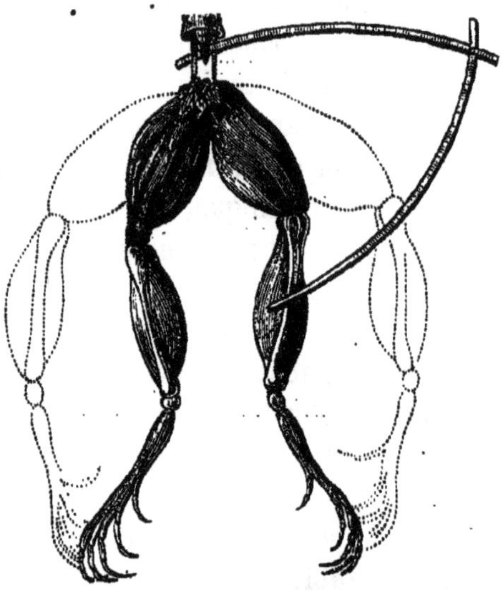

Fig. 163. Expérience de la patte de grenouille électrisée.

grenouille, au moment même où l'on tirait une étincelle de la machine, des contractions violentes se manifestaient dans les muscles de l'animal.

Que se passait-il donc? Quelle était la cause du phénomène qui émerveillait Galvani et ses amis? Le corps de la grenouille, placé dans le voisinage de la machine électrique, s'électrisait par influence; quand on enlevait tout à coup l'électricité répandue sur le conducteur, en tirant une étincelle, l'influence cessant, le fluide neutre se reformait tout à coup dans le corps de l'animal et déterminait les contractions énergiques que l'on observait.

Galvani se rendit fort bien compte, par l'explication même que nous venons de donner, du curieux phénomène qu'il venait de provoquer chez la grenouille. Mais cette explication du fait ne l'arrêta pas dans ses recherches. Poursuivant son étude de l'action du fluide électrique sur les corps vivants, il expérimenta pendant six années consécutives pour observer la manière dont la décharge de la machine électrique provoque chez les animaux des contractions musculaires. Le hasard le conduisit enfin à son observation fondamentale, à celle qui devint le germe de la découverte de la pile de Volta.

Le 20 septembre 1786, Galvani voulant étudier l'influence de l'électricité atmosphérique sur les contractions musculaires de la grenouille, passa un crochet de cuivre au travers de la moelle épinière d'une grenouille préparée comme nous l'avons dit plus haut, et suspendit l'animal par ce crochet, à la balustrade de fer de la terrasse de sa maison. Il n'observa rien de toute la journée; mais vers le soir, ennuyé de l'insuccès de cette expérience, il frotta vivement le crochet de cuivre contre le fer de la balustrade, pour rendre plus complet le contact des deux métaux. Il vit aussitôt les membres de l'animal se contracter, et ces mouvements se répétaient chaque fois que l'anneau de cuivre venait à toucher le fer du balcon de la terrasse. Cependant les instruments de physique n'indiquaient pas dans l'air la présence de l'électricité. La contraction était donc indépendante des causes extérieures : elle était propre à l'animal. Il y avait donc une électricité animale comme Galvani l'avait toujours soupçonné.

Galvani répéta cette expérience dans son laboratoire. Il plaça sur un plateau de fer une grenouille nouvellement préparée, et passa un petit crochet de cuivre à travers la masse des muscles lombaires et des faisceaux nerveux de la moelle épinière. A chaque contact du cuivre et du fer, les contractions se produisaient. Ainsi, un arc métallique en contact par l'une de ses extrémités avec les muscles de la grenouille, et par l'autre avec ses nerfs, excite des contractions violentes.

Galvani crut pouvoir poser en principe que le muscle d'un animal est *une bouteille de Leyde organique*, que le nerf joue le rôle d'un simple conducteur, que l'électricité positive circule de l'intérieur du muscle au nerf et du nerf au muscle, à travers l'arc excitateur. Des observateurs contemporains ont reconnu l'existence d'un courant propre dans les animaux, et le courant d'électricité indiqué par Galvani dans les muscles et les nerfs des animaux a été ainsi pleinement confirmé.

Presque tous les physiologistes et un grand nombre de physiciens adoptèrent les idées de Galvani : mais elles trouvèrent un adversaire redoutable dans un physicien d'Italie, déjà connu dans la science, et qui allait promptement devenir célèbre, Alexandre Volta.

Prenant le contre-pied de la théorie de Galvani, Volta plaça

Fig. 164. Volta.

dans les métaux l'origine de l'électricité que Galvani avait placée dans le corps de l'animal. « Quand l'arc métallique qui unit les muscles lombaires aux nerfs cruraux est formé de deux métaux, disait Volta, c'est le contact de ces deux métaux qui dégage de l'électricité, et celle-ci, passant dans les organes de la grenouille, y provoque des contractions. Quand l'arc excitateur est formé d'un seul métal, c'est la différente nature des humeurs qui mouillent les muscles et les nerfs qui engendre de l'électricité. »

Galvani défendit pendant six ans sa théorie contre les objections incessantes de Volta. Il y avait alors deux camps opposés dans la science européenne : les *galvanistes* et les *voltaïstes*.

Un savant italien, Fabroni, qui n'appartenait ni à l'un ni à l'autre des deux camps, attribua tous les effets observés à une action chimique exercée par les liquides du corps de l'animal sur le métal qui forme l'arc excitateur. Mais sa théorie passa inaperçue dans le choc des deux partis.

Cette division et la lutte des deux doctrines continuèrent parmi les physiciens de l'Europe jusqu'en 1799. A cette époque, Volta, pour ainsi dire, foudroya ses adversaires par la découverte de l'appareil qui porte son nom.

Volta avait remarqué que deux disques de zinc et d'argent isolés par une tige de verre, mis en contact, puis séparés, se chargeaient d'une quantité d'électricité faible, mais appréciable. C'est en rassemblant plusieurs couples de ces disques métalliques que Volta construisit l'admirable instrument qui reçut le nom de *pile électrique*.

« L'appareil dont je vous parle, écrivait Volta le 20 mars 1800 au président de la *Société royale de Londres*, n'est qu'un assemblage de bons conducteurs de différentes espèces arrangés d'une certaine manière. Vingt, quarante, soixante pièces de cuivre, ou mieux d'argent, appliquées chacune à une pièce d'étain ou, ce qui est beaucoup mieux, de zinc, et un nombre égal de couches d'eau, ou d'eau salée, de lessive, etc., ou des morceaux de carton bien imbibés de ces humeurs : de telles couches interposées à chaque couple ou combinaison des deux métaux différents ; une telle suite alternative et toujours dans le même ordre de ces trois espèces de conducteurs, voilà tout ce qui constitue mon nouvel instrument. »

La figure suivante représente l'appareil producteur du courant électrique tel qu'il fut construit par Volta et employé par les physiciens dans les premières années de notre siècle. On voit, à part, les disques *c*, *z* et *h*, de cuivre, de zinc et de drap mouillé qui constituent un élément, ou *couple*. L'assemblage de ces couples superposés en *pile* forme l'appareil qui reçut, pour cette raison, le nom de *pile de Volta*. L'électricité dégagée par la réunion de tous ces éléments s'accumule aux deux extrémités de l'appareil, qui portent le nom de *pôles*. L'électricité positive se réunit au pôle zinc terminé par le fil conducteur *p*; l'électricité négative au pôle cuivre terminé par le fil conducteur *n*.

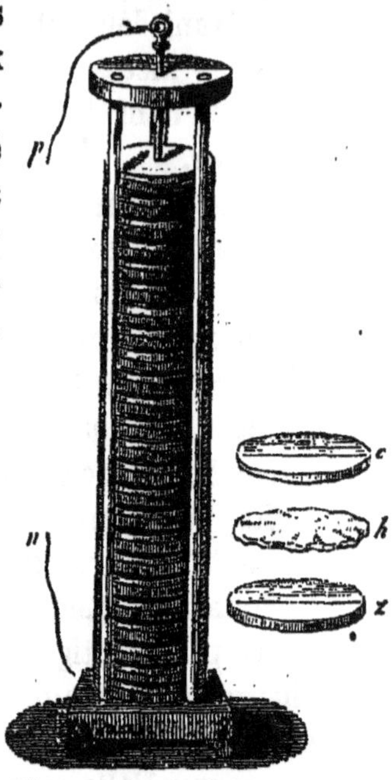

Fig. 165. Pile à colonne construite par Volta en 1800.

Nicholson et Carlisle, expérimentateurs anglais, ont les premiers montré, par une découverte des plus brillantes, le rôle important que la pile de Volta était appelée à jouer dans la chimie. Nicholson et Carlisle réalisèrent, le 2 mai 1800, l'expérience capitale qui servit de point de départ à toutes les applications chimiques de la pile, c'est-à-dire la décomposition de l'eau.

Ayant pris un tube de verre rempli d'eau et fermé par des bouchons de liége, Nicholson et Carlisle firent passer à travers chacun des bouchons un fil de cuivre rouge. Après avoir placé le tube verticalement, le fil de cuivre inférieur fut mis en communication avec le disque d'argent qui formait la base (pôle) d'une petite pile à colonne, et le fil supérieur avec le disque de zinc du sommet. Alors ils approchèrent à une petite distance l'une de l'autre les deux extrémités des fils. « Aussitôt, dit Nicholson, une longue traînée de bulles excessivement fines s'éleva de la pointe du fil de cuivre inférieur, tandis que la pointe du fil de cuivre opposé devenait terne, puis jaune orangé, puis noire. »

L'eau avait été décomposée en ses deux éléments : le gaz hydrogène, qui s'était dégagé en bulles au fil négatif, et l'oxygène, qui s'était porté sur le fil supérieur attaché au pôle positif et l'avait oxydé. Nicholson substitua bientôt aux fils de cuivre des fils de platine ou d'or : ces métaux n'étant pas oxydables, on put recueillir le gaz oxygène à l'état de liberté.

On démontre aujourd'hui la composition de l'eau au moyen de l'appareil de Nicholson légèrement modifié. On prend un verre à pied (fig. 166) contenant de l'eau, et dont le fond renferme une masse de cire traversée par deux fils de platine *f*, *f'*. L'extrémité de ces fils s'engage dans deux étroites cloches de verre graduées et pleines d'eau ; on les met en rapport avec les pôles d'une pile. L'eau se décompose, et l'on recueille dans une des cloches deux volumes de gaz hydrogène, tandis qu'un volume de gaz oxygène seulement s'est réuni dans l'autre cloche.

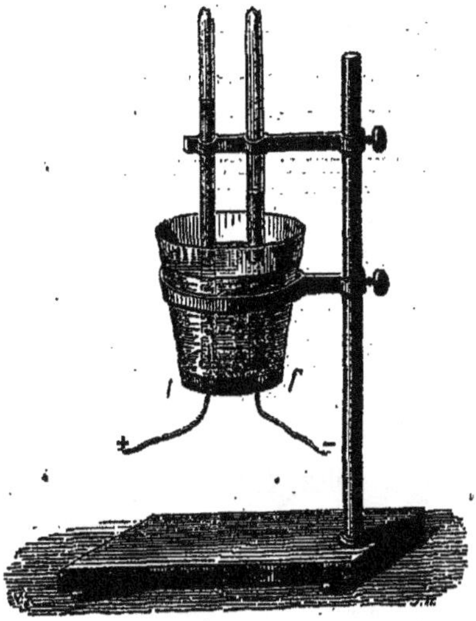

Fig. 166.

Les expériences de Nicholson furent reproduites partout en Angleterre, en France et en Allemagne. A la même époque, William Cruikshank démontrait que le courant voltaïque qui décompose l'eau, peut aussi décomposer les oxydes métalliques eux-mêmes dans les sels dont ces composés font partie, en sorte que quelquefois le métal se dépose en petits cristaux sur le pôle négatif.

Appliquée à la chimie, la pile devait enrichir cette science de faits nouveaux et perfectionner d'une manière inattendue ses procédés d'expérimentation. L'illustre chimiste anglais Humphry Davy fit un faisceau de tous les faits épars sur l'action chimique de la pile, et par ses travaux et son génie leur donna l'unité qui leur manquait.

Davy montra que tous les corps composés peuvent se séparer en leurs éléments sous l'influence de la pile. Il découvrit la véritable nature des *terres*, c'est-à-dire de la chaux, de la baryte, de la magnésie, et celle des alcalis, c'est-à-dire de la potasse et de la soude. Il sépara ces divers corps en deux éléments : un métal et de l'oxygène. A l'aide d'un appareil très-puissant, c'est-à-dire composé de six cents couples voltaïques qu'il devait à une souscription nationale, Davy reconnut que, si l'on termine les deux fils conducteurs de la pile par deux pointes de charbon et que l'on approche ces charbons à une petite distance l'un de l'autre, on voit jaillir entre eux une étincelle resplendissante d'éclat. En éloignant peu à peu les charbons l'un de l'autre, le jet de lumière formait un arc lumineux de trois à quatre pouces de longueur et dont l'éclat était comparable à celui de la lumière solaire. Ce phénomène lumineux est purement physique ; l'oxygène de l'air n'y a point de part, car l'expérience réussit aussi bien dans le vide que dans l'air. Ces remarquables effets sont le résultat de la chaleur développée par le courant de la pile. De nos jours, cet arc lumineux a été appliqué à l'éclairage, comme nous le verrons dans le chapitre spécial de l'*éclairage*.

Avec la *pile à colonnes* due à Volta, il était impossible d'obtenir des effets proportionnés au nombre des couples. La pression des disques supérieurs sur les rondelles de drap de la partie inférieure de la colonne en faisait écouler le liquide, et diminuait ainsi l'action chimique exercée entre le zinc et le liquide acide imprégnant les rondelles de drap. Les physiciens songèrent donc à modifier l'instrument de Volta. En 1802, Cruikshank le fit très-heureusement, en rendant cette pile horizontale. Il remplaça les couples circulaires par des plaques rectangulaires de cuivre et de zinc placées en contact l'une avec l'autre, scellées au fond d'une boîte de manière à former de petites auges, dans lesquelles on plaça le liquide. Ce fut la pile dite à *auges* que représente la fig. 167. Au moyen d'instruments de ce genre, on put brûler des fils de fer et de platine, des tiges de plomb, d'argent, etc., produire enfin divers effets physiques et chimiques très-intenses.

On vient de voir que la *pile à colonne* dont Volta avait fait usage fut bientôt remplacée par la *pile à auges* construite, en 1802, par Cruikshank. Cette forme de la pile demeura pendant très-longtemps en usage dans les laboratoires, et c'est avec la pile à auges qu'ont été accomplies les découvertes les plus remarquables qui aient signalé la branche importante de la science qui nous occupe. Mais cette forme de la pile présentait divers inconvénients; elle fut d'abord remplacée par la *pile de*

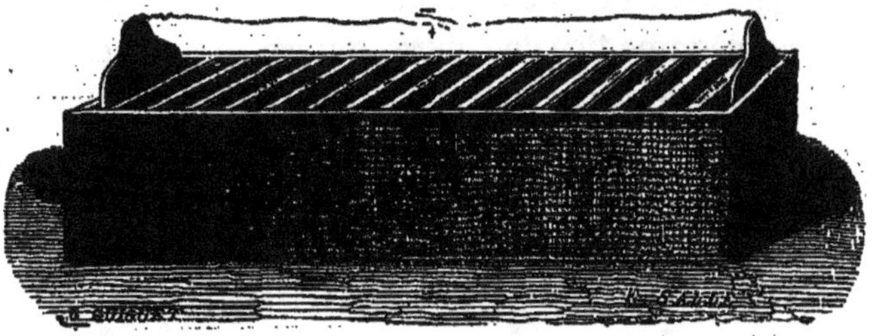

Fig. 167. Pile à auges.

Wollaston, qui rendit de grands services pour certains cas déterminés.

En 1836 et 1839, les physiciens anglais Daniell et Grove firent subir à l'instrument producteur de l'électricité de nouvelles et profondes modifications. Nous ne décrirons pas ici les appareils construits par ces savants. Nous parlerons seulement de la *pile de Bunsen*, qui est très-énergique, et qui est aujourd'hui presque exclusivement employée dans les ateliers pour la dorure, l'argenture, ou le cuivrage des métaux, et dans les laboratoires de physique.

Composition de la pile de Bunsen. — Chaque couple de la pile de Bunsen se compose de quatre pièces qui rentrent les unes

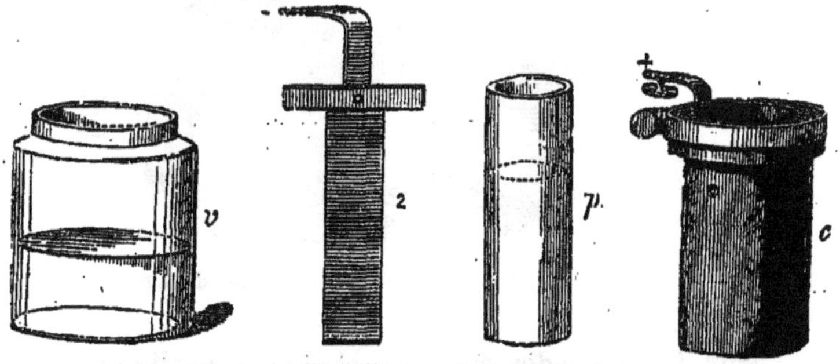

Fig. 168. Composition d'un couple de la pile de Bunsen.

dans les autres. Ces pièces sont (fig. 168): 1° un vase de faïence ou de verre *v* contenant de l'eau étendue de dix fois son poids d'acide sulfurique; 2° une lame de zinc *z* munie d'une tige de cuivre qui doit servir de conducteur pour le fluide négatif; 3° un vase de terre perméable *p* qui peut se laisser traverser par les gaz, et contient de l'acide azotique; 4° un cylindre de charbon *c* muni en haut d'un anneau de cuivre sur lequel est soudée une tige de cuivre, qui est le conducteur du fluide positif. Ces pièces sont placées les unes dans les autres, comme le montre la figure 169, qui représente d'une part la coupe et

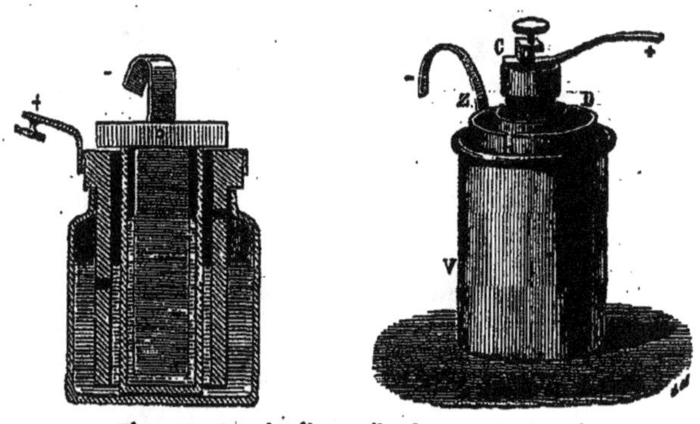

Fig. 169. Couple d'une pile de Bunsen monté.

l'élévation d'un élément de la pile de Bunsen, et d'autre part l'appareil monté et prêt à agir.

Dès que le zinc et le charbon communiquent par un conduc-

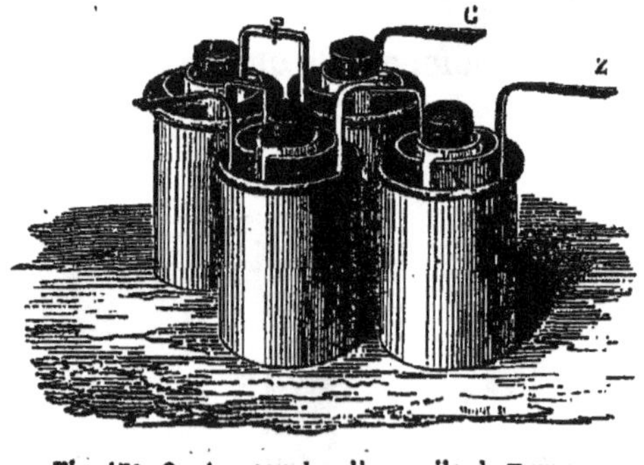

Fig. 170. Quatre couples d'une pile de Bunsen.

teur, le couple devient actif, et si l'on réunit entre eux un certain nombre de ces éléments, on obtient la *pile de Bunsen*.

La *pile de Bunsen* se compose donc de la réunion d'un certain nombre de couples qu'on fait communiquer l'un avec l'autre, en mettant en rapport la lame métallique fixée au cylindre de zinc avec la lame de cuivre du cylindre de charbon.

La figure 170 représente une pile de Bunsen formée de quatre éléments ou couples. Le pôle positif de cette pile se trouve au dernier cylindre du charbon C, et le pôle négatif au dernier cylindre de zinc Z.

La figure suivante montre une *batterie* prête à produire différents effets.

Fig. 171. Batteries de couples d'une pile de Bunsen.

Théorie de la pile de Volta. — Donnons maintenant quelques idées générales sur la théorie scientifique qui sert à expliquer les effets de la pile voltaïque.

L'idée théorique du développement de l'électricité par le contact, c'est-à-dire la théorie de Volta, a été reconnue inexacte. La théorie qui admet, au contraire, que le développement de l'électricité par la pile est le résultat de l'action chimique qui s'exerce entre les acides et les métaux de la pile, est admise aujourd'hui presque sans contestation. On explique très-bien l'électricité produite par cet appareil par la seule considération des actions chimiques, c'est-à-dire en invoquant l'électricité qui prend naissance toutes les fois que s'accomplit une réaction chimique quelconque.

Voici comment on explique le dégagement de l'électricité dans l'appareil qui est aujourd'hui exclusivement en usage dans l'industrie comme moyen de produire l'électricité, c'est-à-dire dans la pile de Bunsen.

Quand l'instrument est mis en action, c'est-à-dire quand on charge les couples en plaçant l'acide sulfurique dans le vase extérieur, l'acide azotique dans le vase intérieur, et dès que les fils conducteurs sont mis en contact de manière à donner l'écoulement au courant électrique qui va se produire, voici la réaction chimique qui se passe et qui a pour résultat de produire une masse considérable d'électricité qui prend alors la forme de courant.

L'acide sulfurique étendu d'eau, qui remplit le vase extérieur V, attaque la lame de zinc Z qui plonge dans ce liquide; sous l'influence de l'acide sulfurique, l'eau est décomposée en ses éléments, savoir l'hydrogène et l'oxygène : l'oxygène, se portant sur le zinc, forme de l'oxyde de zinc qui, se combinant avec l'acide sulfurique, produit du sulfate de zinc, sel soluble dans l'eau et qui demeure dissous dans l'eau du vase V. Cette première réaction, c'est-à-dire la décomposition de l'eau, produit un grand dégagement d'électricité, puisque toute réaction chimique s'accompagne nécessairement d'un dégagement d'électricité. De là une première source d'électricité dans l'instrument que nous considérons.

Fig. 172.

Mais il y a, dans le même appareil, une seconde source d'électricité qui vient s'ajouter à la première. Le gaz hydrogène provenant de la décomposition de l'eau par le zinc ne se dégage pas purement et simplement à l'extérieur; le vase intérieur D, qui est fait en porcelaine non vernie, est perméable aux gaz; il peut donner passage, à travers la porosité de sa substance, au gaz hydrogène qui s'est formé dans le vase extérieur V. Le gaz hydrogène passe donc à travers l'épaisseur du vase D, et, parvenu à l'intérieur de ce vase, il se trouve en contact avec l'acide azotique qui le remplit. Il s'établit alors une action chimique entre le gaz hydrogène et l'acide azotique : l'hydrogène se combinant à une partie de l'oxygène de l'acide azotique, forme de l'eau et ramène l'acide azotique à l'état d'acide hypo-azotique ou de bioxyde d'azote. Cette nouvelle action chimique entre l'hydrogène et l'acide azotique a pour résultat nécessaire de produire un nouveau développement d'électricité, qui prend la forme de courant, et s'ajoute à l'électricité déjà produite par la première réaction qui s'est exercée entre l'acide sulfurique et le zinc dans le compartiment extérieur. Les deux courants électriques provenant de cette réaction ne s'annulent pas réciproquement, mais ajoutent leurs effets, parce qu'ils marchent dans le même sens, c'est-à-dire vont du vase intérieur au vase extérieur, à travers les liquides et la cloison poreuse. Le bloc de charbon C, substance inattaquable par l'acide azotique et très-conductrice de l'électricité, reçoit l'électricité positive, qui s'écoule par le fil métallique fixé sur cet élément; le zinc Z reçoit l'électricité négative et lui donne l'écoulement par le fil métallique soudé à la lame de zinc et qui représente le pôle négatif.

Quand on réunit entre eux, au moyen d'un fil métallique conducteur, le pôle négatif et le pôle positif de l'instrument, la pile entre en action, et il se forme un courant électrique continu, parce que les deux électricités positive et négative qui viennent se neutraliser et se détruire mutuellement au point de jonction des deux conducteurs interpolaires, se reforment sans cesse et constituent ainsi ce que l'on nomme *un courant électrique.*

Effets de la pile de Volta. — L'instrument découvert par Volta est un des plus merveilleux qui soient sortis des mains des hommes, en raison de la diversité et du nombre des effets auxquels il donne naissance. On peut les diviser en trois catégories : 1° *effets physiques*, 2° *effets chimiques*, 3° *effets physiologiques*.

Si l'on réunit les deux pôles d'une pile en activité par un fil de métal de faibles dimensions, ce fil s'échauffe, rougit, fond et disparaît. Aucune matière ne peut résister à la puissante action calorifique de la pile de Volta : les métaux les plus infusibles entrent en fusion et même se volatilisent quand on les place, sous la forme de fils fins entre les deux pôles.

Cet instrument, qui est une source de chaleur, est aussi une source de lumière. Si l'on termine les deux conducteurs d'une pile puissante par deux pointes de charbon, et qu'on les tienne éloignés seulement de quelques centimètres, on obtient une lumière d'un éclat prodigieux.

Comme nous le verrons plus loin (*Électro-magnétisme*, page 309), la pile peut aussi devenir un instrument mécanique, c'est-à-dire servir à transformer les barres de fer en puissants aimants qui attirent des masses de fer d'un poids considérable, et produisent ainsi un véritable effet mécanique.

Production de chaleur et de lumière, force mécanique, tels sont donc les effets physiques principaux de cet instrument.

La pile de Volta est encore un agent extrêmement puissant de décompositions chimiques. Plongez dans la dissolution d'un sel, dans une dissolution de sulfate de soude, par exemple, les deux pôles d'une pile, et vous verrez les deux éléments du sel se séparer sous l'influence décomposante de l'électricité : l'acide sulfurique libre apparaîtra au pôle positif, et la soude, c'est-à-dire la base du sel, se portera au pôle négatif. Souvent même, la base de ce sel sera décomposée à son tour, et elle se réduira en ses deux éléments, oxygène et métal. Faites plonger dans une dissolution de sulfate de cuivre les deux pôles d'une pile en activité, l'acide sulfurique sera mis en liberté et se portera au pôle positif, et l'oxyde de cuivre qui s'est porté au pôle négatif sera décomposé lui-même en ses deux éléments, le cuivre et l'oxygène. L'oxygène se dégagera à l'état de gaz au pôle positif avec l'acide sulfurique et le métal, le cuivre se déposera au pôle négatif. C'est sur ce fait, comme nous le verrons plus loin, que reposent les opérations de la *galvanoplastie*.

La pile est donc, au point de vue de ses effets chimiques, un agent puissant de décomposition, puisque aucune substance composée ne peut résister à son action.

Quant à ses effets physiologiques, ils consistent dans les commotions que le courant de la pile fait éprouver aux divers organes des animaux[1].

1. En 1793, Larrey, Dupuytren, Richerand et autres chirurgiens excitèrent des contractions musculaires sur des membres nouvellement amputés, à l'aide d'armatures composées de deux métaux superposés. Aldini, neveu de Galvani, poursuivit les mêmes expériences; avec une pile à colonnes d'une centaine de

Chaleur, lumière, force mécanique, décompositions chimiques, action puissante sur les organes des êtres vivants, tels sont donc les effets que produit la pile de Volta, et qui en font un instrument véritablement universel par la variété de ses attributs.

En 1820, Œrsted, physicien danois, découvrit un fait remarquable, qui devint la source d'une nouvelle branche de la physique, l'*électro-magnétisme*. En réunissant par un fil métallique les deux pôles d'une pile, et approchant ce fil d'une aiguille aimantée, comme le montre la figure 173, Œrsted reconnut que l'aiguille était écartée de sa direction primitive. L'électricité en mouvement agissait donc sur les corps magnétiques. La science allait dès lors marcher rapidement à des conquêtes nouvelles, car l'électro-magnétisme devint l'origine de la découverte d'une foule de faits qui ont considérablement étendu le cercle de nos connaissances dans l'électricité, et qui ont reçu de nos jours les applications aussi précieuses que variées.

couples, il provoqua dans le corps de chevaux, de bœufs et de veaux récemment abattus, des mouvements vitaux d'une énergie surprenante. Bichat essaya le premier de galvaniser le corps de suppliciés. Vassali-Endi, Giulio de Rossi, physiciens piémontais, Nysten et Guillotin, médecins français, enfin Aldini, se livrèrent à de nombreuses expériences du même genre. Aldini conclut de ses expériences que le galvanisme pourrait être efficace pour rappeler à la vie des noyés et des asphyxiés.

Pour donner une idée des étranges effets produits par l'électricité sur les cadavres humains, nous citerons l'expérience que le docteur Andrew Ure fit à Glascow, en 1818, sur le corps de l'assassin Clysdale. Cet homme avait vendu son cadavre au docteur Ure, qui voulait le soumettre aux épreuves de la pile voltaïque. C'était un individu de trente ans, très-vigoureux. Après l'exécution, il resta près d'une heure au gibet, suspendu et immobile, et il fut apporté à l'amphithéâtre de l'Université dix minutes après qu'on l'eut détaché de la potence. Un des pôles de la pile fut mis en communication avec la moelle épinière à la hauteur de la vertèbre *atlas*, l'autre pôle étant mis en contact avec le nerf sciatique. Un frisson sembla tout aussitôt parcourir son corps. En disposant convenablement les conducteurs sur les muscles pectoraux du cadavre, on rétablit les mouvements respiratoires : la poitrine s'élevait et s'abaissait. Le poing du cadavre s'ouvrit en dépit des efforts des opérateurs, et son doigt sembla désigner les personnes qui l'entouraient. Les muscles de la face s'agitèrent horriblement et de manière à jeter l'épouvante parmi les assistants. Plus d'un spectateur de cette étrange expérience s'enfuit frappé de terreur. La face du supplicié exprimait tour à tour la rage, le désespoir ou l'angoisse.

Le docteur Ure a écrit qu'on aurait pu ramener ce pendu à la vie, si on eût commencé par rétablir chez lui les mouvements respiratoires, et si l'on n'avait pas blessé la moelle épinière pour y enfoncer l'un des pôles de la pile.

Nous allons avoir l'occasion d'étudier, dans la suite de cet ouvrage, les applications les plus importantes qui ont été faites

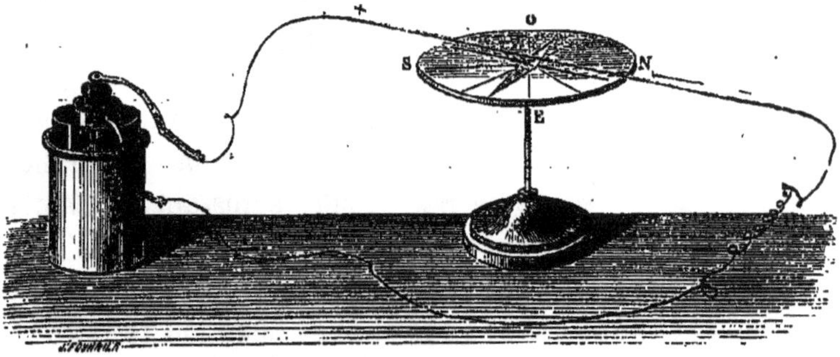

Fig. 178. Action du courant électrique sur l'aiguille aimantée.

de nos jours de l'électro-magnétisme, en parlant de la *télégraphie électrique*, de la *galvanoplastie*, de la *dorure électro chimique* et de l'*éclairage électrique*.

APPLICATIONS

DE L'ÉLECTRICITÉ STATIQUE

XVII

APPLICATIONS DE L'ÉLECTRICITE STATIQUE.

LE PARATONNERRE. — Opinion des anciens sur la nature de la foudre. — Étude scientifique du phénomène de la foudre entreprise dans les temps modernes. — Opinion de Descartes et de Boerhaave sur la cause du tonnerre. — Découverte de l'analogie de la foudre et de l'électricité. — Franklin établit l'analogie probable de la foudre et de l'électricité. — Effet produit sur les savants de l'Europe par les idées de Franklin. — Démonstration de la présence de l'électricité dans l'atmosphère. — Mort du physicien Richmann à Saint-Pétersbourg. — Les cerfs-volants électriques. — Cerf-volant électrique de Franklin aux États-Unis. — Le premier paratonnerre. — Accueil fait en Europe à l'invention du paratonnerre. — Principes et règles pour la construction des paratonnerres.

Après avoir exposé les principes généraux de l'électricité, il nous reste à faire connaître les principales inventions qui ont pris naissance par l'application de ces principes; nous distinguerons ici l'électricité statique et l'électricité dynamique, qui ont conduit chacune à des applications d'un ordre très-différent.

Parmi les applications de l'électricité statique, nous étudierons seulement le *paratonnerre*, l'une des plus remarquables inventions qui aient jamais été réalisées, l'une de celles qui ont rendu le plus de services à l'homme.

Dès l'origine des sociétés chez les peuples de l'ancienne Asie, plus tard même en Europe, malgré la civilisation avancée des nations de la Grèce et de l'empire romain, le tonnerre fut toujours considéré comme une arme vengeresse aux mains de la Divinité. La pensée d'attribuer à la foudre une origine divine, d'en faire une sorte de manifestation de la colère céleste, s'est maintenue chez les différents peuples du monde depuis l'antiquité, et de nos jours même il est encore difficile de l'extirper des croyances du vulgaire. Cependant la science moderne a parfaitement établi la véritable nature du tonnerre. Elle a démontré que les éclairs, le tonnerre et la foudre ne sont dus qu'à la décharge, opérée au sein des airs, de plusieurs nuages diversement électrisés. En découvrant la véritable origine de ce grand phénomène naturel, le génie de l'homme a rendu à la Divinité un hommage plus digne et plus sincère que ne le faisaient ceux qui entretenaient dans l'esprit du peuple, au sujet de ce météore, des craintes superstitieuses et erronées.

Pour soumettre à une étude fructueuse le phénomène de la foudre et des orages, il fallait nécessairement posséder un ensemble de notions scientifiques rigoureuses. Ce n'est donc qu'après le seizième siècle, c'est-à-dire à l'époque de la création des sciences physiques actuelles, que des recherches sérieuses purent être entreprises pour expliquer la nature et l'origine de ce météore. Quand les lumières de la science et de la raison eurent dissipé les ténèbres de la superstition des anciens âges, on osa soumettre à un examen réfléchi le grand phénomène qui n'avait été jusque-là pour les hommes qu'un sujet d'épouvante ou de fausses notions.

Descartes, ce philosophe immortel qui a tant contribué à la création des sciences modernes, fut le premier qui essaya de découvrir la cause du tonnerre. Il attribuait ce phénomène à la chaleur qui serait résultée de la chute d'un nuage tombant sur un autre placé plus bas. Boerhaave, l'illustre médecin de Leyde, dont le nom jouissait en Europe d'une renommée sans égale, proposa ensuite, pour expliquer la formation du tonnerre, une théorie plus rigoureuse que celle de Descartes. Ralliant toutes les opinions, cette théorie fut unanimement professée en Europe jusqu'au milieu du dix-huitième siècle.

Boerhaave rapportait la cause du tonnerre à l'inflammation, se produisant au sein de l'air, des différents gaz ou vapeurs émanés de la surface de la terre. Tout inexacte qu'elle était, cette théorie obtint une faveur unanime, et elle entrava pendant longtemps la marche de la science vers l'explication rationnelle du phénomène qui nous occupe.

On a vu, de tout temps, à l'approche des orages, des flammes, des aigrettes ou des scintillations briller au-dessus des mâts de vaisseaux, des clochers des églises, des piques ou des épées de soldats. Ces phénomènes n'excitèrent longtemps qu'une curiosité stérile. L'analogie des effets de la foudre avec ceux de l'électricité ne pouvait être remarquée avant la connaissance exacte des phénomènes électriques. Mais, dès les premiers temps où l'attention des physiciens se porta vers les phénomènes électriques, cette analogie fut nettement saisie. A cette époque, le docteur Wall, physicien anglais, exprima l'idée de la ressemblance de l'étincelle électrique avec l'éclair, et de la singulière analogie du craquement de cette étincelle avec le bruit du tonnerre. En 1735, le physicien Grey exposait plus formellement la même analogie. En France, l'abbé Nollet pensa qu'on pourrait, « en prenant l'électricité pour modèle, se former, touchant le tonnerre et les éclairs, des idées plus saines et plus vraisemblables que tout ce qu'on avait imaginé jusqu'alors. » L'académie de Bordeaux, en 1750, couronna un mémoire de Barberet, médecin de Dijon, qui admettait l'analogie de la foudre avec l'électricité, mais sans invoquer aucune expérience de physique, et en se maintenant dans les termes d'une simple dissertation académique.

Quelques jours à peine après la publication du mémoire de Barberet qui venait d'être couronné par l'académie de Bordeaux, un savant appartenant à la province de Guyenne présentait à la même académie un mémoire dans lequel il assurait, d'après les effets produits par la chute de la foudre sur un château situé près de Nérac, « que la foudre était analogue avec l'électricité. » Cet observateur était M. de Romas, sur les travaux duquel nous aurons à revenir.

Nous avons vu que l'illustre Franklin avait eu le mérite d'analyser et d'expliquer les effets de la bouteille de Leyde. Il rendit aux sciences un service tout aussi signalé en faisant ressortir l'extrême analogie que la foudre présente avec l'étincelle électrique, et en développant cette pensée beaucoup plus que ne l'avaient fait ses prédécesseurs.

Franklin n'était pas un physicien de profession, c'était un grand citoyen et un sage. En appliquant son bon sens naturel et l'attention d'un esprit libre et indépendant à l'étude des phénomènes électriques, il accomplit des découvertes qui immortaliseront son nom comme savant, pendant qu'il exécutait, dans l'ordre moral et politique, des travaux de la même valeur.

Fig. 174. Franklin.

Fils d'un pauvre fabricant de savon, Benjamin Franklin fut successivement apprenti dans une fabrique de chandelles, ouvrier imprimeur, chef d'une imprimerie importante à Philadelphie, député, et enfin président de l'assemblée des États de Pensylvanie. Il eut une grande part à la déclaration de l'indépendance des États-Unis, et quand il vint en France pour y solliciter des secours en faveur de son pays insurgé contre la domination de l'Angleterre, il y fut reçu avec un enthousiasme indicible. Franklin mourut en 1790, après avoir contribué au perfectionnement moral de ses concitoyens par une foule d'écrits populaires ; mais sa vie fut encore son plus bel enseignement.

C'est entre les mains de ce grand homme que la doctrine de l'identité de la foudre et de l'électricité fit le plus de progrès. En même temps que Barberet et Romas publiaient leurs travaux, Franklin exposait comme il suit, dans ses *Lettres sur l'électricité*, les motifs qui justifiaient l'hypothèse, selon lui fort admissible, qui rapporte à l'électricité la cause du tonnerre :

« Les éclairs sont ondoyants et crochus comme l'étincelle électrique ;

« Le tonnerre frappe de préférence les objets élevés et pointus ; de même, tous les corps pointus sont plus accessibles à l'électricité que les corps en forme arrondie ;

« Le tonnerre suit toujours le meilleur conducteur et le plus à sa portée ; l'électricité en fait autant dans la décharge de la bouteille de Leyde ;

« Le tonnerre met le feu aux matières combustibles, fond les métaux, déchire certains corps, tue les animaux ; ainsi fait encore l'électricité. »

Franklin alla plus loin. Il mit en avant cette *hypothèse*, qu'une verge de fer pointue élevée dans les airs, communiquant avec un conducteur métallique, en contact lui-même avec le sol, pourrait peut-être enlever l'électricité aux nuages orageux, et prévenir ainsi l'explosion de la foudre.

Remarquons cependant que Franklin ne parlait du paratonnerre que comme d'une expérience à réaliser; ce moyen était subordonné à la réalité de cette supposition que la foudre était un phénomène électrique, car il n'avait fait encore aucune expérience propre à déterminer l'existence de l'électricité dans l'air. Il avait seulement bien constaté la propriété remarquable dont jouit un conducteur terminé en pointe, d'anéantir l'état électrique d'un corps placé à peu de distance.

Les idées que nous venons de faire connaître, c'est-à-dire l'hypothèse de la nature électrique de la foudre, et l'expérience proposée par Franklin consistant à annuler les effets d'un nuage orageux par un conducteur métallique dressé verticalement en l'air, furent exposées par ce physicien dans un petit ouvrage ayant pour titre *Lettres sur l'électricité*, qui parut à Londres en 1751. Présenté à la *Société royale des sciences* de Londres, ce livre fut très-mal accueilli par la docte assemblée, qui trouva souverainement absurbe le projet de détourner la foudre avec quelques minces barres métalliques élevées dans les airs.

Cependant, malgré l'opinion défavorable de ce corps savant, les *Lettres* de Franklin obtinrent un grand succès en Angleterre, et bientôt dans toute l'Europe. La France surtout les accueillit avec enthousiasme. Notre grand naturaliste Buffon chargea un

Fig. 175. Buffon.

de ses amis, nommé Dalibard, de traduire l'ouvrage de Franklin, et il prit soin de revoir cette traduction. Il voulut, en outre, exécuter lui-même l'expérience proposée par le philosophe américain.

Dans le but de vérifier la justesse des idées de Franklin et de mettre à exécution l'expérience proposée par le philosophe américain, Buffon fit placer sur la tour de son château de Montbard une longue barre de fer pointue à son sommet et isolée à sa base par de la résine. En même temps, Dalibard disposait un appareil tout semblable dans le jardin de sa maison de campagne, située à Marly, près de Paris.

Le 10 mai 1752, un orage éclata sur Marly. Dalibard se trouvait en ce moment à Paris, mais il avait laissé pour le remplacer, le cas échéant, un homme intelligent, nommé Coiffier, à

Fig. 176. Expérience de Marly, faite pendant un orage, sur une barre de fer isolée.

qui il avait donné ses instructions. Coiffier approcha de la barre une petite tige de fer emmanchée dans une bouteille de verre, afin d'isoler le métal et de préserver l'opérateur; il en vit partir deux étincelles. Il appela aussitôt ses voisins et fit venir le prieur de Marly, qui accourut malgré une pluie battante. Les étincelles excitées de la barre isolée ressemblaient à de petites aigrettes bleues, et produisaient un bruit pareil à celui qu'auraient fait entendre des coups de clef sur la barre.

Quelques jours après, Dalibard lut sur ce sujet, à l'Académie des sciences de Paris, un mémoire qui fut reçu par les savants avec de véritables transports de joie.

Le 19 mai 1752, Buffon put à son tour tirer de la barre de fer élevée sur la tour de son château un grand nombre d'étincelles électriques.

Ces expériences se multiplièrent bientôt à Paris. Lemonnier découvrit, en les répétant, la présence de l'électricité dans une atmosphère sereine, fait important et nouveau, car on avait toujours cru jusque-là que la présence d'un nuage orageux était nécessaire à la production de l'électricité atmosphérique.

A Nérac, de Romas, variant ses moyens d'expérimentation, reconnut qu'une barre plus élevée qu'une autre donnait de plus fortes étincelles; il songea dès lors « à porter des conducteurs le plus haut possible dans la région des nuages, afin d'augmenter le feu du ciel. » Nous verrons bientôt comment il y réussit.

Les expériences que nous venons de rapporter n'étaient pas sans danger; c'est ce que prouva bientôt la triste fin du professeur Richmann, membre de l'Académie impériale des sciences de Saint-Pétersbourg, qui périt frappé du tonnerre, en répétant l'expérience précédemment exécutée par plusieurs autres physiciens.

Richmann avait élevé sur le haut de sa maison un conducteur qui aboutissait dans l'intérieur de son cabinet de physique, en passant à travers le toit. Ce conducteur avait été isolé avec le plus grand soin, de sorte que l'électricité atmosphérique, soutirée par la pointe de la barre et accumulée dans le conducteur, ne trouvait aucune issue pour s'échapper dans le sol.

Le 6 août 1753, au milieu d'un violent orage qui grondait sur Saint-Pétersbourg, Richmann, un électromètre à la main, et se disposant à mesurer au moyen de cet instrument l'intensité

Fig. 177. Mort du physicien Richmann.

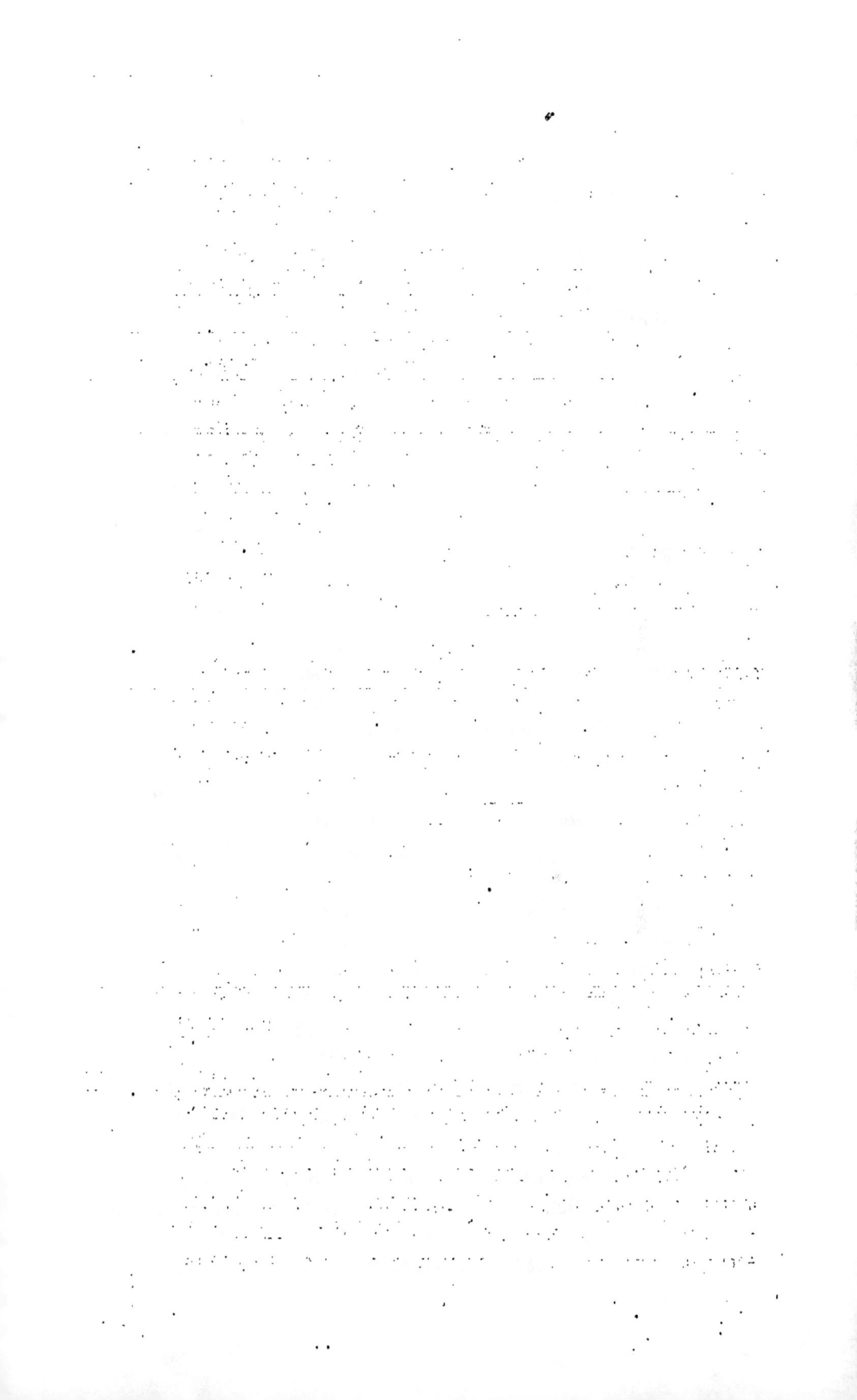

du fluide électrique, se tenait à une certaine distance de la barre pour éviter les fortes étincelles qui en partaient. Son graveur, Solokow, étant entré sur ces entrefaites, Richmann fit par mégarde quelques pas en avant, et, comme il n'était plus qu'à un pied du conducteur, un globe de feu bleuâtre, gros comme le poing, vint le frapper au front et l'étendit mort.

Les barres isolées qui servaient à aller puiser l'électricité au sein de l'air ne permettaient de recueillir ce fluide qu'à une hauteur médiocre dans l'atmosphère. Pour recueillir de l'électricité dans des régions très-élevées de l'air, deux physiciens imaginèrent alors, chacun de son côté, le *cerf-volant électrique*. Ces deux physiciens étaient : en Amérique, Franklin ; en Europe, de Romas, de Nérac.

Au mois d'août 1752, M. de Romas communiqua à ses amis, sous le sceau du secret, le projet qu'il avait conçu de lancer vers les nuages orageux un cerf-volant armé d'une pointe métallique. Il fit sa première expérience le 14 mai 1753. Mais elle ne réussit pas, parce que la corde attachée au cerf-volant, n'étant pas assez conductrice, n'avait pu amener le fluide jusqu'au sol. Pour remédier à ce défaut de conductibilité, de Romas enroula un fil de cuivre autour de la corde sur toute sa longueur, qui était de 260 mètres.

Le 7 juin 1753, par une journée orageuse, de Romas fit une expérience magnifique. Il attacha à la partie inférieure de la corde du cerf-volant un cordonnet de soie, et ce cordonnet se rattachait à une pierre très-lourde placée sous l'auvent d'une maison. A la corde, et en avant du cordonnet de soie, on suspendit un cylindre de fer-blanc en communication avec le fil de cuivre et propre à tirer des étincelles s'il y avait lieu ; on se servait pour cela d'un tube de fer-blanc fixé à un tube de verre. On tira d'abord de faibles étincelles, et les personnes qui assistaient en grand nombre à cette expérience extraordinaire jouaient, en riant, avec le dangereux météore. Mais bientôt l'orage devint plus violent, et de Romas s'empressa d'écarter les curieux. La longueur et l'éclat des étincelles allaient en augmentant sans cesse. Bientôt, l'intrépide expérimentateur excita les lames de feu qui partaient à plus d'un pied de distance, et dont on entendait le bruit à plus de deux cents pas. Un bruissement continu, comparable à celui d'un soufflet de

Fig. 178. Expérience de Romas; cerf-volant lancé dans les nues pendant un orage.

forge, une forte odeur sulfureuse émanée du conducteur, un cylindre lumineux de trois ou quatre pouces de diamètre enveloppant la corde du cerf-volant, tels étaient les phénomènes que Romas observait avec un calme et une fermeté extraordinaires. Il arriva un moment où il jugea prudent de ne plus tirer d'étincelles, et bientôt une violente explosion, qui était comme un petit coup de tonnerre, fut entendue jusque dans le milieu de la ville : c'était l'électricité des nuages accumulés sur le conducteur qui se déchargeait sur le sol.

En 1757, le physicien de Nérac, poursuivant ses dangereuses expériences, tirait de la corde d'un cerf-volant des lames de feu de neuf à dix pieds de longueur, dont l'explosion ressemblait à un coup de pistolet. De Romas faisait toutes ces expériences devant la foule stupéfaite de tant d'audace.

L'originalité des belles expériences que nous venons de rapporter fut contestée de son vivant à leur auteur, et elle l'a été même jusqu'à nos jours. On a dit que de Romas n'avait été que le copiste de Franklin, qui, au mois de septembre 1752, après avoir eu connaissance des expériences de Dalibard sur la barre isolée, avait lancé un cerf-volant dans les plaines de

Philadelphie. C'est par des causes indépendantes de sa volonté que le physicien de Nérac ne put exécuter qu'en 1753 cette expérience conçue par lui et communiquée à ses amis, et même à l'Académie de Bordeaux, en juillet 1752. Il est aujourd'hui reconnu que de Romas n'a rien emprunté à Franklin et que l'originalité de sa belle expérience ne saurait lui être contestée.

Au mois de septembre 1752, Franklin faisait dans la campagne, aux environs de Philadelphie, l'essai d'un cerf-volant électrique, et obtenait, avec une joie facile à comprendre, de véritables manifestations électriques avec la corde de chanvre de son cerf-volant. Si l'expérience du physicien de Philadelphie est antérieure en date à celle du physicien de Nérac, elle fut bien inférieure à celle de notre compatriote sous le rapport de l'intensité et de l'éclat des phénomènes électriques observés.

Quoi qu'il en soit, toutes les expériences que nous venons de rapporter démontraient suffisamment la présence de l'électricité libre dans l'atmosphère, la nature électrique de la foudre, et la possibilité de prévenir ses effets désastreux au moyen de la barre pointue dressée en l'air proposée par Franklin, c'est-à-dire au moyen du paratonnerre.

C'est en 1760 que Franklin fit construire le premier paratonnerre, qui fut élevé sur la maison d'un marchand de Philadelphie. C'était une baguette de fer de neuf pieds et demi de long et de plus d'un demi-pouce de diamètre; elle allait en s'amincissant vers son extrémité supérieure. L'extrémité inférieure portait une seconde tige de fer dont le bas communiquait avec un long conducteur de fer pénétrant dans le sol jusqu'à une profondeur de quatre ou cinq pieds. A peine installé, ce paratonnerre fut frappé par le feu du ciel, qui ne causa aucun dommage à la maison défendue par le nouvel instrument dû au génie de Franklin.

L'Amérique avait accepté avec enthousiasme, et comme un bienfait public, l'invention du paratonnerre; mais cette découverte trouva en Europe une résistance sérieuse, qui se prolongea plusieurs années. En Angleterre, par haîne contre Franklin, l'un des citoyens qui avaient le plus activement contribué à l'émancipation des États-Unis, on repoussa la découverte américaine, ou du moins on prétendit y apporter des modifications de nature à annuler le mérite de l'inventeur. Le paratonnerre proposé par Franklin se terminait en pointe à son extrémité; les physiciens anglais dicidèrent que les paratonnerres à tige pointue étaient de dangereux appareils, et qu'il fallait leur substituer des tiges terminées en boule, hérésie scientifique qui tomba sous le ridicule et déconsidéra les savants anglais, tristes flatteurs des rancunes d'un roi et d'un vain amour-propre national.

En France, les débuts du paratonnerre ne furent pas beaucoup plus heureux. L'abbé Nollet s'était déclaré l'adversaire de Franklin et de son invention; et comme l'abbé Nollet était l'oracle du temps en matière d'électricité, l'adoption du paratonnerre rencontra parmi nous de grandes difficultés. Jusqu'en 1782, la France repoussa l'introduction de cet appareil, considéré alors comme dangereux pour la sûreté publique.

C'est dans les provinces du midi de la France que les premiers paratonnerres furent établis. Leur efficacité ayant été promptement reconnue, on en établit de semblables à Paris.

En Angleterre, l'usage des paratonnerres ne commença à s'établir qu'en 1788. Le grand-duc de Toscane et l'empereur d'Autriche adoptèrent cet appareil à la même époque. Bientôt toutes les nations d'Europe mirent à profit l'invention américaine, « de sorte, dit Franklin, que M. l'abbé Nollet vécut assez pour se voir le dernier de son parti. »

Un paratonnerre se compose d'une tige de fer pointue élevée dans l'air, et d'un conducteur du même métal, descendant de l'extrémité inférieure de la tige, et aboutissant dans une partie du sol occupée par une masse d'eau courante, en communication elle-même avec une rivière ou un fort ruisseau.

Voici les conditions auxquelles doit satisfaire un paratonnerre pour être utile et ne devenir jamais dangereux :

1° La pointe de la tige doit être suffisamment aiguë et cependant assez résistante pour n'être pas fondue par un coup de foudre;

2° Le conducteur doit communiquer parfaitement avec le sol ;

3° Depuis la pointe jusqu'à l'extrémité inférieure du conducteur, il ne doit exister aucune solution de continuité.

Indiquons maintenant les dispositions qu'il faut donner à cet appareil pour répondre aux conditions que nous venons d'énumérer.

La tige d'un bon paratonnerre a 9 mètres de longueur et se compose de trois pièces ajoutées bout à bout : une barre de fer de 8m,60, une baguette de laiton de 60 centimètres, une aiguille de platine de 5 centimètres. Le platine est un métal qui ne s'oxyde pas à l'air ; c'est pour cela qu'on l'a adopté pour faire la pointe de l'instrument, car les oxydes métalliques sont mauvais conducteurs de l'électricité. L'effet d'un paratonnerre terminé par une pointe de fer oxydée serait nul.

Le conducteur du paratonnerre est une longue barre de fer à section carrée de 15 à 20 millimètres de côté, résultant de la réunion bout à bout d'un nombre suffisant de barres. Toute solution de continuité doit être soigneusement évitée, car elle exposerait l'édifice à une décharge électrique. On entoure chaque point de jonction des barres d'un bourrelet de soudure à l'étain, et ces barres sont maintenues en place par des supports de fer.

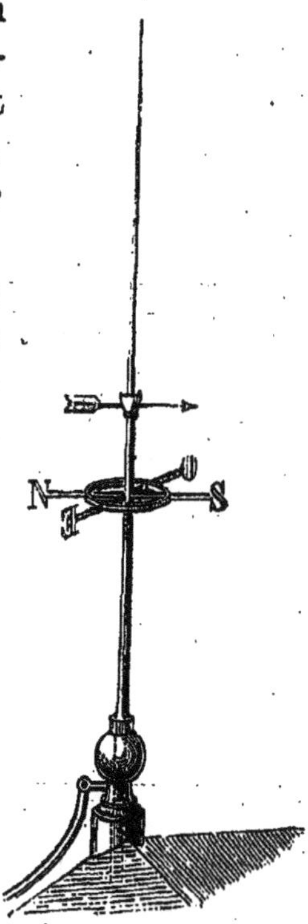

Fig. 179. Paratonnerre.

Le conducteur ainsi fixé doit, comme nous l'avons dit, aboutir à un cours d'eau. De la base inférieure du mur de l'édifice jusqu'à ce cours d'eau, il passe dans un petit canal en brique, rempli entièrement de braise de boulanger, substance qui conduit très-bien l'électricité, et facilite par conséquent l'écoulement rapide du fluide ; de plus elle défend le conducteur du contact de l'air, ce qui l'oxyderait et nuirait beaucoup à sa conductibilité.

Quelques personnes s'imaginent que si l'on recommande de faire aboutir dans un puits ou dans une eau courante l'extré-

Fig. 180.

mité terminale du conducteur d'un paratonnerre, c'est afin de conduire le *feu du ciel*, pour l'y éteindre. Il importe de se mettre en garde contre cette grossière explication. Le paratonnerre empêche l'effet désastreux de l'électricité accumulée dans les nuées orageuses par une action physique assez simple. Comme tous les corps électrisés, les nuées chargées d'électricité agissent à distance sur les objets terrestres; selon la théorie généralement admise, elles tendent à décomposer le *fluide électrique naturel* de ces objets, à attirer l'électricité positive si elles sont électrisées négativement, l'électricité négative si elles sont électrisées positivement. Or, les corps terminés en pointe donnent à l'électricité un écoulement infiniment plus prompt et plus facile que les corps terminés par des surfaces mousses ou arrondies. La tige pointue d'un paratonnerre, reliée d'ailleurs au sol par une série non interrompue d'excellents conducteurs métalliques, fournit à l'électricité de la terre un écoulement extrêmement facile. Il arrive dès lors que, par la pointe du paratonnerre, il s'écoule constamment une masse d'électricité contraire à celle du nuage et qui provient du sol. Cette électricité vient neutraliser l'électricité contraire dont le nuage est surchargé, et, détruisant peu à peu le fluide libre, ramène le nuage à l'état *neutre*, c'est-à-dire à l'état d'équilibre électrique.

Ainsi l'action du paratonnerre est silencieuse, lente, tranquille et sans grands effets extérieurs. Ce n'est que dans le cas

Fig. 181.

d'une extrême surabondance d'électricité dans l'atmosphère que la recomposition des deux fluides se fait brusquement et que le paratonnerre reçoit un véritable coup de foudre. Ce cas est rare, surtout quand le paratonnerre est bien construit. L'art du physicien doit tendre à éviter ces chutes de la foudre sur l'instrument, qui en est toujours gravement endommagé.

APPLICATIONS

DE L'ÉLECTRICITÉ DYNAMIQUE

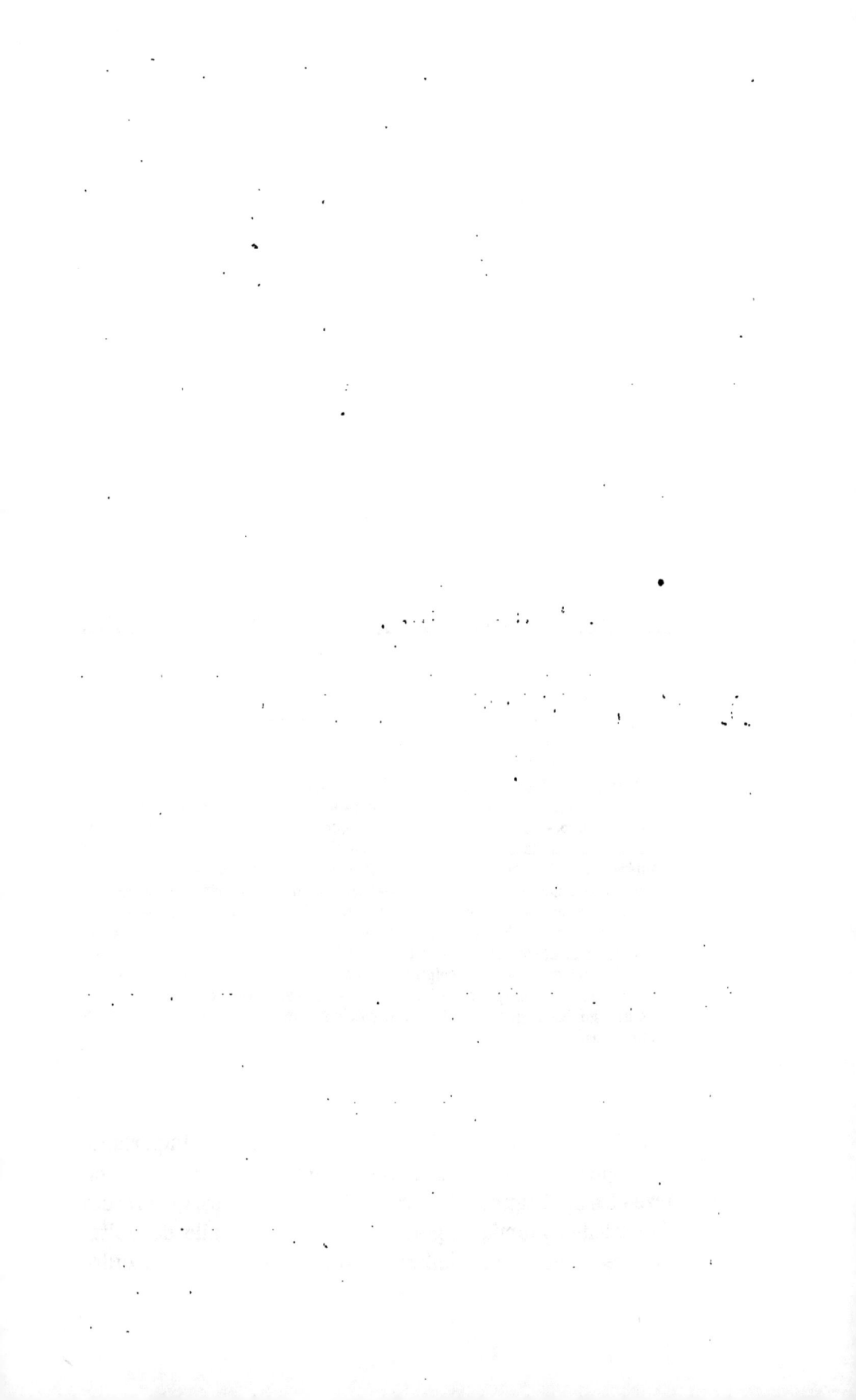

XVIII

APPLICATIONS DE L'ÉLECTRICITE DYNAMIQUE.

LE TÉLÉGRAPHE ÉLECTRIQUE. — Historique. — Première mention du télégraphe électrique. — George Lesage construit le premier télégraphe électrique. — Autre projet du télégraphe électrique. — La découverte de la pile de Volta fait reprendre les essais de télégraphie électrique. — Télégraphes de Sœmmering, Schilling et Alexander. — Découverte de l'aimentation temporaire du fer par Arago. — Principe général sur lequel repose la construction de tous les télégraphes électriques. — Télégraphe électrique de Morse, ou télégraphe américain. — Télégraphe anglais, ou télégraphe à aiguilles. — Télégraphe à cadran. — Télégraphe imprimant. — Télégraphe sous-marin. — Télégraphe transatlantique. — L'HORLOGE ÉLECTRIQUE. — LA GALVANOPLASTIE. — Opérations pratiques de la galvanoplastie. — Préparation du moule. — Manière d'effectuer le dépôt métallique dans l'intérieur du moule. — Applications de la galvanoplastie. — Son origine. — LA DORURE ET L'ARGENTURE ÉLECTRO-CHIMIQUES. — Description de l'opération. — Précipitation de divers métaux les uns sur les autres. — Vaisselle argentée et dorée par les procédés électro-chimiques.

Après avoir étudié, avec le paratonnerre, la plus importante des applications de l'électricité statique, nous passerons en revue les applications, beaucoup plus nombreuses, qu'a reçues l'électricité dynamique, grâce à l'emploi de la pile de Volta. Négligeant un grand nombre d'autres applications d'un ordre secondaire pour ne pas étendre trop le cadre de cet ouvrage, nous nous bornerons à parler ici : 1° de la télégraphie électrique ; 2° de l'horloge électrique ; 3° de la galvanoplastie ; 4° des précipitations métalliques, et spécialement de la dorure et de l'argenture électro-chimiques.

TÉLÉGRAPHIE ÉLECTRIQUE.

La pensée d'appliquer l'électricité à une correspondance télégraphique, c'est-à-dire à la transmission instantanée de signes ou de lettres d'un lieu à un autre, s'est naturellement présentée à l'esprit des physiciens dès qu'ils eurent connaissance des phénomènes électriques, et surtout de ce fait que l'électricité se transmet d'un point à un autre dans un espace de temps inappréciable. Après l'année 1750, c'est-à-dire après les travaux de Grey, Dufay, Musschenbroek, Lemonnier et Franklin, l'idée d'appliquer à la télégraphie la précieuse et mystérieuse force de l'électricité ne tarda pas à éclore.

On trouve dans le *Scot's Magazine*, recueil écossais, une lettre signée d'une simple initiale, qui renferme la description d'un télégraphe électrique, déjà fort bien conçu. L'auteur de cette lettre, écrite de Renfrew, le 1er février 1753, n'est pas connu. Cette idée attira d'ailleurs très-peu l'attention, car l'instrument proposé par le savant anonyme ne fut pas exécuté.

Il en fut autrement d'un appareil imaginé par un savant genevois, d'origine française, nommé George-Louis Lesage. En 1760, Lesage, professeur de mathématiques à Genève, conçut le projet d'un télégraphe électrique qu'il exécuta de ses mains en 1774. Cet instrument se composait de vingt-quatre fils métalliques séparés les uns des autres et enfermés dans une substance non conductrice. Chaque fil aboutissait à une tige portant une petite balle de sureau suspendue à un fil de soie. Un des fils étant touché à l'une des stations avec un bâton de cire électrisé par le frottement, la balle de sureau était repoussée à l'autre station, et ce mouvement désignait une lettre de l'alphabet.

La figure 182 représente le télégraphe électrique rudimentaire, qui fut construit à Genève par le physicien Lesage. Dans

Fig. 182. Télégraphe électrique de Lesage.

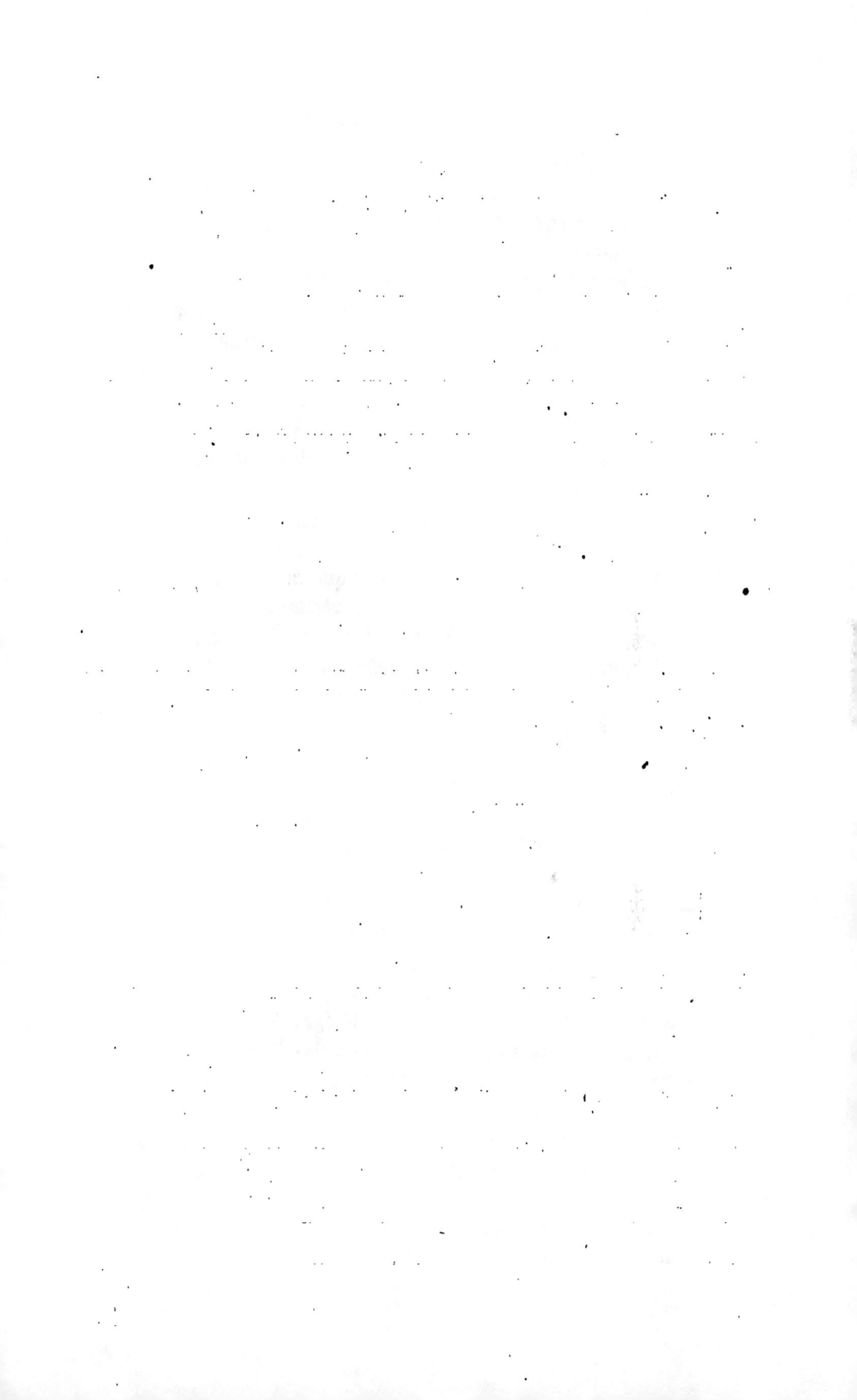

l'une des pièces est placée la machine électrique avec les vingt-quatre fils conducteurs ; dans la pièce suivante sont disposés les vingt-quatre électromètres, surmontés chacun d'une lettre de l'alphabet.

L'idée de faire servir le fluide électrique à la télégraphie se présenta, vers la même époque, en Allemagne, en Espagne et en France, à beaucoup de physiciens qui firent connaître, avec plus ou moins de précision, des appareils fondés sur ce principe. Lhomond, en France, en 1787 ; Battancourt, en Espagne, en 1787 ; Reiser, en Allemagne, en 1794 ; François Salva, médecin de Madrid, en 1796, mirent ces idées en pratique par différentes dispositions.

Mais ces divers instruments, qui fonctionnaient au moyen de l'électricité statique fournie par la machine à plateau de verre, n'étaient guère autre chose que des curiosités de cabinet, et n'auraient pu servir à une véritable correspondance télégraphique. En effet, l'électricité statique développée par le frottement, ne réside qu'à la surface des corps, et tend toujours à abandonner ses conducteurs par diverses causes, et en particulier par l'action de l'air humide.

Les télégraphes électriques fondés sur l'emploi de l'électricité statique ne pouvant rendre aucun service dans la pratique, l'art de la télégraphie dut renoncer à faire usage de ces instruments. Sur ces entrefaites, un système parfait de télégraphie aérienne ayant été découvert par l'abbé Claude Chappe, les signaux aériens furent adoptés en France, à partir de 1793, comme moyen de télégraphie, et cette méthode se propagea bientôt dans l'Europe entière.

L'électricité statique ne pouvait, avons-nous dit, s'appliquer avec avantage à la correspondance télégraphique ; mais la découverte de la pile de Volta, qui fournissait une source constante d'électricité dynamique, forme sous laquelle l'électricité n'a aucune tendance à s'échapper des corps qui la recèlent, vint changer la face de cette question. A partir de ce moment, on put songer sérieusement à faire usage de l'électricité comme agent de télégraphie.

Dans les premiers temps de la découverte de la pile de Volta, la décomposition de l'eau par le courant électrique avait particulièrement fixé l'attention des physiciens. C'est ce phénomène chimique qui servit de base au premier télégraphe électrique qui fut proposé pour tirer parti de la pile de Volta. En 1811, Sœmmering, physicien de Munich, donna la description d'un télégraphe fondé sur la décomposition de l'eau, que l'on produisait, à distance, dans différents vases représentant les vingt-quatre lettres de l'alphabet et les dix chiffres de la numération. Mais ce procédé présentait beaucoup de difficultés dans la pratique, tant par la complication qui résultait de l'emploi de plus de trente fils conducteurs, que par l'incertitude de la réaction chimique ainsi provoquée à une grande distance. Pour réussir, il fallait pouvoir substituer à l'action chimique produisant la décomposition de l'eau, un véritable effet mécanique.

Jusqu'à l'année 1820, la science n'offrit aucun moyen de provoquer, au moyen de l'électricité, cette action mécanique nécessaire pour créer un bon télégraphe électrique. Ce moyen fut apporté par la remarquable découverte du physicien danois Œrsted.

Œrsted découvrit, en 1820, qu'un courant voltaïque circulant autour d'une aiguille aimantée, écarte cette aiguille de sa position naturelle. C'est ce qui a été déjà indiqué en parlant des effets de la pile de Volta (voyez page 278). Cette découverte était à peine signalée que les physiciens songèrent tout aussitôt à l'appliquer à la télégraphie. Ampère donna la description d'un appareil de correspondance télégraphique basé sur les déviations d'autant d'aiguilles aimantées qu'il y a de lettres dans l'alphabet.

Mais ces effets étaient encore très-faibles; il fallait augmenter leur intensité. Une seconde découverte faite en physique vint fournir le moyen cherché. Schweigger ayant enroulé sur lui-même le fil conducteur d'une pile, en l'isolant par une enveloppe de soie, et ayant placé une aiguille aimantée au centre de ce système, remarqua que la déviation de cette aiguille augmentait avec le nombre des tours du fil conducteur. Schilling et Alexander purent fonder sur ce nouveau fait un système de télégraphie électrique. Mais leurs appareils étant composés d'un trop grand nombre de fils métalliques nécessaires pour indiquer les lettres de l'alphabet, il était presque impossible de les faire fonctionner d'une façon régulière. Il fallut encore demander de nouvelles ressources à la science.

En répétant l'expérience d'Œrsted rapportée plus haut, Arago découvrit ce fait fondamental, que l'électricité circulant autour

Fig. 183. Arago.

d'une lame de fer *doux*, c'est-à-dire très-pur, communique à cette lame les propriétés de l'aimant. Qu'on enroule autour d'une lame de fer *doux*, disposée en forme de fer à cheval, comme le montre la figure 184, un fil de cuivre recouvert de soie, substance isolante, et qu'on mette les deux extrémités de ce fil en rapport avec les pôles d'une pile, aussitôt le fer devient un aimant, et peut attirer un autre morceau de fer placé à une certaine distance. Qu'on interrompe le courant, c'est-à-dire la communication du fer avec la pile, aussitôt il perd ses propriétés d'aimant, revient à son état naturel, et le morceau de fer qu'il avait attiré se détache de lui. En une seconde, on peut ainsi changer plusieurs fois un morceau de fer *doux* en aimant, puis lui rendre ses propriétés naturelles. Si on fait usage d'une pile de quarante éléments de Bunsen, et que l'on enroule le conducteur un grand nombre de fois autour d'une pièce de fer façonnée en fer à cheval, comme l'indique la fi-

Fig. 184.

gure 185, on peut obtenir un électro-aimant, ou aimant artificiel, capable de porter plus de 500 kilogrammes.

L'aimantation temporaire du fer par le courant électrique, tel est le grand principe sur lequel sont fondés tous les appa-

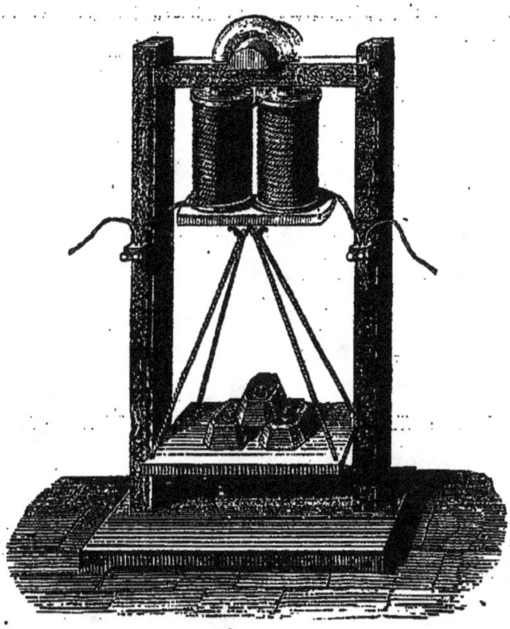

Fig. 185.

reils actuels de télégraphie électrique. On va comprendre comment on peut produire, à distance, un effet mécanique, au moyen de l'aimantation temporaire du fer par le courant électrique.

Soit à Paris une pile en activité. Le fil conducteur de cette pile s'étend jusqu'à Calais par exemple, et là il est enroulé autour d'une lame de fer *doux*, puis ramené à la pile située à Paris. Le fluide électrique partant de Paris aimante la lame de fer doux placée à Calais, et si au devant de cette lame on a placé un disque de fer mobile, ce disque sera aussitôt attiré et s'appliquera sur notre aimant artificiel et temporaire. Maintenant, supprimons à Paris la communication du fil conducteur avec la pile, la lame de fer *doux* qui se trouve à Calais est désaimantée ; elle ne retient plus le disque de fer mobile, qui reprend alors sa position primitive, et cela d'autant plus aisément qu'un ressort pourra favoriser son mouvement en arrière, comme on le voit dans la figure 186.

Fig. 186.

Ainsi, en établissant et en interrompant successivement le courant à Paris, on obtient à Calais un mouvement de va-et-vient du disque de fer. Ce mouvement que l'aimantation temporaire permet d'exercer à distance, est le fait fondamental sur lequel repose la construction du télégraphe électrique.

On a construit de nos jours un nombre très-varié de télégraphes électriques, qui sont tous fondés sur le principe de l'aimantation temporaire du fer, mais qui diffèrent notablement par le mécanisme qui sert à appliquer ce fait à la production des signaux. La diversité des procédés qui ont été mis en usage, selon les préférences ou le génie des mécaniciens des divers pays, pour tirer parti de ce mouvement, a donné naissance aux très-nombreux appareils de télégraphie électrique qui sont aujourd'hui adoptés.

Pour ne pas nous égarer au milieu de la multiplicité des systèmes actuels de télégraphie électrique, nous les réduirons aux suivants : 1° l'appareil américain inventé par le professeur Morse des États-Unis ; 2° l'appareil à aiguilles, qui est usité en Angleterre ; 3° l'appareil à cadran, qui sert principalement aujourd'hui pour le service des chemins de fer ; 4° enfin, l'appareil imprimant, c'est-à-dire qui inscrit la dépêche en signes coloriés, ou en caractères d'imprimerie.

Le professeur Samuel Morse, physicien des Etats-Unis, est généralement considéré comme le créateur de la télégraphie électrique. Il imagina, dit-on, cet instrument le 19 octobre 1832 à bord du navire *le Sully*, en retournant de France en Amérique.

Fig. 187. Samuel Morse.

Voici la disposition du télégraphe de M. Morse, tel qu'il fonctionne aujourd'hui dans les pricipaux États de l'Europe. C'est un télégraphe qui écrit lui-même, comme on va voir, les dépêches qu'il envoie.

A (fig. 188) est un électro-aimant double : chaque électro-aimant se compose d'un long fil de cuivre entouré de soie, enroulé autour d'une lame de fer. Au-dessus et à peu de distance, on voit la lame de fer B qui sera attirée par l'électro-aimant A. Cette lame est liée à un levier de métal CD. Quand on fait passer le courant, la plaque de fer B vient s'appliquer sur l'électro-aimant A. Cette plaque étant attachée à un levier coudé CD, et ce levier basculant autour du centre auquel il est lié, son extrémité C s'abaisse, et son extrémité libre D, qui porte un poinçon, s'élève et se met en contact avec une bande de papier, qui, à l'aide de rouages d'horlogerie H, possède un mouvement continu. Si l'on interrompt le courant, la lame B n'est plus

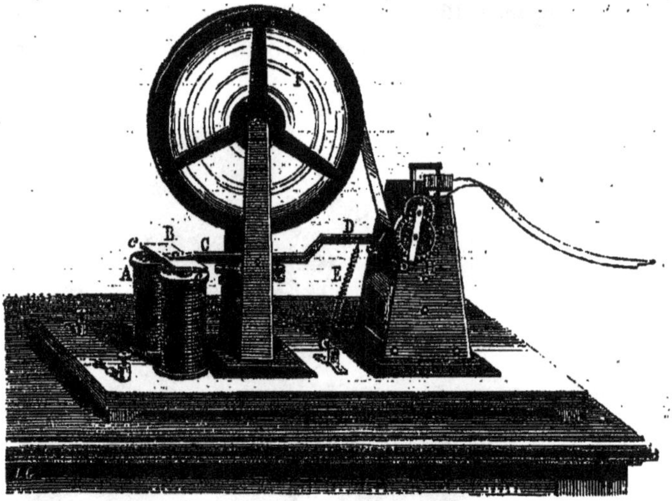

Fig. 188. Télégraphe électrique de Morse. Appareil récepteur des signaux.

attirée, et un ressort E a pour effet d'abaisser le levier CD, et par conséquent de relever la pièce B dès qu'elle n'est plus retenue par l'influence temporaire de l'électro-aimant. On voit que, par l'établissement et l'interruption alternatifs du courant électrique, le poinçon est ainsi animé d'un mouvement alternatif d'élévation et d'abaissement, et qu'il peut former une série d'empreintes sur la bande de papier qui se déroule continuellement. On voit dans la même figure le cylindre F qui porte un ruban mince et continu de papier dont l'extrémité passe sur la poulie G, et l'on aperçoit aussi le mouvement d'horlogerie H qui produit le mouvement de déroulement constant de ce papier.

Ce télégraphe est placé à la station d'arrivée. La pile et l'instrument qui sert à établir et à interrompre successivement le courant sont à la station de départ. Ce dernier instrument se compose d'un petit bouton métallique (fig. 189), fixé à l'extrémité d'une tige métallique élastique. Par son élasticité, cette tige métallique tend constamment à se relever. Si on presse le bouton au moyen du doigt, on applique ce bouton contre une petite virole métallique qui communique, au moyen d'une lame conductrice métallique placée au-dessous du plateau, avec deux boutons, auxquels sont attachés les deux fils conducteurs de la pile. Ainsi, en pressant le ressort et le laissant ensuite abandonné à son élasticité, on établit et l'on

Fig. 189. Télégraphe de Morse. Appareil expéditeur.

interrompt successivement le passage de l'électricité dans l'appareil télégraphique placé à l'autre station.

Quand le circuit est ouvert et fermé rapidement, le poinçon de l'appareil télégraphique, établi à l'autre station, marque de simples points sur le papier. Selon que le courant est établi plus ou moins longtemps, on obtient des lignes d'une longueur plus ou moins considérable. Enfin les espaces blancs résultent de l'interruption du courant. Le point et la ligne fournissent autant de combinaisons qu'il est nécessaire pour la correspondance. Les lettres, représentées au plus par quatre signaux, sont séparées les unes des autres par des espaces blancs, et les mots par des intervalles un peu plus grands. Selon la durée du contact de cette sorte de crayon métallique avec le papier, on peut former un point ou une ligne d'une longueur plus ou moins grande. Si l'aimantation n'a duré qu'un instant, le papier ne conserve que l'empreinte d'un point; mais si l'aimantation s'est prolongée, le crayon, avant de se relever, a eu le temps de marquer sur le papier mobile un trait d'une certaine longueur. Ainsi, en prolongeant plus ou moins la durée du courant électrique, l'employé de la station du départ peut, à cent lieues de distance, faire succéder sur le papier de son correspondant un point à un point, un trait d'une longueur médiocre à un trait plus long, intercaler un point entre deux traits, ou un trait entre deux points, etc. De la combinaison de ces lignes et de ces points, résulte un alphabet de convention, *l'alphabet de Morse* qui traduit en signes particuliers les caractères de l'écriture.

Un point et une ligne (.—) représentent la lettre A; une ligne et deux points (—..) représentent la lettre B; trois points (...)

la lettre C, etc. On peut composer ainsi des mots et des phrases.

L'appareil que nous venons de décrire a été le premier instru-

Fig. 190. Employés du télégraphe électrique ; appareils de Morse.

ment de ce genre qui ait fonctionné sur une ligne télégraphique aux Etats-Unis.

C'est au mois de mai 1844 que fut inaugurée, aux États-Unis, la première ligne télégraphique. Elle fut établie entre Washington et Baltimore. Imaginé par M. Morse, l'habile physicien qui eut la gloire d'imaginer les premiers instruments de cet art nouveau, et de créer la première ligne télégraphique qui ait mis deux villes en communication, cet appareil n'a pas cessé, depuis cette époque, d'être en usage aux États-Unis. Il est devenu, depuis quelques années, d'un usage presque exclusif en Europe. La France, l'Allemagne, la Suisse, l'Espagne, l'Italie font usage aujourd'hui du télégraphe de Morse. En Angleterre seulement on persiste à faire usage d'un autre instrument, beaucoup moins certain dans son jeu et que nous allons décrire.

Télégraphe anglais ou télégraphe à deux aiguilles. — *Le télégraphe à aiguilles* est le plus simple de tous par son mécanisme, mais non le plus sûr ; il a été imaginé par M. Wheatstone, physicien distingué, à qui l'on doit l'établissement de la télégraphie électrique en Angleterre.

Ce télégraphe se compose de deux aiguilles aimantées qui peuvent se mouvoir et s'arrêter à volonté, par l'action du courant électrique, établi ou interrompu. On met ces aiguilles en mouvement à l'aide de deux poignées qui laissent circuler le courant autour d'elles. Sous l'influence du courant électrique, l'aiguille est déviée de sa direction vers le nord, et exécute un déplacement qui sert de signe télégraphique. En effet, ces aiguilles

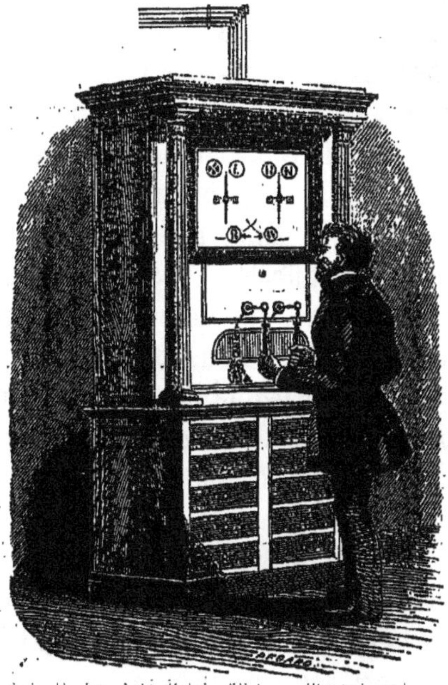

Fig. 191. Télégraphe électrique anglais ou appareil à aiguilles.

étant au nombre de deux, on a pu former un alphabet d'après le nombre de coups frappés par l'aiguille de droite, celle de gauche, ou toutes les deux simultanément. Ainsi, par exemple, la lettre E est représentée par un coup de l'aiguille de gauche et deux de l'aiguille de droite, la lettre F par un coup de l'aiguille de gauche et trois de l'aiguille de droite, etc. Il faut nécessairement compter ici sur l'adresse et l'habitude des employés pour suppléer à l'insuffisance du mécanisme. On se sert d'enfants qui ont acquis dans cet exercice une habileté prodigieuse, et qui font mouvoir les aiguilles avec la rapidité de la pensée.

Si le télégraphe anglais a en sa faveur l'avantage de la simplicité, il n'a point celui de l'économie ni de l'exactitude. Il exige, en effet, pour mettre en action les deux aiguilles aimantées, deux fils conducteurs et deux courants électriques, au lieu d'un seul fil et d'un seul appareil voltaïque qui suffisent dans le système Morse. Cette circonstance double nécessairement les dépenses d'installation. Ce système présente en outre cet inconvénient, que nulle trace du message ne peut y être conservée. Tout dépend de la mémoire des employés, qui peut être en défaut, qui l'est quelquefois en effet, et c'est là ce qui explique les erreurs assez fréquentes qui sont commises dans les dépêches sur les lignes anglaises.

Télégraphe à cadran. — Le télégraphe électrique à cadran a été imaginé par M. Wheatstone en Angleterre.

Ce système assez compliqué n'est point en usage pour le service de la correspondance télégraphique, publique ou privée ; il est spécialement affecté à l'usage des chemins de fer. En raison de cette circonstance, qui ôte pour nous une partie de l'intérêt de cet instrument, nous nous contenterons de faire connaître le principe général sur lequel il est fondé sans entrer dans les détails de son mécanisme. Voici donc le principe général sur lequel repose le système du *télégraphe à cadran.*

A la station de départ est disposé un cadran circulaire, sur lequel sont inscrits les vingt-quatre lettres de l'alphabet et les dix chiffres de la numération. Ce cadran est mis en relation, par le fil de la pile, avec un autre cadran tout semblable, placé à la station d'arrivée, et sur lequel se répètent exactement les mouvements exécutés sur le premier. Veut-on transmettre une dépêche, à la station de départ on amène successivement les diverses lettres qui composent les mots, devant un point d'arrêt du cadran, et par l'établissement ou la rupture alternative du courant qui fait mouvoir l'aiguille, ces mêmes lettres apparaissent, au même moment, sur le cadran de la station d'arrivée, par l'effet de l'établissement ou de l'interruption du courant voltaïque à cette station. La figure 192 représente ce cadran électrique.

Fig. 192. Télégraphe électrique à cadran, à l'usage des chemins de fer.

Télégraphe imprimant. — On désigne sous ce nom un télégraphe électrique qui, à l'aide d'un mécanisme particulier, trace sur le papier, en caractères d'imprimerie ou autres, la dépêche envoyée. Le moyen qui permet d'atteindre ce résultat consiste à pousser, par la force électro-magnétique engendrée par la pile, une lettre ou caractère d'imprimerie recouvert d'encre, contre une bande de papier qui se déroule continuellement d'un mouvement uniforme. Ce système n'est point en usage en Europe ; il est employé seulement sur un petit nombre de lignes aux États-Unis. Le télégraphe de Morse, aujourd'hui presque universellement adopté en Europe, remplit d'une manière suffisante l'office de télégraphe imprimant, puisqu'il marque sur le papier des traces suffisamment visibles et qui, d'après leur signification convenue, servent à composer des mots.

Télégraphie sous-marine. — La science a réalisé une des merveilles des temps modernes en continuant au delà des terres les communications télégraphiques au moyen de fils conducteurs déposés sur le fond du bassin des mers.

La télégraphie électrique sous-marine a présenté longtemps des difficultés, par suite de l'insuffisance et de la cherté des différentes matières dont on pouvait faire usage pour obtenir l'isolement du fil au milieu de la masse, éminemment conductrice, des eaux de la mer. Ce n'est qu'en 1849 que la gutta-percha, substance apportée de la Chine et qui constitue un excellent isolateur du fil électrique, permit de résoudre le problème de la télégraphie sous-marine.

Le 13 novembre 1851, on inaugurait le télégraphe sous-marin entre Douvres et Calais. Le conducteur était un câble métallique, souple et solide à la fois. Quatre fils de cuivre, contenus dans une gaîne de gutta-percha, étaient entrelacés avec quatre

Fig. 193. Déroulement d'un câble télégraphique sous-marin arrimé dans la cale d'un navire.

cordes de chanvre, le tout était réuni par un mélange de goudron et de suif; une corde de chanvre servait de fourreau au câble, qui était fortement serré à l'extérieur avec des fils de fer. La gutta-percha offrait un moyen parfait pour l'établissement d'un fil télégraphique à travers les mers : car si les liquides conduisent bien l'électricité, la gutta-percha est une excellente substance isolante et par conséquent, elle est très-propre à servir d'enveloppe pour un fil électrique sous-marin.

La pose d'un câble télégraphique sous-marin est une opération qui présente beaucoup de difficultés pratiques. Il s'agit de jeter au fond de la mer, sans le briser pendant l'opération, un conducteur électrique, qui peut avoir plus de cent lieues de longueur non interrompue. On voit sur la figure 193 la première partie de cette opération. Le câble déposé dans la cale d'un navire à vapeur est retiré de la cale et vient ensuite,

Fig. 194.

comme le représente la figure 194, s'enrouler, sur le pont du navire, autour d'une immense bobine de bois, placée près du tambour des roues du bâtiment. Les matelots jettent à la mer le bout du câble qui, par son propre poids, descend rapidement jusqu'à ce qu'il ait touché le fond (fig. 195). C'est une opération extrêmement délicate et qui exige des marins très-adroits. Il arrive trop souvent qu'une brusque secousse, imprimée au bâtiment par les vagues, brise le conducteur au moment où on le

Fig. 105.

déroule à la mer. D'autres fois c'est l'extrême profondeur de l'eau qui provoque sa rupture, car, à une certaine longueur, le poids du câble, non soutenu par le fond, devient si considérable, que le câble se brise par son seul poids.

Ce système de communication sous-marine a fait en peu d'années de rapides progrès. Des télégraphes sous-marins réunissent aujourd'hui l'Angleterre avec l'Irlande, la Hollande, la Belgique. Les deux continents d'Europe et d'Afrique sont réunis par un télégraphe électrique partant du littoral de la France, aboutissant à la Corse, franchissant le détroit de Bonifacio qui sépare la Corse de la Sardaigne, et plongeant alors dans les profondeurs de la Méditerranée, pour aller, sans aucune interruption, se rattacher à la côte d'Afrique, aux environs de Bone. En 1856, après l'entrée des armées alliées en Crimée, un câble électrique fut jeté à travers la mer Noire, entre Varna et Balaclava. C'est au moyen de ce câble que les gouvernements anglais et français étaient informés instantanément, à Londres et à Paris, des mouvements des armées en présence. Admirables créations qui semblent les rêves d'une imagination puissante !

La longueur du câble télégraphique de Douvres à Calais est

d'environ 30 kilomètres; son diamètre d'environ 3 centimètres, et son poids total de 180 000 kilogrammes. Il est composé, comme le montre la figure 196, de quatre fils de cuivre entourés d'une couche isolante de gutta-percha; ces fils sont ensuite réunis et recouverts par une enveloppe générale de même matière, et le tout est solidement fixé au moyen de dix gros fils de fer recouverts de zinc. Il est bon de remarquer que ces dix fils de fer ne sont d'aucune utilité pour la communication électrique; ils sont là seulement pour protéger les fils conducteurs et leur enveloppe, et ils donnent à l'ensemble une force suffisante pour résister aux causes extérieures de destruction.

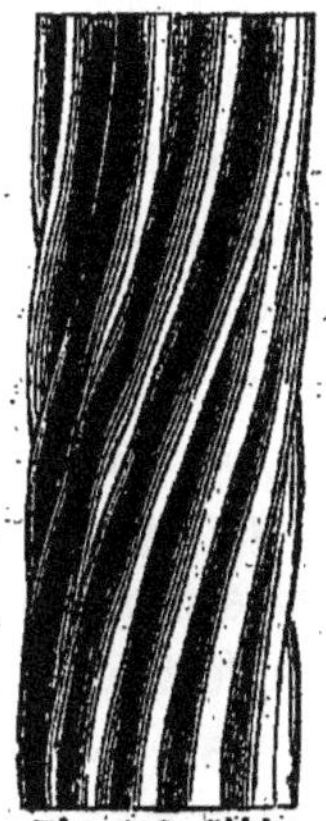
Fig. 196. Câble sous-marin de Douvres à Calais.

La figure 197 représente la section, ou la coupe, faite à l'intérieur du câble télégraphique de Douvres à Calais. On voit au milieu les quatre fils de cuivre qui sont les conducteurs du courant électrique, et au pourtour les dix fils de fer qui les protégent.

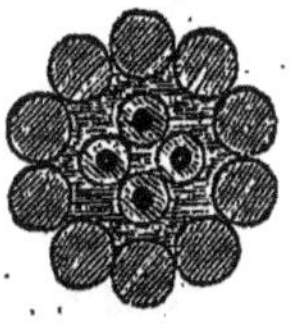
Fig. 197. Coupe du câble sous marin de Douvres à Calais.

Le câble sous-marin d'Irlande, qui se rend de Holy-Head à Dublin, à travers 130 kilomètres de mer, ne contient qu'un seul fil de cuivre, tandis que sa cuirasse extérieure est composée de douze fils de fer assez minces; aussi pèse-t-il dix fois moins, à longueur égale, que le conducteur de Douvres à Calais : son poids, par kilomètre, est seulement de 610 kilogrammes, et son poids total de 80 000 kilogrammes environ. Un seul jour a suffi pour le dérouler et l'étendre au fond de la mer.

Télégraphe transatlantique. — Une tentative grandiose fut faite en 1858 : il s'agissait de relier, par un câble sous-marin, l'Europe et le continent américain. Ce câble avait 800 lieues de longueur; il était formé de sept fils de cuivre, tordus ensemble et protégés par une enveloppe de gutta-percha et de fil de fer.

On réussit parfaitement à jeter ce câble au fond de l'Océan entre l'Irlande et l'île de Terre-Neuve, en Amérique; mais il ne put transmettre que pendant quelques jours le courant électrique, et l'on a dû renvoyer à une autre époque une nouvelle tentative.

Un fait très-curieux se manifestera quand un câble télégraphique mettra les deux mondes en communication instantanée : c'est la différence d'heure qui s'observera aux deux bouts opposés du câble, c'est-à-dire en Europe et en Amérique. Les dépêches envoyées d'Europe dans l'Amérique du Nord y arriveront six heures environ avant l'heure à laquelle on les aura expédiées de Paris ou de Londres. Un négociant français, par exemple, envoie une dépêche télégraphique à son correspondant aux États-Unis, à dix heures du matin : elle arrivera en Amérique à quatre heures du matin du même jour. Ce fait résulte de la différence des temps solaires, qui est d'environ six heures entre Paris et la Nouvelle-Orléans, par exemple, en raison de la différence des longitudes. Pour chaque lieu situé à 15° de longitude à l'ouest, le soleil est en retard d'une heure ; il s'ensuit que pour la Nouvelle-Orléans, qui est située à 90°, c'est-à-dire à six fois 15° à l'ouest du méridien de Paris, le soleil se lève six heures plus tard que pour nous.

On pourrait donc, en quelque sorte, dire que lorsque le câble transatlantique sera en fonction, les dépêches seront reçues en Amérique avant d'être parties d'Europe. Quels étranges résultats la science réalise autour de nous, et quel sujet continuel de surprise et d'admiration elle apporte à notre esprit !

L'HORLOGE ÉLECTRIQUE.

L'application de l'électricité dynamique à la mesure du temps, c'est-à-dire *l'horlogerie électrique*, est une découverte toute récente. C'est une des plus étonnantes merveilles scientifiques que l'invention qui a permis de marquer par l'électricité les divisions du temps, de faire répéter au même instant les indications d'une horloge par un grand nombre de cadrans semblables, placés sur toutes les places d'une ville, dans toutes les salles d'un édifice, dans toutes les chambres d'une maison ou d'une fabrique. Tel est le résultat extraordinaire qu'a réalisé de nos jours la découverte de l'horlogerie électrique. Au moyen d'une seule pendule régulatrice, on peut indiquer l'heure, la minute, la seconde en divers lieux séparés par de grandes distances. Les différents cadrans, reliés entre eux par le fil conducteur d'une pile voltaïque partant de l'horloge directrice, réfléchissent, comme autant de miroirs, les mouvements des aiguilles de cette horloge. Dans une ville, par exemple, l'horloge d'une église peut répéter son heure, sa minute sur cent cadrans séparés et distants entre eux. On peut, en un mot, par d'invisibles conduits, distribuer les indications de la mesure du temps comme, dans nos grandes villes, on distribue la lumière et l'eau par des canaux souterrains.

Quels sont les moyens qui permettent de faire marcher par l'action d'un courant électrique les aiguilles d'un ou de plusieurs cadrans éloignés, en leur faisant reproduire les mouvements d'une horloge unique? C'est ce que nous allons essayer de faire comprendre.

Comme on l'a vu dans le chapitre de cet ouvrage consacré à l'horlogerie, une horloge se réduit à deux éléments principaux : le ressort moteur ou *spiral* et le *balancier* ou *pendule* qui, par l'uniformité de ses mouvements, est destiné à régulariser l'action du ressort moteur. Le principe sur lequel repose la construction de l'horloge électrique, c'est de transmettre, à distance, les divisions du temps en transportant à un point éloigné chaque oscillation du balancier. Mais comment faire répéter, à distance, les battements du pendule d'une horloge? Voici l'artifice qui permet d'atteindre ce résultat.

A chaque extrémité de la course circulaire du balancier ou pendule d'une horloge, on place deux petites lames métalliques que ce balancier vient toucher alternativement à chacune de ses oscillations périodiques. Chacune de ces petites lames est attachée à l'un des bouts du fil conducteur d'une pile voltaïque, de telle sorte que, quand on fait communiquer entre elles par un corps conducteur ces deux petites lames métalliques, le courant électrique s'établit et parcourt toute l'étendue du fil conducteur, en comprenant l'horloge elle-même dans son circuit.

Cette communication s'établit nécessairement toutes les fois que le balancier de l'horloge, qui est formé de pièces de métal, c'est-à-dire d'excellents conducteurs de l'électricité, vient se mettre en contact avec les petites lames métalliques disposées à l'extrémité de sa course, et qui communiquent elles-mêmes avec le fil conducteur de la pile. Établi de cette manière par le contact du balancier avec les petites lames métalliques, le courant est interrompu dès que le balancier quitte cette position dans chacune de ses oscillations périodiques. On comprend donc qu'à chacune des oscillations du balancier, il y aura successivement établissement et rupture du courant voltaïque. Maintenant, si le fil conducteur de la pile qui part de l'horloge régulatrice est mis en communication, à une distance quelconque, avec un simple cadran dépourvu de tout mécanisme d'horlogerie et simplement réduit aux deux aiguilles du cadran, et que ce fil s'enroule derrière ce cadran autour d'un petit électro-aimant qui, en se chargeant d'électricité, peut attirer une petite lame de fer, c'est-à-dire une *armature* placée en face de lui, voici ce qui doit nécessairement arriver. Quand le balancier de l'horloge régulatrice, par ses oscillations successives, établit le courant électrique et fait passer l'électricité à travers ces deux cadrans compris dans le même circuit, l'électro-aimant du cadran placé à distance, devenant actif, attire la petite armature, qui se trouve en face de lui. Cette armature étant ainsi mise en mouvement, pousse, au moyen d'un petit mécanisme nommé *rochet*, la roue des aiguilles de ce cadran, et, par le mouvement de cette roue, fait avancer d'un pas l'aiguille de ce cadran. Mais la seconde oscillation du balancier de l'horloge régulatrice ayant interrompu le passage de l'électricité dans ce système, l'électro-aimant du cadran éloigné ne recevant plus de fluide électrique retombe dans l'inactivité, son armature, repoussée par un faible ressort, reprend sa place primitive, et maintient immobile l'aiguille de son cadran, jusqu'à ce qu'une nouvelle oscillation de l'horloge-type, rétablissant de nouveau le courant, vienne, par le mécanisme expliqué plus haut, imprimer un nouveau mouvement à la roue des aiguilles et la faire avancer d'un second pas sur le cadran. Comme le balancier de l'horloge-type bat la seconde, c'est-à-dire exécute son oscillation dans l'intervalle d'une seconde, on voit que le cadran éloigné répète et réfléchit à chaque seconde les mouvements de l'aiguille du cadran de l'horloge régulatrice, et comme lui bat la seconde.

Nous avons supposé que l'horloge régulatrice est en communication avec un seul cadran; mais il est évident que ce qui vient d'être dit pour un seul cadran reproduisant les indications d'une horloge-type, peut s'appliquer à un nombre quelconque de cadrans semblables compris dans le même circuit voltaïque, avec la seule précaution d'augmenter, dans une proportion convenable, l'énergie de la pile destinée à faire circuler l'électricité dans tout le système.

On voit, en résumé, qu'avec une seule horloge-type, on peut faire marcher les aiguilles d'un certain nombre de cadrans placés à distance, qui tous fournissent des indications conformes entre elles et identiques à celles de l'horloge-type.

Si l'on a bien compris les explications précédentes, on aura reconnu que l'horloge électrique n'est qu'une ingénieuse et belle application de la télégraphie électrique. Le même moyen physique qui sert à tracer des signes à distance avec le télégraphe électrique américain, permet aussi de télégraphier le temps, c'est-à-dire de marquer ses divisions. En effet, quand on fait fonctionner le télégraphe électrique de Morse[1], c'est la main de l'opérateur qui, à l'une des stations, établissant et interrompant le courant électrique, met en action, malgré la distance, l'électro-aimant de la station opposée. Dans l'horloge électrique, le balancier d'une horloge remplace la main de l'employé du télégraphe, et, par ses oscillations successives, établit et interrompt le courant à intervalles égaux, de manière à transmettre à distance les divisions du temps, c'est-à-dire de faire battre la seconde.

Cette belle application du principe de la télégraphie électrique a été réalisée pour la première fois, en 1839, par un physicien de Munich, M. Steinheil. En 1840, M. Wheatstone, à qui l'on doit la création et l'établissement en Angleterre de la télégraphie électrique, construisit à Londres une horloge électrique fondée sur le principe qui vient d'être exposé. Au moyen d'une horloge-type, il faisait répéter en différents lieux éloignés les uns des autres l'heure et la minute de cette horloge.

Le premier essai pratique pour l'application de l'horlogerie électrique dans une grande ville a été fait à Leipsick, en 1850,

1. Voyez p. 299, fig. 171.

par un mécanicien, M. Storer, de concert avec un horloger de la même ville, M. Scholle.

L'horlogerie électrique commence à se répandre dans quelques villes de l'Europe, bien que l'on ne soit pas encore parvenu à vaincre d'une manière suffisante les difficultés que l'on rencontre quand on veut multiplier les cadrans et les placer à une assez grande distance les uns des autres.

L'horlogerie électrique fonctionne depuis plusieurs années dans la ville de Gand, en Belgique ; les cadrans électriques, au nombre de plus de cent, sont placés dans les lanternes à gaz. Ces horloges communiquent entre elles par un fil conducteur du courant électrique, qui les relie toutes à l'horloge-type. En 1856, un certain nombre d'horloges électriques ont été placées, avec les mêmes dispositions, dans la ville de Marseille.

Dans l'intérieur des gares de plusieurs de nos chemins de fer, des cadrans électriques distribuent l'heure dans plusieurs salles séparées. Ce système existe en particulier dans les gares des chemins de fer de l'Ouest, du Nord et du Midi.

Quelques difficultés pratiques s'opposent encore à l'adoption générale de l'horlogerie électrique ; mais de nouveaux perfectionnements apportés à son mécanisme permettront sans doute bientôt de transporter d'une manière générale dans nos usages cette invention remarquable.

LA GALVANOPLASTIE.

La *galvanoplastie* est une des applications les plus utiles qui aient été faites de la chimie aux opérations des arts. Elle permet d'obtenir par de simples dissolutions salines, et grâce à l'action de l'électricité, des objets métalliques en cuivre, argent et or, que l'on n'avait pu produire jusqu'ici que par le travail du ciseau ou par la fonte de la matière métallique.

La galvanoplastie a pour but de reproduire un objet quelconque, en cuivre, argent, or, ou tout autre métal. Pour obtenir cette reproduction, on opère sur un moule pris sur l'original à reproduire. Le dépôt de cuivre, d'or ou d'argent s'obtient en décomposant, par le courant d'une pile voltaïque, une dissolution du sel contenant le métal à déposer : une dissolution de sulfate de cuivre, s'il s'agit de provoquer un dépôt de cuivre ; une dissolution d'un sel d'argent ou d'un sel d'or, si l'on veut obtenir par la pile une reproduction en argent ou en or. Nous avons donc à considérer, pour décrire les opérations pratiques de la galvanoplastie :

1° La manière de préparer le moule ;

2° La manière d'effectuer dans ce moule la précipitation du métal par le courant électrique.

Préparation du moule. — La matière qui sert aujourd'hui presque exclusivement pour obtenir le moule destiné à la reproduction de l'original, c'est la *gutta-percha*. Cette substance offre les plus précieuses qualités pour servir à cette opération, car elle se ramollit par la chaleur, et elle prend avec la plus grande facilité les formes d'un objet, quand, après l'avoir ramollie par la chaleur, on l'applique avec une légère pression contre le modèle à reproduire. Par cette pression, la gutta-percha, matière éminemment plastique, pénètre dans tous les creux de l'original. Après le refroidissement, grâce à son élasticité on l'arrache très-facilement du modèle, dont elle conserve tous les détails avec une exquise fidélité.

Mais la gutta-percha, qui forme le moule galvanoplastique, est une matière qui ne conduit point l'électricité ; par conséquent, elle ne donnerait pas passage au courant de la pile destiné à décomposer le sulfate de cuivre. Il faut donc rendre sa surface intérieure conductrice de l'électricité. On y parvient en recouvrant, à l'aide d'un pinceau, l'intérieur du moule, de *plombagine* réduite en poudre, substance qui conduit fort bien l'électricité et donne à la gutta-percha, sur laquelle elle est appliquée, la conductibilité électrique qui est indispensable pour l'opération.

Au lieu de gutta-percha, on se sert quelquefois d'autres matières plastiques, savoir : la gélatine appliquée à chaud et arrachée du moule après le refroidissement ; le plâtre, qui prend très-bien les empreintes ; enfin, la cire à cacheter. Toutes ces matières ne conduisant pas l'électricité, il est toujours indispensable de recouvrir intérieurement le moule qu'elles ont fourni, d'une légère couche de plombagine en poudre, qui rend conductrice sa surface intérieure.

Manière d'effectuer le dépôt métallique dans l'intérieur du moule. — Le moule étant ainsi préparé et rendu conducteur, il reste

Fig. 198. Moule d'une médaille pour la galvanoplastie.

à provoquer dans son intérieur le dépôt du métal. A cet effet, on attache le moule au pôle négatif d'une pile de Bunsen, formée d'un ou deux couples, selon le volume ou le nombre de pièces placées dans le même bain, et on dépose ce moule dans une cuve de bois contenant une dissolution de sulfate de cuivre[1], les fils conducteurs plongeant seuls dans le bain, comme le montre la figure 199.

Par l'action décomposante du courant électrique, le sel de cuivre est décomposé, son oxyde est réduit en ses éléments cuivre et oxygène, l'oxygène se porte au pôle positif et se dégage dans l'air, le cuivre se porte au pôle négatif et se précipite à l'état métallique. Mais comme le moule de gutta-percha est attaché au fil négatif de la pile, c'est dans son intérieur que s'effectue la précipitation du métal, et les creux du moule se

1. Comme cette dissolution finirait par s'épuiser, on a la précaution de placer au sein de la liqueur un sac contenant des cristaux de sulfate de cuivre qui se dissolvent dans l'eau à mesure qu'une partie du sel dissous est détruite par le courant, et qui, de cette manière, entretiennent toujours le bain au même état de saturation.

trouvent ainsi, au bout de quelques heures, remplis d'un dépôt de cuivre. Ce dépôt augmentant sans cesse par l'action continue

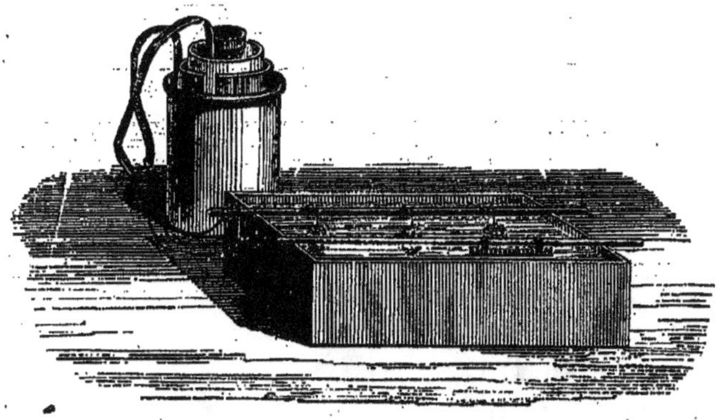

Fig. 199. Dépôt du cuivre dans l'opération galvanoplastique.

du courant électrique qui décompose le sulfate de cuivre, la capacité intérieure du moule se trouve bientôt occupée tout entière par un dépôt de métal, qui reproduit avec une fidélité extraordinaire les détails les plus délicats du modèle.

Au bout de trois ou quatre jours, le moule étant entièrement recouvert et le dépôt métallique ayant pris toute l'épaisseur que l'on a jugé nécessaire de lui donner, on le retire du bain, on détache le dépôt du moule auquel il n'adhère que faiblement, et l'on obtient ainsi une reproduction fidèle de l'original.

La figure 200 représente un atelier de galvanoplastie. Les ouvriers s'occupent de purifier par la chaleur la gutta-percha qui doit servir aux moulages. A cet effet, la gutta-percha est chauffée dans des fourneaux, et mise en fusion pour la débarrasser des impuretés qu'elle contient quand elle est livrée au commerce. Une fois débarrassée de ces impuretés, la gutta-percha est coulée en petites masses, et conservée pour la confection des moules. D'autres ouvriers s'occupent de *métalliser*, c'est-à-dire de rendre ces moules conducteurs de l'électricité en les saupoudrant de plombagine. Enfin on aperçoit, à droite, les bains de sulfate de cuivre avec la batterie voltaïque qui doit décomposer ce sel et précipiter le cuivre dans l'intérieur des moules.

Le cuivre n'est pas le seul métal qui puisse servir aux reproductions galvanoplastiques. On peut, par des opérations toutes

Fig. 200. Atelier de galvanoplastie.

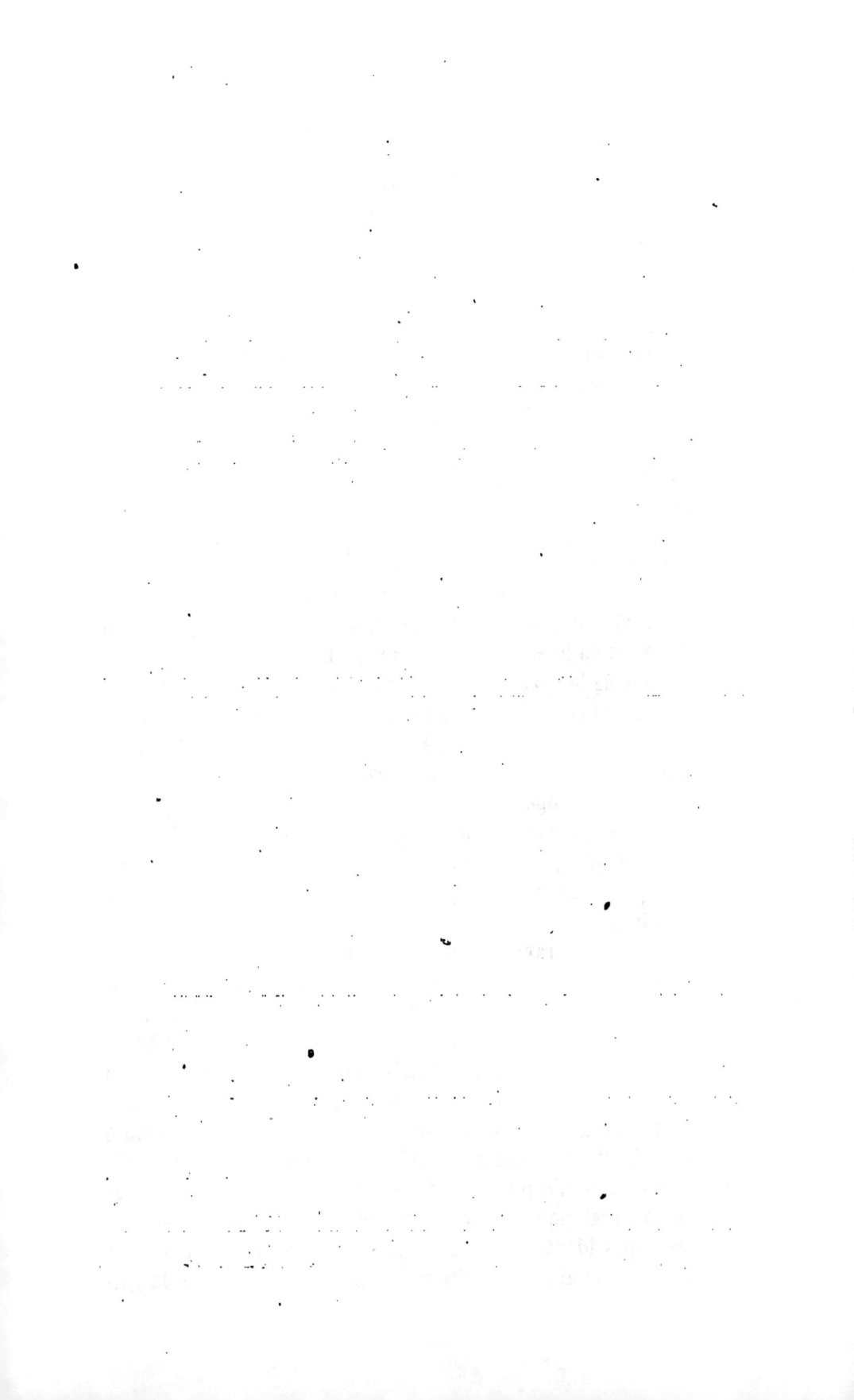

semblables, obtenir des dépôts d'argent et d'or, en faisant agir le courant de la pile sur des dissolutions de sels d'argent ou d'or.

La galvanoplastie a déjà reçu des applications fort étendues. Elle permet d'obtenir la reproduction des médailles, et de multiplier ainsi à peu de frais des types rares ou précieux. On en fait une application plus importante en reproduisant des statuettes, des bas-reliefs, diverses figurines d'art. On est parvenu à obtenir par ce moyen des statues de grandes dimensions. On prend à part la reproduction de différentes parties de la statue, et l'on réunit ensuite ces parties pour en composer la statue entière. Cette application importante de la galvanoplastie a déjà donné de bons résultats, et elle est appelée, dans l'avenir, à remplacer le mode actuel, c'est-à-dire la fusion et la coulée du métal de la statue dans un moule de sable.

L'art de la typographie et celui de la gravure ont déjà reçu de très-importants services des procédés galvanoplastiques.

La galvanoplastie vient sérieusement en aide à l'art de l'imprimerie, en permettant de reproduire les matrices de caractères rares et épuisés. Comme nous l'avons déjà dit en parlant de la gravure sur bois, on tire par les mêmes moyens plusieurs types des gravures sur cuivre en relief, qui servent à imprimer les figures par le tirage typographique dans le texte des livres imprimés.

L'art de la gravure en creux tire un parti avantageux de la galvanoplastie, parce qu'il est devenu facile, grâce à ses procédés, d'obtenir plusieurs reproductions semblables d'une planche de cuivre gravée. Une planche de cuivre exécutée par le burin du graveur est hors d'usage au bout d'un tirage plus ou moins long. Mais la galvanoplastie donne le moyen, avec cette première planche sortant des mains de l'artiste, de tirer plusieurs reproductions toutes semblables au type primitif. De cette manière, on n'a plus à craindre l'usure de la planche, puisqu'on ne fait point le tirage sur la planche elle-même, mais sur des types identiques fournis par cette planche, qui devient alors, pour ainsi dire, éternelle. Si l'on eût possédé la galvanoplastie aux siècles derniers, on aurait pu conserver les planches qui ont servi à tirer les belles gravures du dix-septième et du dix-huitième siècle, et qui n'existent plus depuis longtemps.

La galvanoplastie doit son origine à l'étude chimique de la pile de Volta. Dès que l'expérience eut appris que les courants électriques ont la propriété de décomposer les sels et d'en précipiter le métal, on songea à tirer parti de ce fait pour obtenir des dépôts métalliques à l'aide d'un courant électrique. Brugnatelli, physicien de Padoue, élève de Volta, a le premier, en 1807, fait connaître la manière d'obtenir par la pile des dépôts d'or et d'argent. Mais la galvanoplastie n'a été créée que vers 1837, par les travaux d'un physicien russe, M. Jacobi

LES PRÉCIPITATIONS MÉTALLIQUES PAR L'ÉLECTROCHIMIE.

La dorure et l'argenture des métaux s'obtenaient autrefois par l'intermédiaire du mercure. Pour dorer ou argenter le cuivre, le bronze ou le zinc, on préparait un amalgame d'or ou d'argent, c'est-à-dire une combinaison de mercure et d'or pour la dorure, de mercure et d'argent pour l'argenture. Avec cet amalgame on barbouillait, au moyen d'un pinceau, la pièce à dorer ou à argenter ; on l'exposait ensuite au feu : la chaleur volatilisait le mercure, tandis que l'or ou l'argent restaient appliqués sur la pièce.

Ce procédé de dorure et d'argenture était une source de dangers pour les opérateurs. La vapeur de mercure se répandait dans les ateliers, et l'atmosphère chargée de vapeurs mercurielles étant respirée par les ouvriers, était pour eux la cause de graves maladies, en particulier de celle que l'on désigne sous le nom de *tremblement mercuriel*. La découverte de *la dorure* et de *l'argenture par la pile* a fait disparaître, au grand bénéfice de l'humanité, la meurtrière industrie de la *dorure par les amalgames*.

La dorure électrochimique, qui a été imaginée en 1841 par un chimiste français, M. de Ruolz, est une application des plus heureuses des procédés galvanoplastiques. La dorure et l'argenture électrochimiques ne sont autre chose, en effet, qu'une opération de galvanoplastie, dans laquelle on emploie, au lieu de moule, l'objet à argenter ou à dorer. La pile, le bain, et toutes les manipulations que nous avons décrites en parlant de la galvanoplastie, servent, sans aucune modification, pour les opérations de la dorure et de l'argenture électrochimiques. La seule difficulté, c'est le choix du sel d'or et d'argent à employer.

Pour dorer par la pile un objet métallique de cuivre ou de bronze, on attache l'objet à dorer au pôle négatif d'une pile de Bunsen, dans un appareil semblable à celui qui est représenté

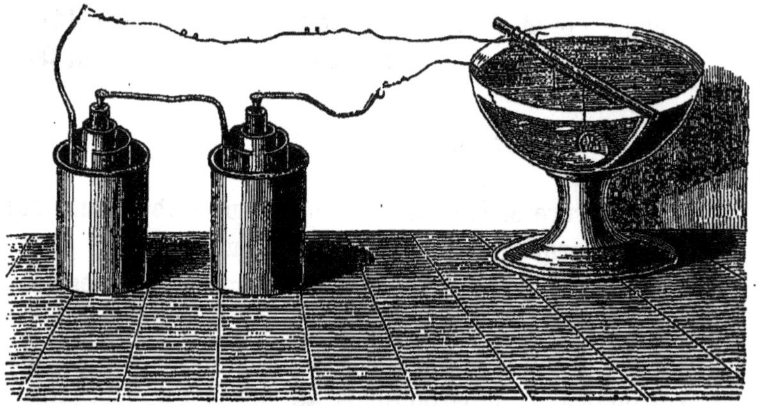

Fig. 201. Dorure par la pile.

par la figure 199 (page 330). Le bain renferme du cyanure d'or dissous dans le cyanure de potassium. On met la pile en action, et, par l'influence du courant, le cyanure d'or se décompose : le cyanogène se dégage au pôle positif, l'or se précipite au pôle négatif, et vient recouvrir l'objet attaché au fil terminant ce pôle; l'objet est ainsi doré. L'opération ne dure que quelques minutes. Si on veut obtenir une dorure d'une certaine épaisseur, on prolonge la durée du séjour de la pièce dans le bain. Après cet intervalle, on retire du bain la pièce dorée, il ne reste, pour lui donner le brillant de la dorure, qu'à la *brunir*, c'est-à-dire à la frotter avec un morceau d'agate ou d'un autre corps dur.

En remplaçant le cyanure d'or par du cyanure d'argent, et dissolvant ce cyanure d'argent dans du cyanure de potassium, on obtient un bain qui, sous l'influence décomposante de la pile, argente les métaux avec la plus grande facilité. On conduit l'opération comme pour la dorure, et l'on obtient à la surface des corps placés dans le bain un dépôt d'argent qu'il suffit de brunir pour lui donner le plus brillant éclat.

L'or et l'argent ne sont pas les seuls métaux que la galvanoplastie permette de déposer en mince couche sur un autre métal. Au moyen de dissolutions salines convenables, on peut précipiter divers métaux les uns sur les autres. On peut obtenir de cette manière le dépôt du platine, du plomb, du cobalt, du nickel, etc., sur d'autres métaux. Ces applications n'ont pas été faites jusqu'ici sur une grande échelle, parce que l'utilité de ce *platinage*, *zingage*, *plombage*, etc., ne s'est pas manifestée dans les arts ou dans l'industrie, mais la réalisation pratique de ces dépôts métalliques n'offrirait aucune difficulté.

L'application la plus importante qui ait encore été faite de l'argenture et de la dorure électrochimique, consiste dans la préparation de la vaisselle argentée ou dorée par la pile. Cette opération occupe une place considérable dans l'industrie moderne. Les couverts argentés par la voie galvanique sont d'un très-grand usage en Angleterre, en France, et dans le reste de l'Europe. Pour un prix modique, chacun peut se procurer aujourd'hui les avantages hygiéniques et l'agrément qui résultent de l'emploi de l'argent pour les besoins domestiques. Lorsque la couche d'argent a été enlevée par quelques années d'usage, on les fait recouvrir d'une nouvelle couche du même métal par le courant voltaïque.

C'est ainsi que les sciences remplissent une bienfaisante mission, en mettant à la portée du plus grand nombre les avantages et les jouissances utiles qui n'étaient jusqu'à ces derniers temps que l'apanage privilégié des personnes favorisées de la fortune.

LES

DIVERS MOYENS D'ÉCLAIRAGE

XIX

LES DIVERS MOYENS D'ÉCLAIRAGE.

L'éclairage chez les anciens. — Éclairage par les huiles. — Perfectionnement de l'éclairage à l'huile dans les temps modernes. — Découverte des lampes mécaniques. — Lampe Carcel. — Lampe à modérateur. — Éclairage au gaz. — Historique. — Philippe Lebon invente l'éclairage au gaz. — Murdoch et Winsor. — Composition du gaz de l'éclairage. — Préparation du gaz. — Gazomètre. — Becs. — Cause de l'éclat du gaz à l'éclairage. — Gaz portatif. — La bougie stéarique. — Composition de la bougie stéarique. — Sa préparation. — Éclairage par les hydrocarbures liquides. — Éclairage électrique.

Nous allons parcourir et décrire rapidement les divers moyens d'éclairage dont on a fait usage depuis les temps anciens jusqu'à nos jours.

L'ÉCLAIRAGE CHEZ LES ANCIENS.

Des branches de différents bois résineux, c'est-à-dire des torches, furent le premier moyen dont les hommes firent usage pour s'éclairer. Aujourd'hui encore, chez différentes peuplades sauvages, la combustion des bois résineux est le seul moyen qui serve à se procurer de la lumière.

Dans la civilisation ancienne, l'huile et la cire furent les premières substances consacrées à l'éclairage. Les peuples indiens, tous les habitants de la haute Asie, les Égyptiens et les Hébreux, ont fait usage, dès la plus haute antiquité, de *lampes* servant à la combustion de l'huile. On possède les modèles d'un nombre considérable de formes variées de lampes provenant des Égyptiens, des Romains et des Grecs. Tous ces appareils étaient fondés sur le même principe : la combustion de l'huile au moyen d'une mèche de coton plongeant dans ce liquide, qui s'élevait le long de cette mèche par l'effet de la force connue sous le nom de *capillarité*.

L'emploi dans l'éclairage, du suif, c'est-à-dire de la graisse qui s'accumule autour du tube intestinal chez le mouton, est bien postérieur à celui de l'huile et de la cire. Les chandelles de suif ont été employées pour la première fois, en Angleterre, au douzième siècle ; on n'en fit usage en France qu'en 1370, sous Charles V.

ÉCLAIRAGE PAR LES HUILES.

L'éclairage par les corps gras liquides, c'est-à-dire au moyen des lampes, n'avait pas fait le plus léger progrès depuis l'origine des sociétés jusqu'à la fin du dernier siècle, lorsque, en 1780, un physicien de Genève, nommé Argand, inventa la cheminée de verre et les mèches circulaires du coton. Grâce à cette disposition toute nouvelle, la combustion de l'huile était parfaite et donnait le plus vif éclat possible en raison de l'afflux considérable d'air appelé autour de la flamme par la cheminée de verre. Cette invention mémorable porta tout d'un coup presque à sa perfection l'art de l'éclairage au moyen des lampes. Le *quinquet*, c'est-à-dire la lampe à réservoir d'huile supérieur au bec, fut le premier appareil d'éclairage qui reçut l'application des cheminées de verre et de mèches circulaires inventées par Argand.

Le *quinquet* et quelques autres appareils semblables, dans lesquels le réservoir d'huile était placé à un niveau supérieur au bec où s'effectue la combustion, avait l'inconvénient de projeter une ombre provenant du réservoir placé latéralement. Divers essais furent entrepris, au début de notre siècle, pour faire disparaître ce défaut. Le problème avait été jusque-là assez imparfaitement résolu, lorsque Carcel, horloger de Paris, inventa en 1800, l'admirable lampe qui porte son nom.

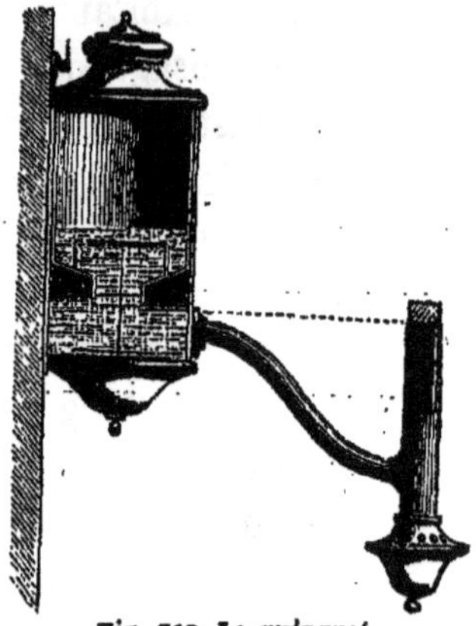

Fig. 202. Le quinquet.

Pour éviter toute projection d'ombre, éclairer circulairement toutes les parties d'un appartement, et en même temps pour alimenter d'huile d'une manière continue la mèche où s'accomplit la combustion, Carcel plaça le réservoir d'huile à la partie inférieure de la lampe, et provoqua l'ascension de l'huile jusqu'à la mèche, par un mécanisme d'horlogerie faisant mouvoir une petite pompe foulante qui, élevant l'huile dans un tube vertical, la conduisait jusqu'au bec. Au moyen d'une clef, on tendait le ressort du mouvement d'horlogerie.

La lampe Carcel est la plus parfaite de toutes les lampes mécaniques qui aient été construites. Elle est encore fort en usage de nos jours et n'a reçu que des perfectionnements très-secondaires. Carcel est mort en 1812, sans avoir retiré de bénéfices de son importante invention.

La *lampe à modérateur* a été imaginée en 1836, par un mécanicien français, M. Franchot. C'est une lampe plus économique que celle de Carcel, mais qui lui est inférieure sous le rapport de la perfection et de la durée du mécanisme. Dans cette lampe, devenue aujourd'hui d'un usage universel par son bas prix, le mouvement d'horlogerie de la lampe Carcel est remplacé par un simple ressort à boudin, que l'on tend au moyen d'une clef. Un piston est attaché à la partie supérieure du ressort à boudin ; par la détente de ce ressort, le piston exerce une pression sur l'huile, ce qui la force de s'élever dans l'intérieur d'un tube vertical plongeant dans le réservoir et aboutissant au bec où la combustion s'effectue.

Le nom de *lampe à modérateur* a été donné à cet appareil, parce qu'il existe dans l'intérieur du tube d'ascension de l'huile

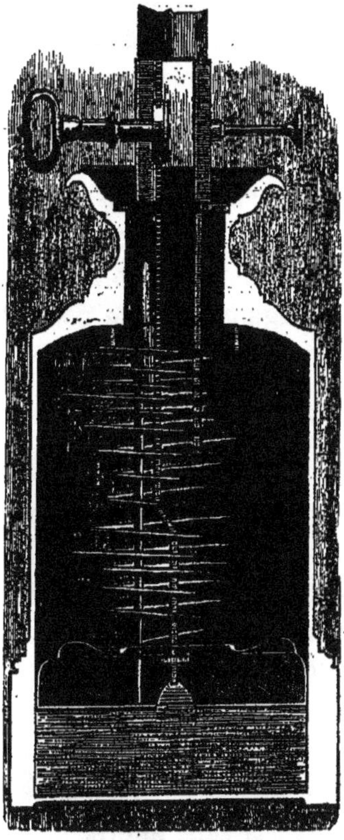

Fig. 203. Lampe à modérateur.

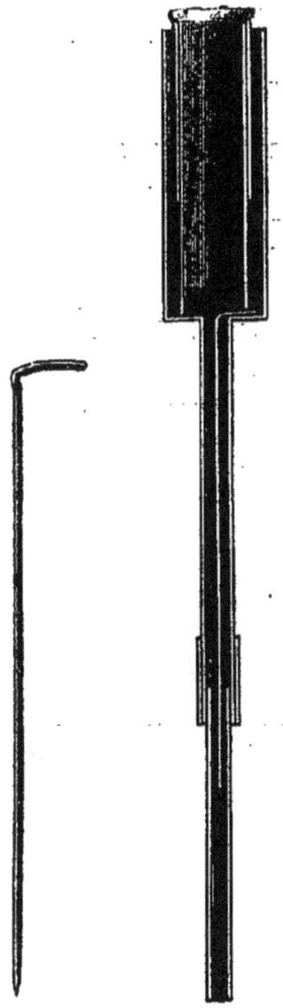

Fig. 204. Tige et canal du modérateur.

une tige métallique qui suit les mouvements du piston, et qui, selon la hauteur qu'elle occupe dans l'intérieur de ce tube d'ascension, sert à faire arriver jusqu'au bec une quantité d'huile toujours égale. Cette tige a pour effet de régulariser et de rendre uniforme le mouvement ascensionnel de l'huile pendant toute la durée de la détente du ressort, dont le mouvement n'est pas uniforme, car il décroît d'intensité, comme celui de tous les ressorts, à mesure qu'il arrive à sa fin. La tige métallique ou *modérateur* (fig. 204) est fixée au piston, et par conséquent le suit dans tous ses mouvements. Au début, c'est-à-dire pendant les premiers temps de la détente du ressort, cette tige remplit presque toute la capacité intérieure du tube d'ascension de l'huile, et, dès lors, oppose au passage du liquide un obstacle qui a pour résultat de diminuer la quantité d'huile portée à la mèche. Mais, à mesure que le piston descend, cette tige, qui descend avec lui, laisse au passage de l'huile un espace qui devient progressivement plus grand, et permet l'arrivée d'une quantité d'huile de plus en plus considérable. Ainsi, l'abaissement progressif de cette tige dans l'intérieur du tube d'ascension, dont elle occupait d'abord presque toute la capacité, a pour résultat de compenser l'affaiblissement que subit la force du ressort moteur à mesure qu'il se détend, puisque l'abaissement de cette tige augmente le volume du conduit qui donne accès à l'huile. Cette tige métallique porte donc, à juste titre, le nom de *compensateur* ou de *modérateur*.

ÉCLAIRAGE AU GAZ.

C'est vers l'année 1820 que se répandit et commença à se généraliser en France un système nouveau d'éclairage qui devait bientôt produire une révolution complète dans les habitudes du public, réaliser une importante économie dans l'emploi des combustibles éclairants, et ajouter au bien-être de tous en répandant à profusion et à bon marché une lumière pure et éclatante.

Quelques détails historiques sur l'origine et les progrès de l'éclairage au gaz ne seront pas sans intérêt ici. Bien que les débuts de l'éclairage au gaz ne datent, en France, que de l'année 1820, un grand nombre de tentatives avaient été faites avant cette époque dans la même direction. Ce sont ces travaux préliminaires que nous devons faire connaître.

On savait, dès la fin du dix-huitième siècle, que la houille ou charbon de terre, quand on la soumet, dans un vase fermé, à l'action du calorique, laisse dégager un gaz susceptible de s'enflammer. Mais, jusqu'à la fin du dix-huitième siècle, on n'avait tiré aucun parti de cette observation. En 1786, un ingénieur français, Philippe Lebon, né vers 1765, à Brachet (Haute-Marne), eut l'idée de faire servir à l'éclairage les gaz provenant de la distillation du bois, gaz inflammables et qui sont doués d'un certain pouvoir éclairant.

En 1789, Philippe Lebon prit un brevet d'invention pour un appareil nommé *thermolampe ou poêle qui chauffe et éclaire avec économie*, qu'il voulait faire adopter comme un meuble de ménage. Pour obtenir le gaz, il plaçait, dans une grande caisse métallique, des bûches de bois, qu'il soumettait à une haute température. Le bois, en se décomposant, donnait naissance à des gaz inflammables, à des matières empyreumatiques, à du vinaigre et à de l'eau. La chaleur du fourneau devait servir à décomposer le bois, et le gaz produit par cette décomposition du bois, à éclairer les appartements. C'est au Havre que Lebon tenta d'établir ses premiers *thermolampes*. Mais le gaz qu'il préparait était peu éclairant, et répandait une odeur désagréable, parce qu'il n'était pas épuré. Aussi ses expériences eurent-elles peu de retentissement. Lebon revint à Paris. Pour donner au public un spécimen de ce nouveau mode d'éclairage, les jardins et ses appartements dans la rue Saint-Dominique furent éclairés par le gaz retiré de la houille. Mais ce gaz encore était impur, fétide, et sa combustion donnait naissance à des produits nuisibles. Lebon fut contraint d'abandonner une entreprise qui l'avait ruiné.

En 1798, un ingénieur anglais, Murdoch, qui connaissait les résultats obtenus à Paris par Philippe Lebon, éclaira au moyen du gaz retiré de la houille le bâtiment principal de la manufacture de James Watt. En 1805 seulement, la manufacture entière reçut ce mode d'éclairage; mais le gaz était encore fort mal épuré.

En 1804, un Allemand nommé Winsor forma, en Angleterre, une société industrielle pour l'application à l'éclairage public du gaz extrait de la houille. C'est à l'insistance infatigable de Winsor que nous devons l'adoption de l'éclairage au gaz. En 1823, il existait à Londres plusieurs compagnies riches et puissantes, et celle de Winsor, protégée par le roi Georges III, avait posé à elle seule cinquante lieues de tuyaux conducteurs sous le pavé des rues.

En 1815, Winsor s'occupa d'introduire en France cette magnifique industrie. Mais il eut à soutenir de terribles luttes contre les intérêts que menaçait cette invention nouvelle. Il y succomba et se ruina.

Fig. 205. Préparation du gaz de l'éclairage. Décomposition de la houille par la chaleur.

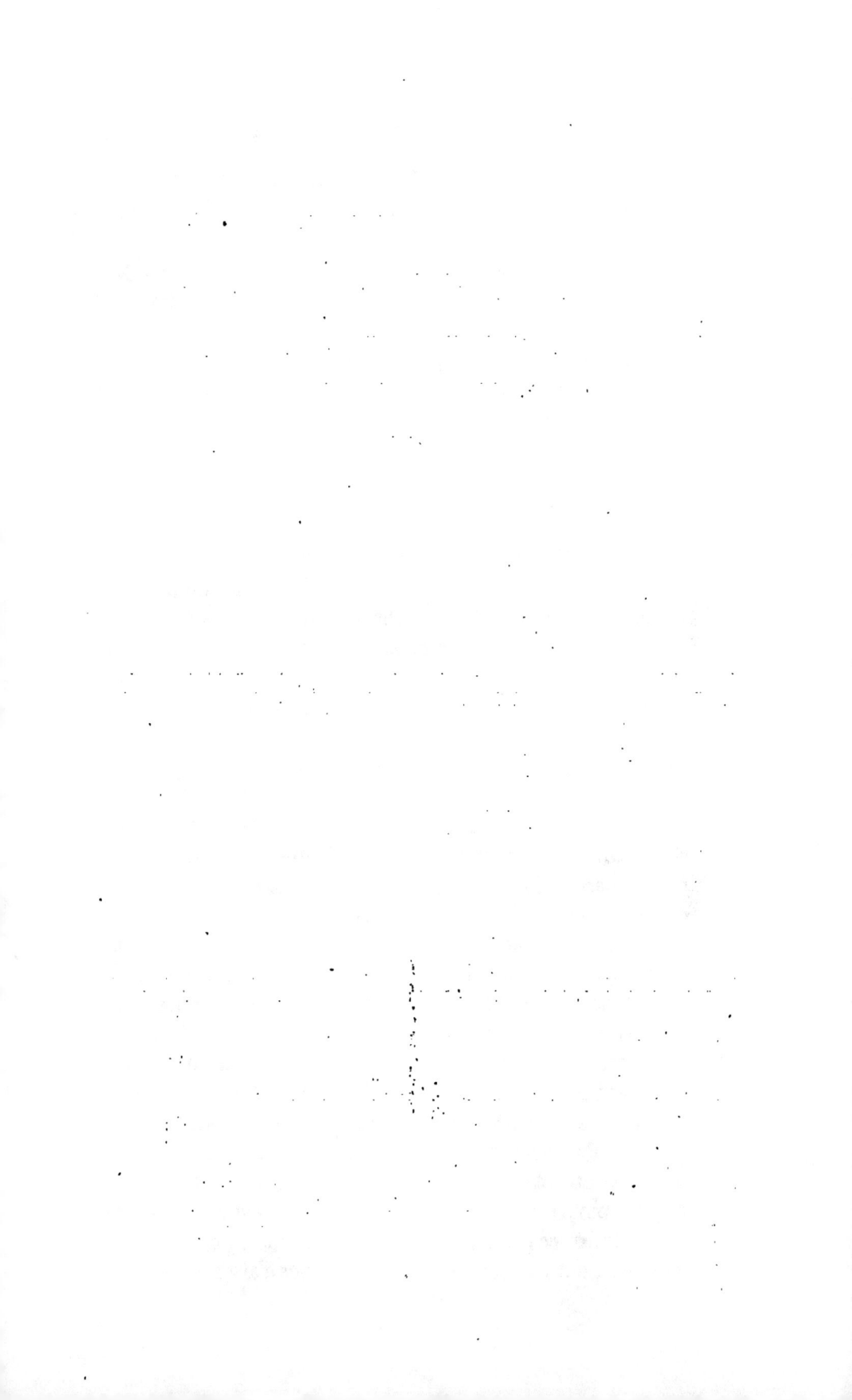

Grâce à la protection de Louis XVIII, l'éclairage au gaz fut repris à Paris quelques années après, et l'entreprise ne tarda pas à être couronnée de succès.

On voit, en résumé, en ce qui concerne l'éclairage au gaz, que la France a eu la gloire de concevoir ce que l'Angleterre a eu le mérite d'exécuter. L'inventeur de ce nouveau mode d'éclairage, Philippe Lebon, est mort à Paris en 1802, pauvre, presque inconnu, et sans avoir retiré le moindre avantage du fruit de ses longs efforts.

Le gaz de l'éclairage se compose essentiellement d'hydrogène bicarboné, gaz qui résulte de l'union, ou, comme on le dit en chimie, de la combinaison du charbon avec l'hydrogène, corps simple gazeux. Toutes les substances qui renferment une notable quantité de charbon et d'hydrogène fourniraient, si on les chauffait fortement, des gaz inflammables doués d'un certain pouvoir éclairant. Les matières organiques qui présentent cette composition, comme l'huile, la tourbe, la résine, les graisses, pourraient donc servir à fabriquer un gaz éclairant. Mais on se sert de préférence de la houille parce qu'elle laisse comme résidu, après sa combustion, une grande quantité d'un charbon très-recherché, le *coke*, dont la vente pour le chauffage couvre en partie le prix d'achat de la houille.

Pour obtenir le gaz de la houille, on place cette matière dans des cylindres de fonte ou de terre nommés *cornues*, disposés au nombre de trois ou de cinq dans un fourneau de briques, que l'on chauffe très-fortement. La figure 205 représente la partie d'une usine à gaz dans laquelle on décompose la houille par la chaleur pour en extraire le gaz éclairant. Par l'action de la chaleur, les éléments qui constituent la houille se séparent ; il se forme du goudron, des huiles empyreumatiques, des sels ammoniacaux et divers gaz. Parmi ces gaz nous citerons : l'hydrogène pur, l'ammoniaque, l'hydrogène bicarboné, l'hydrogène sulfuré, ce gaz infect dont tout le monde connaît l'odeur et qu'exhalent les œufs pourris et les fosses d'aisance ; enfin le gaz acide carbonique, ce composé gazeux qui donne à l'eau de Seltz sa piquante saveur.

Quand il est souillé par ces divers produits, le gaz provenant de la distillation de la houille est peu éclairant ; il exerce une action délétère sur nos organes ; il altère la couleur des étoffes ; il attaque les métaux et les peintures à base de plomb. Ces effets fâcheux sont dus à l'ammoniaque, aux huiles empyreumatiques et surtout à l'hydrogène sulfuré, qui en brûlant donne du gaz acide sulfureux ; il importe donc de se débarrasser de ces derniers produits, en ne conservant que l'hydrogène bicarboné, le seul gaz qui soit d'un effet utile pour l'éclairage.

Pour y parvenir, on fait arriver tous les produits de la décomposition de la houille dans des tuyaux plongeant dans une boîte de fonte qui porte le nom de *barillet*, et sous une couche d'eau de quelques centimètres. Les sels ammoniacaux se dissolvent dans l'eau, en même temps que le goudron s'y condense. On dirige ensuite le gaz dans un nouvel appareil appelé *dépurateur*, où il traverse des tamis chargés de chaux pulvérulente et humectée d'eau. Cette substance enlève au gaz l'acide carbonique et l'hydrogène sulfuré, dont il était si important de le débarrasser. Néanmoins l'épuration n'est jamais complète et le gaz conserve toujours une odeur désagréable.

Purifié par les moyens que nous venons d'indiquer, le gaz est amené dans un réservoir destiné à le contenir et qu'on nomme *gazomètre*. Cet appareil se compose de deux parties : la cuve destinée à recevoir l'eau, et la cloche dans laquelle on emmagasine le gaz. Les cuves sont creusées dans le sol et revêtues d'un ciment que l'eau ne peut pénétrer. La cloche, recouverte d'une couche épaisse de goudron, est formée de plaques de très-forte tôle. Une chaîne adaptée au sommet de la cloche glisse sur deux poulies, et porte, à son extrémité, des poids qui font à peu près équilibre au gazomètre. Cette dernière disposition permet à la cloche de monter et de descendre facilement dans la cuve. De cette manière, le gaz n'est pas soumis à une trop forte pression, qui aurait pu provoquer des fuites ou gêner la décomposition de la houille jusque dans les cornues.

La figure 207 donne l'aperçu en raccourci des appareils

Fig. 206. Ensemble des opérations relatives à la préparation du gaz de l'éclairage.

qui servent à préparer le gaz de la houille. F est le fourneau contenant les cornues de terre pleines de houille soumise à l'action de la chaleur; T est le tube qui amène le gaz provenant de la décomposition de la houille; B, le *barillet* où le gaz se dépouille

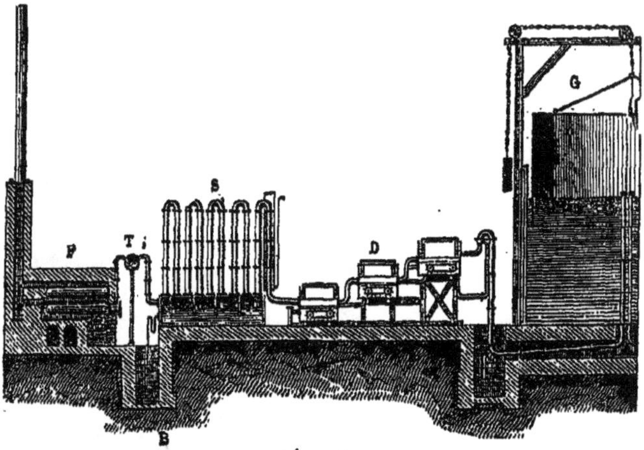

Fig. 207.

du goudron et des produits solubles dans l'eau; S, une série de conduits de fonte plongeant dans l'eau par leur partie inférieure, rayonnant librement dans l'air, et qui ont pour objet de refroidir le gaz qui est arrivé très-chaud des cornues; D, est le *dépurateur à chaux* composé d'une série de trois dépurateurs semblables que le gaz doit traverser successivement; G, le gazomètre ou réservoir de gaz.

La figure 206 montre sur une plus grande échelle l'ensemble des opérations qui s'exécutent pour retirer le gaz de la houille, depuis la décomposition de la houille par la chaleur jusqu'à son entrée dans le gazomètre, après séparation par l'eau froide et par la chaux.

A sa sortie du gazomètre, un large tuyau amène le gaz aux conduits de distribution, qui sont en fonte. Les tubes des embranchements et ceux qui introduisent le gaz dans l'intérieur des maisons sont en plomb.

Par un petit tube conducteur qui s'embranche sur le conduit principal, le gaz est amené dans un double cylindre creux, aboutissant à une petite couronne métallique, percée ordinairement de vingt trous, qui donnent issue à cent vingt ou à cent cinquante litres de gaz par heure. Telle est, en général, la forme des becs dans l'intérieur des maisons. Ceux qui servent à éclairer les rues sont formés d'un petit tube épais, percé d'une fente étroite. Le gaz qui sort par cette fente s'étale en une lame mince et produit une flamme qui ressemble à l'aile d'un papillon.

C'est ici le lieu de donner une explication du grand pouvoir éclairant propre au gaz de l'éclairage.

Un gaz n'est jamais éclairant par lui-même, mais bien par le dépôt d'un corps solide qui se fait dans l'intérieur de sa flamme. Ainsi l'hydrogène pur, en brûlant, donne une flamme très-pâle et presque invisible, parce que sa combustion ne donne lieu à aucun dépôt de matière solide, la vapeur d'eau étant le seul produit qui résulte de sa combustion. Au contraire, la flamme de l'hydrogène bicarboné est très-vive, parce que ce gaz laisse en brûlant un petit dépôt de charbon, lequel restant quelque temps contenu au sein de la flamme avant d'être brûlé, y devient lumineux à cause de sa haute température. C'est à ce corps étranger, séjournant quelques instants dans la flamme, que le gaz hydrogène bicarboné emprunte sa propriété lumineuse.

C'est en vertu du même principe qu'on a pu employer pour l'éclairage la flamme naturellement très-pâle de l'hydrogène pur. Il a suffi de placer au milieu du gaz hydrogène en combustion un petit cylindre ou *corbillon* formé de fils de platine très-fins. Ce cylindre, porté au rouge blanc, répand un éclat des plus vifs, et la flamme du gaz hydrogène est ainsi rendue très-éclairante.

L'hydrogène pur, consacré à l'éclairage, s'obtient en faisant passer de la vapeur d'eau sur du charbon incandescent. L'eau se décompose et donne naissance à du gaz hydrogène pur et à de l'acide carbonique, que l'on absorbe au moyen de la chaux pour ne laisser que l'hydrogène pur. Ce procédé est très-simple, mais le prix de revient du gaz hydrogène est trop élevé pour que l'on ait pu l'adopter pour l'éclairage des villes.

Gaz portatif. — On transporte quelquefois le gaz à domicile dans d'immenses voitures de tôle mince, contenant des outres élastiques munies d'un robinet et d'un tuyau. Pour distribuer le gaz, on serre par un moyen quelconque des courroies qui compriment cette outre et chassent le gaz dans le gazomètre ou réservoir du consommateur.

Fig. 208. Voiture pour le transport du gaz.

LA BOUGIE STÉARIQUE.

Vers l'année 1831, on a commencé à faire usage en France, et bientôt après dans les autres parties de l'Europe, de l'éclairage au moyen de la *bougie stéarique*. Imaginé, dans l'origine, pour servir à l'éclairage de luxe et remplacer la dispendieuse bougie de cire dans l'éclairage des salons, ce nouveau produit, fabriqué à plus bas prix, n'a pas tardé à devenir d'un usage général dans les ménages. Il a remplacé à la fois la bougie de cire, que l'industrie ne fabrique plus aujourd'hui, et dans beaucoup de cas la chandelle même, dont l'usage est si désagréable et que son bas prix oblige seul à conserver encore.

La bougie stéarique est ainsi nommée parce qu'elle est formée d'un acide gras qui porte le nom d'*acide stéarique*. Mais qu'est-ce que cet acide stéarique lui-même ? L'acide stéarique n'est autre chose que le suif qui compose l'ancienne chandelle, mais débarrassé, par une opération chimique, d'un composé liquide qu'il renferme, l'acide oléique, auquel le suif employé en chandelle doit tous ses inconvénients, savoir, son extrême fusibilité, sa mollesse et sa mauvaise odeur.

Le suif peut être considéré comme la réunion de deux produits, l'un solide, l'acide stéarique, l'autre liquide, l'*acide oléique*. L'opération que l'on fait subir au suif pour le transformer en acide stéarique ou bougie stéarique, se réduit à le débarrasser du produit liquide, c'est-à-dire de l'acide oléique, pour le réduire à sa partie concrète, c'est-à-dire à l'acide stéarique. Ainsi débarrassé de la matière liquide qui l'accompagne dans le suif, l'acide stéarique constitue une matière sèche, peu fusible, suffisamment éclairante, et qui, brûlée à l'aide d'une mèche qui n'a pas besoin d'être mouchée (car elle se mouche seule en s'infléchissant à l'extérieur de la flamme, où elle se consume entièrement), fournit un éclairage commode, propre et relativement peu dispendieux.

La préparation de l'acide stéarique destiné à être moulé en bougie consiste à décomposer le suif par la chaux ; on obtient ainsi un *savon de chaux*, c'est-à-dire un mélange d'oléate et de stéarate de chaux. Ce mélange de stéarate et d'oléate de chaux est ensuite décomposé par l'acide sulfurique étendu d'eau, qui forme du sulfate de chaux et met en liberté les acides stéarique et oléique. Pour séparer ces deux acides, se débarrasser de l'acide oléique liquide et ne conserver que l'acide stéarique solide, on soumet ce mélange, enveloppé dans une étoffe de laine, à une pression, exercée d'abord à froid, ensuite à chaud, au moyen d'une presse hydraulique. Par cette pression, aidée de la chaleur, l'acide oléique s'écoule, et il ne reste qu'un tourteau d'acide stéarique, sous la forme d'une masse blanche, sèche et friable.... Coulée dans des moules, à l'intérieur desquels on a tendu d'avance une mèche de coton nattée et tressée, cette matière constitue la bougie stéarique.

Il y a deux phases différentes dans la série de travaux qui ont eu pour résultat de doter l'industrie et l'économie domestique du produit qui nous occupe. Dans la première, la science a dévoilé la véritable composition des matières grasses, et par conséquent celle du suif, et démontré la présence, dans tous les corps gras, de deux matières différentes, l'une solide et l'autre liquide. Dans la seconde période, on a transporté dans la pratique et dans l'industrie cette découverte de la science : on l'a appliquée à la transformation du suif en bougie sèche.

Un chimiste de Nancy, nommé Braconnot, a constaté le premier ce fait général, que tous les corps gras, sans exception, se composent de deux principes immédiats, l'un solide et l'autre liquide, dont la prédominance relative dans un corps gras quelconque, lui communique la consistance solide, demi-fluide ou liquide. Un autre chimiste, M. Chevreul, a fait connaître ensuite les modifications que les corps gras éprouvent par l'action des alcalis, et prouvé que la formation des acides gras est une des conséquences de l'action exercée par les alcalis sur les matières grasses. C'est en 1813 que les acides stéarique et oléique furent découverts par M. Chevreul.

L'application des acides gras à l'éclairage et la production manufacturière de la bougie stéarique sont dues à M. de Milly, qui commença en 1831 cette fabrication, et la propagea ensuite dans toute l'Europe. Le nom de *bougie de l'Étoile*, par lequel on désigne encore quelquefois la bougie stéarique, provient de ce que la première usine de M. de Milly était située près de la barrière de l'Étoile, à Paris.

ÉCLAIRAGE PAR LES HYDROCARBURES LIQUIDES.

Le suif, les huiles végétales ou le gaz peuvent être remplacés, comme moyen d'éclairage, par divers liquides que l'on trouve dans la nature avec une certaine abondance, et qui, formés de carbone et d'hydrogène comme le gaz de l'éclairage, peuvent fournir un éclairage très-économique en raison de leur bas prix. L'huile essentielle qui provient de la distillation du bitume naturel, connu sous le nom de schiste ou d'asphalte, c'est-à-dire l'*huile de schiste*, l'essence de térébenthine, que l'on obtient en distillant la résine qui découle des pins, les huiles essentielles de naphte et de pétrole, etc., peuvent être accommodées aux besoins de l'éclairage. Seulement, comme ces différents liquides, extrêmement riches en carbone et en hydrogène, ont besoin, pour brûler, sans fumée et sans odeur, d'un courant d'air très-actif, on a dû imaginer des lampes d'une disposition particulière dans lesquelles, par un tirage convenable, on fait affluer une grande quantité d'air dans le point où s'effectue la combustion du liquide éclairant.

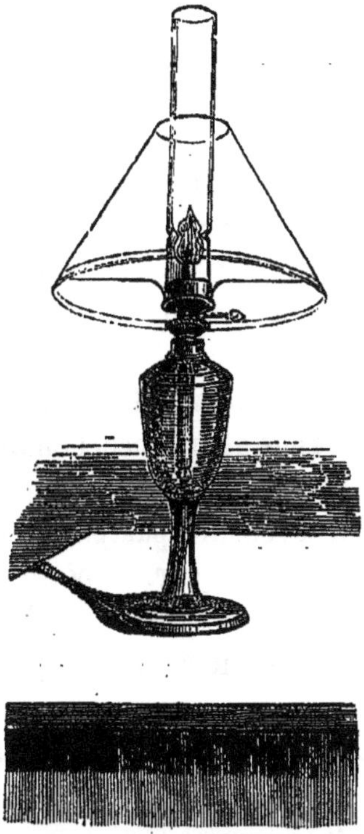

Fig. 209. Lampe à schiste.

De tous les hydrocarbures liquides, l'huile de schiste est aujourd'hui le composé le plus employé, parce qu'il fournit un éclairage très-brillant et très-économique. Son usage est déjà très-répandu dans les fabriques et les ateliers. L'odeur, bien difficile à éviter, qui résulte de sa combustion, empêche toutefois de l'adopter dans l'éclairage domestique.

Il ne faut pas manquer de faire remarquer ici que l'emploi de l'huile de schiste dans l'éclairage n'est pas exempt de dangers, en raison de l'inflammabilité de ce produit. Les huiles végétales ne sont pas inflammables par elles-mêmes ; elles ne peuvent brûler que par l'intermédiaire d'une mèche, c'est ce qui donne une sécurité absolue pour l'emploi et le maniement de ce liquide éclairant à l'intérieur de nos maisons. Au contraire, l'huile de schiste, l'essence de térébenthine mélangée d'alcool et connue alors sous le nom de *gazogène*, etc., s'enflamment directement par l'approche d'un corps en combustion, tel qu'une allumette. Cette fâcheuse propriété commande beaucoup de précautions et de soins dans le maniement de ces liquides consacrés à l'éclairage. Dans les ateliers et les fabriques éclairés à l'huile de schiste, on a la sage précaution de fixer, à demeure, les lampes contre le mur, ou de les susprendre invariablement au plafond, de manière que l'appareil d'éclairage ne puisse jamais être changé de place, car il pourrait arriver des accidents pendant ce transport.

L'application de l'huile de schiste à l'éclairage est due à un fabricant français nommé Selligues, qui établit la première usine consacrée à la distillation des schistes, et qui imagina la lampe aujourd'hui en usage pour la combustion des hydrocarbures liquides.

Depuis l'année 1863, une véritable révolution économique a commencé pour l'éclairage privé par suite de l'introduction en Europe des *huiles minérales d'Amérique*. Au-dessous du sol de diverses contrées de l'Amérique du Nord, et surtout du Canada, existent de véritables lacs d'un liquide très-combustible, auquel on donne le nom de *pétrole :* il suffit de percer dans la terre un trou de sonde pour en faire jaillir une colonne continue de ce liquide.

C'est vers l'année 1858 que les gisements du *pétrole* ont été découverts en Amérique avec grande abondance. Comme ce liquide se prête merveilleusement à l'éclairage, on n'a pas tardé à en faire usage en Amérique. Il est ensuite parvenu en Europe où son bas prix l'a fait promptement accepter. Le pétrole a déjà détrôné l'huile de schiste et les autres liquides combustibles pour l'éclairage des ateliers, et tout annonce qu'il s'appliquera aussi à l'éclairage de luxe.

Le pétrole se brûle au moyen d'une lampe dite *lampe américaine*.

ÉCLAIRAGE ÉLECTRIQUE.

Le dernier mode d'éclairage dont nous ayons à nous occuper est de découverte récente : c'est l'éclairage électrique, c'est-à-dire l'emploi de l'arc lumineux résultant de la décharge d'une forte pile voltaïque, pour se procurer une source puissante d'illumination.

Le courant électrique s'établissant entre les deux extrémités disjointes d'un fil conducteur, fait briller entre ces deux extrémités disjointes un arc d'un grand éclat lumineux, qui n'est autre chose que l'étincelle électrique ayant pris un large développement par la grande masse de l'électricité due à la pile très-puissante dont on fait usage.

Si l'on attache deux fils métalliques aux deux pôles d'une très-forte pile voltaïque en activité, et que, sans établir entre eux le contact, on maintienne l'extrémité de ces fils à une certaine distance, suffisante pour permettre la décharge électrique, c'est-à-dire la recomposition des deux électricités contraires qui parcourent les conducteurs, il se manifeste une vive incandescence entre les deux extrémités de ces conducteurs. Cet effet lumineux provient de la neutralisation des deux électricités contraires, dont la recomposition développe assez de chaleur pour qu'il en résulte une apparition de lumière. Quand on emploie quarante à cinquante couples de la pile de Bunsen, l'arc lumineux présente une intensité prodigieuse.

L'élément essentiel de la lampe *photo-électrique* se compose de deux tiges de cuivre, *a*, *b* (fig. 210), placées en regard, et qui communiquent avec une pile de Bunsen en activité, composée de quarante couples environ. C'est entre ces deux tiges de cuivre placées à l'extrémité des deux conducteurs, c'est-à-dire aux pôles de la pile, que s'élance l'arc lumineux *c*, provenant de la recomposition des deux fluides. Seulement, comme la chaleur si intense qui se développe, et la présence de l'air, auraient pour résultat inévitable d'oxyder promptement les tiges de cuivre qui terminent les conducteurs, on adapte à ces deux tiges de cuivre deux baguettes d'un charbon très-peu combustible, connu sous le nom de *charbon des cornues de gaz*. Cette matière, qui ne brûle que fort difficilement à l'air, est très-commode pour servir de conducteur terminal, et c'est entre les deux pointes de charbon que s'établit l'arc lumineux éclairant.

La figure 211 représente la lampe *photo-électrique* avec tous ses accessoires. A un support isolé formé d'un tube de verre *v* sont attachées deux baguettes métalliques *a*, *b*, qui constituent les pôles de la pile. Deux pointes de charbon terminent les conducteurs. Comme les charbons finissent par s'user en brûlant à l'air, par suite de la durée de l'expérience, on fait descendre à l'aide de la poignée de bois *c* la tige *cd* dans la coulisse *d*, et on rapproche ainsi les charbons l'un de l'autre à mesure que la combustion, usant leur pointe, aurait pour résultat d'augmenter leur écartement et dès lors de diminuer ou d'interrompre le courant électrique.

L'éclairage au moyen de la pile voltaïque n'est pas encore

Fig. 210. Arc photo-électrique.

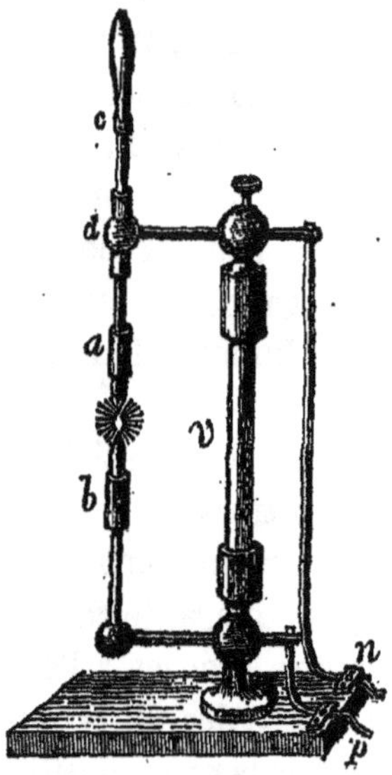

Fig. 211. Lampe électrique.

entré dans la pratique ; il ne sert que dans quelques cas spéciaux, par exemple pour effectuer pendant la nuit des travaux urgents, ou comme moyen de produire de beaux effets de lumière dans les théâtres ou les fêtes publiques.

La difficulté principale qui empêche de consacrer la lampe électrique aux usages habituels de l'éclairage privé, c'est son excès même de puissance. Pour obtenir la lumière électrique, il faut employer au moins quarante couples de Bunsen, et l'énorme foyer lumineux que l'on produit ainsi ne peut ensuite être réduit ni diminué. Pour tirer parti de cette lumière dans les conditions habituelles de l'éclairage, il faudrait pouvoir affaiblir son intensité excessive, et la réduire à ne fournir que le volume de lumière que donnent nos appareils ordinaires d'éclairage ; il faudrait pouvoir diviser en mille petits flambeaux l'arc étincelant produit par le courant électrique ; il faudrait subdiviser en petites fractions, de manière à la distribuer en différents points, cette puissante lumière. Or, ce résultat n'a pu être atteint jusqu'ici. Cette circonstance est d'autant plus regrettable que l'éclairage électrique serait encore plus écono-

Fig. 212. Éclairage électrique.

mique que le gaz, qui constitue pourtant le plus économique de tous nos moyens actuels d'éclairage.

LES AÉROSTATS

XX

LES AÉROSTATS.

Les frères Montgolfier inventent les ballons à feu. — Le physicien Charles. — Montgolfier à Paris. — Premier ballon à feu portant des voyageurs. — Première ascension d'un ballon à gaz hydrogène portant des voyageurs. — Blanchard franchit en ballon le Pas-de-Calais. — Mort de Pilâtre des Rosiers. — Des aérostats employés dans les guerres de la République. — Voyages aériens entrepris dans l'intérêt des sciences. — Théorie de l'ascension des aérostats. — Opérations à exécuter pour l'ascension d'un aérostat. — La nacelle, la soupape, le lest, le parachute. — Direction des aérostats.

Les frères Étienne et Joseph Montgolfier, fabricants de papier dans la petite ville d'Annonay, en Vivarais, sont les inventeurs des ballons à feu, que l'on désigne souvent, en raison de cette circonstance, sous le nom de *montgolfières*. Considérant que tout gaz plus léger que l'air doit s'élever dans l'atmosphère, par suite de la différence de densité de ce gaz avec l'air environnant, les frères Montgolfier composèrent artificiellement un gaz très-léger par un moyen fort simple, c'est-à-dire en chauffant un volume d'air limité contenu dans une enveloppe de fort papier. Après s'y être préparés par des essais convenables, ils rendirent leurs concitoyens témoins du brillant résultat de leurs expériences.

Fig. 213. Les frères Montgolfier, médaille frappée en 1784.

Le 4 juin 1783, une foule immense se pressait sur une des places de la petite ville d'Annonay. La machine aérostatique, faite de toile d'emballage et doublée de papier, portait à sa partie inférieure un réchaud, sur lequel on brûla de la paille et de la laine, pour produire le gonflement du ballon au moyen de l'air chaud. Les acclamations des spectateurs saluèrent la machine, qui s'éleva en dix minutes à cinq cents mètres de hauteur.

Les membres des états du Vivarais, qui assistaient à cette expérience, adressèrent le procès-verbal de cette belle opération à l'Académie des sciences, qui manda aussitôt Étienne Montgolfier à Paris, et décida que l'expérience serait répétée à ses frais.

Mais tout Paris était impatient de jouir de ce spectacle nouveau. On ouvrit une souscription publique, qui produisit dix mille francs en quelques jours. Charles, professeur de physique d'un grand renom, se chargea de présider à la confection du ballon, qui fut exécuté dans les ateliers des frères Robert, constructeurs d'appareils de physique.

Personne, à Paris, ne connaissait encore la nature du gaz dont s'étaient servi, à Annonay, les frères Montgolfier : on savait seulement, d'après la relation transmise par les états du Vivarais, que ce gaz était « moitié moins pesant que l'air ordinaire. » Sans perdre son temps à rechercher quel était ce gaz, et sans savoir encore que l'air chaud avait été le moyen employé par les frères Montgolfier, Charles résolut d'emplir son ballon avec le gaz hydrogène, corps qui n'était connu que depuis quelques années dans les laboratoires de chimie, et qui pèse quatorze fois moins que l'air.

Le 27 août 1783, ce ballon à gaz hydrogène, lancé au milieu du jardin des Tuileries, par Charles et Robert, parvint, en moins de deux minutes, à mille mètres de hauteur. Les applaudissements et les cris d'enthousiasme des trois cent mille spectateurs de cette belle expérience, saluèrent l'ascension du premier aérostat à gaz hydrogène.

Pour répondre au désir manifesté par l'Académie des sciences, Étienne Montgolfier se rendit bientôt dans la capitale. Le 19 septembre 1783, il répéta à Paris l'expérience du ballon à feu, telle qu'il l'avait faite à Annonay. On avait enfermé dans une cage d'osier, suspendue à la partie inférieure du ballon, un mouton, un coq et un canard. Ces premiers navigateurs aériens firent un heureux voyage; après s'être élevés à une assez grande hauteur, ils touchèrent la terre sans accident.

Le succès de ces belles expériences encouragea Montgolfier à construire un ballon propre à recevoir des hommes. Il disposa donc, autour de la partie extérieure de l'orifice du ballon, une galerie circulaire faite en osier recouverte de toile, formant une sorte de balustrade à hauteur d'homme, et destinée à donner place aux aéronautes. Un jeune physicien, Pilâtre des Rosiers et un officier français, le marquis d'Arlandes, osèrent s'aventurer sur ce dangereux esquif.

Le 31 octobre 1783, après de longues hésitations de la part de Montgolfier et du roi Louis XVI, qui concevaient des craintes sur le sort des courageux aéronautes, Pilâtre des Rosiers et le marquis d'Arlandes s'élancèrent dans les airs, portés par le ballon à feu construit par Étienne Montgolfier. Ils partirent du château de la Muette, situé au bois de Boulogne. Leur voyage aérien fut très-heureux, et on les reçut, à leur descente, en véritables triomphateurs.

La figure 214, empruntée à une gravure de cette époque, représente la montgolfière qui emporta Pilâtre des Rosiers et le marquis d'Arlandes dans ce premier voyage aérien.

Fig. 214. Montgolfière de Pilâtre des Rosiers et du marquis d'Arlandes, qui servit au premier voyage aérien.

La brillante expérience de Pilâtre des Rosiers fut bientôt répétée avec un ballon à gaz hydrogène, qui présentait beaucoup plus de sécurité qu'un ballon à feu pour un voyage aérien. Cette expérience eut lieu le 1er décembre 1783. Au milieu d'une foule immense accourue de tous les points de Paris, Charles et Robert partirent du jardin des Tuileries, et descendirent, deux heures après, à neuf lieues de Paris, dans la prairie de Nesle. La figure 215, tirée de l'ouvrage de Faujas de Saint-Fond, représente l'aspect du jardin des Tuileries, au moment de l'ascension aérostatique de Charles et Robert.

L'expérience que nous venons de rapporter a marqué une grande date dans l'histoire de l'art qui nous occupe, car c'est à

Fig. 215. Ascension aérostatique de Charles et Robert aux Tuileries.

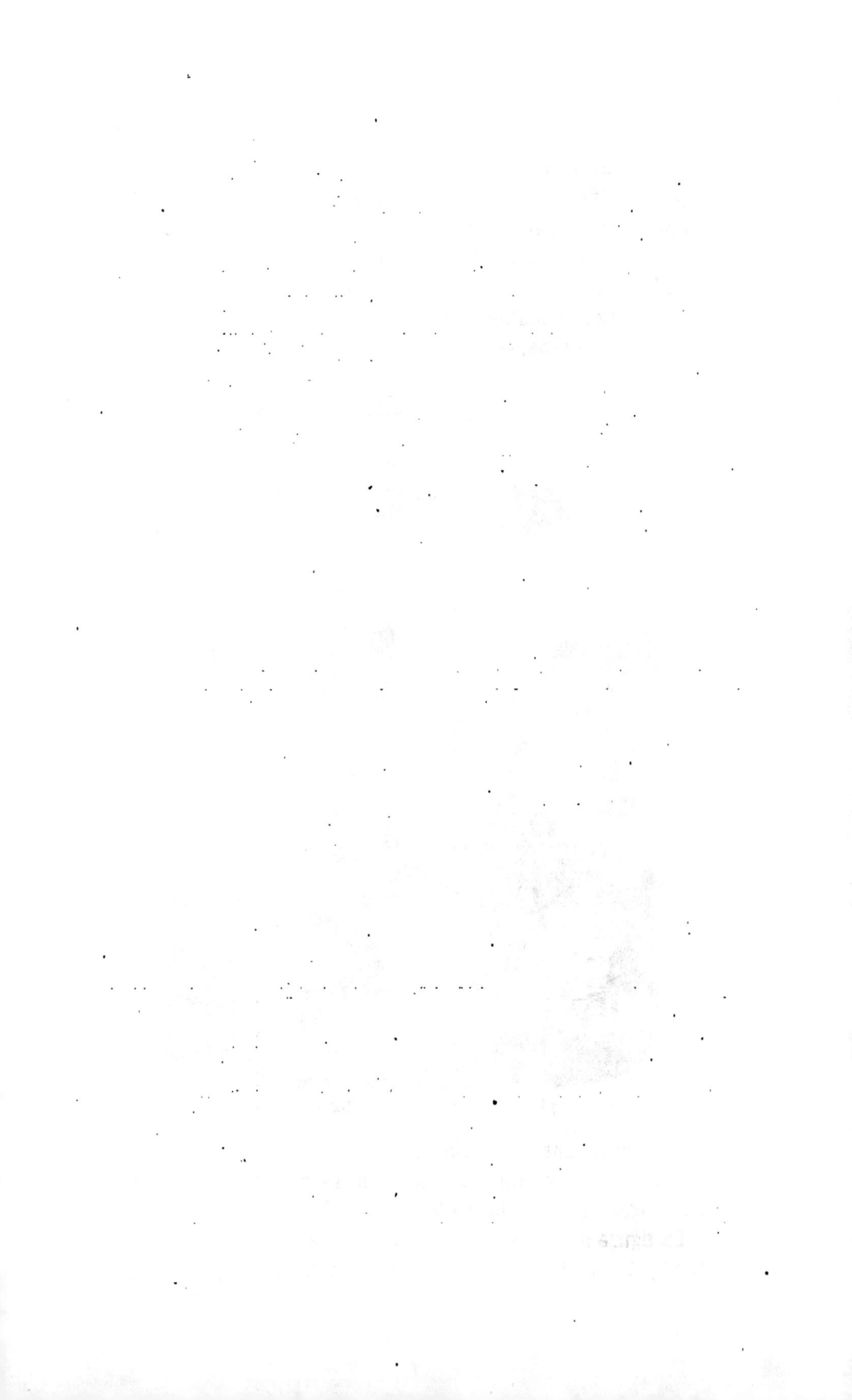

cette occasion que le physicien Charles créa tous les moyens qui ont été mis en usage depuis dans les voyages aériens, savoir : la soupape pour faire descendre l'aérostat, en donnant issue au gaz, — la nacelle qui reçoit l'aréonaute, — le lest pour modérer la vitesse de la descente, — l'enduit de caoutchouc appliqué sur le ballon de soie, pour s'opposer à la déperdition du gaz hydrogène, — enfin l'usage du baromètre qui indique,

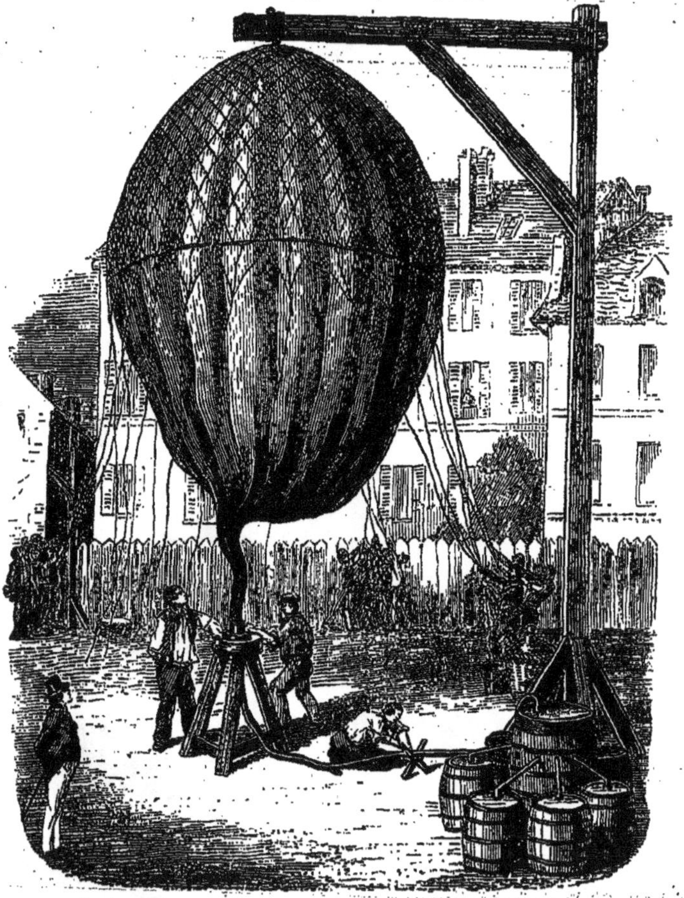

Fig. 216. Opération du remplissage d'un ballon à gaz hydrogène.

par les variations de hauteur de la colonne de mercure, si l'équipage aérien monte ou descend dans l'atmosphère, et qui sert à mesurer au besoin la hauteur à laquelle se trouve le ballon.

La figure 216 représente les dispositions qui furent prises par le physicien Charles pour remplir son ballon de gaz hydrogène. Le gaz se formait à l'intérieur de plusieurs tonneaux contenant de l'acide sulfurique, du fer et de l'eau; ces tonneaux étaient munis d'un tube de métal qui conduisait l'hydrogène dans un tonneau plus grand, à demi rempli d'eau, pour le dépouiller des gaz étrangers solubles dans l'eau; en sortant de ce grand tonneau, le gaz hydrogène se dirigeait, au moyen d'un tube de cuir, dans l'intérieur du globe de soie.

Blanchard, aéronaute français, après avoir fait plusieurs brillantes ascensions, conçut un projet d'une audace incroyable pour une époque où la science aérostatique était encore pleine d'hésitations et d'incertitudes; il annonça qu'au premier vent propice, il passerait en ballon de Douvres à Calais, en franchissant le bras de mer qui sépare l'Angleterre de la France.

Le 7 janvier 1785, Blanchard s'éleva, en effet, avec un Irlandais, le docteur Jeffries, dans un ballon à gaz hydrogène, qui fut lancé de la côte de Douvres. Comme ils étaient au-dessus de la mer et environ au tiers du voyage, leur ballon commença à descendre : ils jetèrent leur lest, le ballon remonta et se dirigea vers la France. Comme ils voyaient déjà les côtes de France, le ballon, qui perdait du gaz, se mit à descendre avec rapidité. Ils lancent à la mer leurs provisions de bouche, leurs agrès, et même leurs vêtements. Mais le ballon descendait toujours. Enfin, après avoir couru plus d'une fois le danger de tomber à la mer, ils atteignirent la côte et descendirent aux portes de Calais, où l'on fit aux intrépides voyageurs une réception splendide. Blanchard reçut du maire des lettres qui lui accordaient le titre de citoyen de Calais, et son ballon fut déposé, en commémoration de cet événement, dans la principale église de la ville.

Le physicien Pilâtre des Rosiers, qui avait déployé un talent et un zèle remarquables pour les progrès de l'aérostation, périt peu de temps après, le 5 juin 1785, en voulant imiter la tentative audacieuse de Blanchard. Il avait imaginé de combiner en un système unique les deux moyens dont on s'était servi jusque-là, c'est-à-dire la *montgolfière* et l'aérostat à gaz hydrogène. Il se proposait de franchir ainsi la Manche et d'aborder en Angleterre en partant de la côte de Boulogne. Mais quelques instants après le départ, et avant même qu'il fût parvenu au-dessus de l'Océan, l'étoffe du ballon à gaz hydrogène s'étant déchirée pendant que l'aéronaute tirait la soupape, l'aérostat,

Fig. 217. Pilâtre des Rosiers.

vide de gaz, tomba sur la *montgolfière*, et par son poids préci-

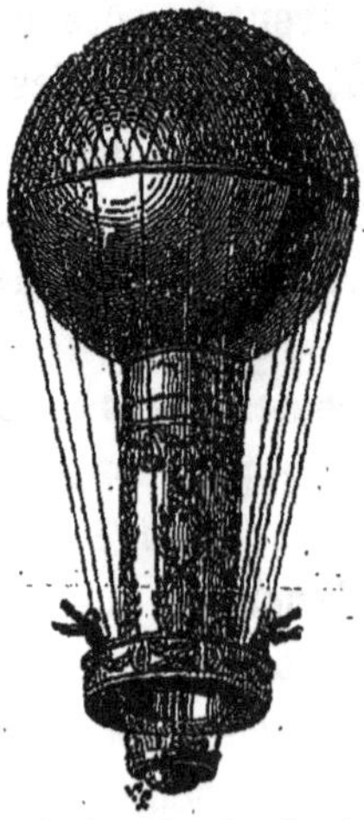

Fig. 218. Aéro-montgolfière de Pilâtre des Rosiers.

pita l'appareil sur la terre. Pilâtre des Rosiers, qui périt dans cette circonstance, était accompagné d'un physicien de Boulogne nommé Romain, qui partagea sa triste fin.

La figure 218 représente, d'après une gravure de cette époque, l'*aéro-montgolfière* de Pilâtre des Rosiers.

Les globes aérostatiques, maintenus captifs au moyen de cordes, à une hauteur convenable dans l'atmosphère, pouvaient fournir des postes d'observation pour découvrir les forces et les manœuvres des troupes ennemies. On pensa, en 1794, à mettre ce moyen au service des armées françaises et l'on créa à cet effet deux compagnies d'*aérostiers*. Un jeune physicien nommé Coutelle reçut le commandement de la première com-

Fig. 219. Emploi des aérostats aux armées; le ballon du capitaine Coutelle.

pagnie d'aérostiers. Le ballon du capitaine Coutelle rendit de véritables services à la bataille de Fleurus. On se servit encore des aérostats dans quelques campagnes de la République. Le ballon était toujours maintenu captif, au moyen de deux cordes retenues chacune par un groupe de soldats. Le commandant, placé dans la nacelle, transmettait ses ordres aux *aérostiers* au moyen de drapeaux de différentes couleurs. Du haut de ce poste élevé, il pouvait observer et suivre les marches, les opérations et les forces de l'ennemi.

Cependant la carrière militaire des ballons ne fut pas de longue durée. Le premier consul Bonaparte, qui n'accordait point de confiance à l'emploi d'un tel moyen dans les armées, licencia les deux compagnies d'aérostiers, et fit fermer l'école que l'on avait établie dans les jardins du château de Meudon pour étudier, sous la direction de Coutelle, les applications militaires des aérostats.

Les premiers aéronautes mettaient leur héroïsme au service d'une découverte nouvelle et dont on ne pouvait encore mesurer la portée : leurs successeurs eurent le tort de ne faire de l'aérostation qu'un spectacle public, un moyen d'attraction pour les badauds et les oisifs. Tout le monde connaît les noms des aéronautes de profession, tels que Jacques et Élisa Garnerin, Mme Blanchard, Margat, Charles Green et Georges Green son fils. Parmi les nombreuses ascensions exécutées par ces aéronautes, nous signalerons quelques-unes de celles qui ont le plus frappé l'esprit public.

Mme Blanchard s'éleva en 1819, au milieu d'une fête donnée au Tivoli de la rue Saint-Lazare. Elle avait emporté dans sa nacelle des pièces d'artifice qu'elle devait enflammer au milieu des airs, quand elle serait arrivée à une certaine hauteur. Mais par suite d'une secousse, la lance à feu qu'elle tenait à la main, mit le feu au gaz hydrogène que contenait le ballon. Mme Blanchard, serrant l'orifice inférieur du ballon, essaya, mais en vain, d'arrêter l'incendie. Le gaz brûla pendant plusieurs minutes sans endommager l'enveloppe du ballon. La machine enflammée descendait doucement, et si le vent l'eût portée vers la campagne, Mme Blanchard eût sans doute opéré sa descente sans accident. Malheureusement l'aérostat tomba sur Paris; il vint heurter le toit d'une maison de la rue de Provence. La nacelle, glissant sur la pente du toit, du côté de la rue, rencontra un crampon de fer. Ce brusque arrêt imprima une secousse qui précipita l'aréonaute hors de la nacelle. Elle se brisa le crâne sur le pavé de la rue.

Les ascensions du comte Zambeccari, de Bologne, furent marquées par les plus terribles péripéties. Il employait une lampe à esprit-de-vin pour échauffer l'air de son ballon. Dans une première ascension, cette lampe à esprit-de-vin se brisa, et Zambeccari, en s'élevant dans les airs, fut enveloppé par les flammes. Il parvint heureusement à éteindre l'incendie, et redescendit vivant, mais affreusement brûlé. En 1804, son aérostat tomba deux fois dans la mer Adriatique. Il flottait dans l'eau sur les débris de son ballon, avec son compagnon de voyage, au milieu d'une nuit obscure et de vagues furieuses qui quelquefois les couvraient en entier. Après de longues heures d'angoisse et d'agonie, Zambeccari et son compagnon furent recueillis sur un navire, où on leur donna tous les soins nécessaires. Zambeccari périt en 1812, à Bologne, au milieu des airs, dans son ballon que la lampe à esprit-de-vin avait incendié.

Harris, Sadler, Olivari, Mosment, Émile Deschamps, Georges Gale, ont de même péri misérablement dans des ascensions aériennes. Mais faisons remarquer que l'inexpérience et l'imprudence des aéronautes ont été les principales causes de ces malheurs. En effet, le nombre des ascensions effectuées jusqu'à ce jour peut être évalué à plus de dix mille, et sur ce grand nombre on n'en compte guère plus de quinze qui aient été suivies d'un résultat fatal.

Une ascension qui excita vivement la curiosité publique, fut celle du ballon *le Géant*, opérée, sous la direction de Nadar, au champ de Mars, à Paris. Le 18 octobre 1863, à cinq heures du soir, le gigantesque ballon s'éleva majestueusement dans les airs, emportant neuf voyageurs, aux applaudissements d'une foule immense. Prenant la direction du nord-est, il passa sur la Belgique, allant droit à la mer du Nord; mais le lendemain dans la matinée, un nouveau courant l'entraîna vers le Hanovre, où les aéronautes résolurent d'opérer leur descente. Mais la violence du vent imprimant au ballon une vitesse de soixante lieues à l'heure, les ancres furent arrachées au premier obstacle, et *le Géant* se mit à faire des bonds formidables, heurtant les collines, labourant la terre, brisant tout sur son passage. Enfin, un massif d'arbres l'ayant arrêté, la violence du choc lança les voyageurs sur le sol, couverts de blessures et de contusions. Ils étaient près de Nienbourg, dans le royaume de Hanovre, où ils reçurent l'accueil le plus empressé et le plus sympathique.

Ce n'est qu'en 1803, vingt ans après la découverte de Montgolfier, que l'on commença à employer les aérostats comme moyen d'observation scientifique. La première ascension entreprise dans un but scientifique fut exécutée à Hambourg, le 18 juillet 1803, par un physicien flamand nommé Robertson, aidé de son compatriote L'Hoest. Parvenus à une grande hauteur, ils se livrèrent à diverses observations de physique.

En France, Biot et Gay-Lussac exécutèrent en 1804 une très-belle ascension, qui donna lieu à plusieurs observations très-importantes pour la science. Dans un second voyage, Gay-Lussac partit seul, et s'éleva jusqu'à 7016 mètres au-dessus du niveau de la mer. Dans ces hautes régions le baromètre était descendu de la hauteur de $0^{m},76$, qu'il marquait à terre, à celle de $0^{m},32$. Le thermomètre, qui marquait 27° à terre, marquait dans le ballon parvenu à cette hauteur 9° au-dessous de zéro. Dans ces hautes régions, la sécheresse était extrême; le papier se crispait comme devant le feu; la respiration et la circulation du sang de l'observateur étaient accélérées à cause de la grande raréfaction de l'air.

En 1850, MM. Barral et Bixio ont exécuté une ascension scientifique qui a donné peu de résultats utiles. En 1862 et 1863, M. Glaisher, chef du bureau météorologique de Greenwich, a obtenu dans plusieurs ascensions aérostatiques des résultats intéressants pour la météorologie et la physique du globe.

On est loin d'avoir tiré jusqu'ici des aérostats tous les avantages qu'ils peuvent fournir pour l'étude scientifique de l'atmosphère.

C'est ici le lieu de donner l'explication du phénomène de l'ascension des *montgolfières* et des aérostats.

Lorsqu'un corps est plongé dans l'air, il est soumis à l'action de deux forces opposées : d'une part la pesanteur, qui tend à l'abaisser, et d'autre part une poussée de l'air en sens contraire, qui tend à le soulever. Cet effort de bas en haut est égal au poids même de l'air déplacé par le corps. Si donc, le corps plongé dans l'air pèse moins que l'air qu'il déplace, c'est la poussée de celui-ci qui prédomine sur le poids du corps, et le corps prend un mouvement ascensionnel. La machine aérostatique des frères Montgolfier était remplie d'air chaud; or, l'air chaud pesant moins que l'air froid (puisqu'il n'est que de l'air dilaté, qui, sous le même volume, contient moins de matière), il arrivait que l'air chaud du ballon, augmenté du poids de l'appareil, pesait moins que le même volume d'air extérieur; donc le ballon devait monter. Mais l'air va en diminuant de densité à mesure qu'on s'élève : l'appareil doit donc s'arrêter et demeurer en équilibre quand il rencontre une couche d'air telle que le volume qu'il en déplace pèse précisément autant que lui.

L'explication que nous venons de donner de l'ascension des *montgolfières* ou ballons à feu, rend nécessairement compte aussi de la cause de l'ascension des aérostats à gaz hydrogène. Un ballon rempli de gaz hydrogène déplace un volume égal d'air atmosphérique; mais comme le gaz hydrogène est beaucoup plus léger que l'air, il est poussé de bas en haut par une force égale à la différence qui existe entre la densité de l'air et celle du gaz hydrogène. Le ballon doit donc s'élever dans l'atmosphère jusqu'à ce qu'il rencontre des couches d'une densité précisément égale à celle de sa propre densité, et, arrivé là, il doit rester en équilibre. Pour que l'aérostat redescende, il faut nécessairement remplacer une partie du gaz hydrogène qui le remplit, par de l'air atmosphérique, et il ne peut toucher terre que lorsque le gaz hydrogène a été expulsé et remplacé totalement par de l'air atmosphérique.

Dans la plupart des ascensions aérostatiques qui s'opèrent dans les grandes villes, on se contente de remplir le ballon avec du gaz d'éclairage, c'est-à-dire avec l'hydrogène bicarboné provenant de la décomposition de la houille, qui est environ deux fois plus léger que l'air. Il suffit alors d'engager dans l'orifice inférieur du ballon un tuyau de conduite recevant de l'usine le gaz d'éclairage. Mais la trop faible différence qui existe entre la densité de l'air et celle du gaz d'éclairage oblige d'employer des ballons d'un volume considérable quand on veut élever des personnes ou des objets un peu lourds.

Les dimensions des ballons peuvent être extrêmement réduites si l'on remplit le ballon avec du gaz hydrogène pur, dont la densité est quatorze fois inférieure à celle de l'air[1].

On prépare très-facilement le gaz hydrogène destiné à remplir un aérostat, en faisant réagir sur des fragments de zinc ou de fer, de l'eau et de l'acide sulfurique. On place ces substances dans plusieurs tonneaux qui communiquent par des tuyaux de conduite avec un tonneau central défoncé à sa partie inférieure, et plongeant dans une cuve pleine d'eau. En même temps que le gaz hydrogène se produit par la réaction de l'eau et de l'acide sulfurique sur le zinc ou le fer, il se forme aussi du gaz acide sulfureux : c'est ce gaz irrespirable et irritant qui provient de la combustion du soufre à l'air, et qui se produit quand on enflamme une allumette. Le gaz hydrogène ainsi souillé d'acide sulfureux se débarrasse de ce produit nuisible en traversant la cuve pleine d'eau, c'est-à-dire le tonneau central, où il se lave parfaitement : l'acide sulfureux demeure dissous dans l'eau. Le gaz ainsi purifié se rend dans l'aérostat par un long tube en toile, fixé par un bout au tonneau central et par l'autre à l'aérostat.

La figure 220 fait voir tous les détails du remplissage d'un aérostat par le gaz hydrogène pur préparé au moyen de l'acide sulfurique et du fer.

On ne remplit jamais l'aérostat qu'aux trois quarts environ de sa capacité. En effet, à mesure que le ballon s'élèvera, il pénétrera dans des couches d'air de moins en moins denses qui le presseront ainsi de moins en moins : dès lors le gaz intérieur, se dilatant proportionnellement à la diminution de pression, gonflera progressivement le ballon, en sorte que si celui-ci eût été entièrement rempli au moment du départ, la dilatation du gaz n'aurait pas manqué de faire éclater l'enveloppe.

Il est presque inutile de faire ressortir l'immense supériorité

1. La densité de l'air étant 1,00, la densité ou le poids spécifique du gaz hydrogène pur est de 0,06.

des aérostats à gaz hydrogène sur les ballons à feu. Pour ces derniers, la grande quantité de combustible qu'il fallait em-

Fig. 220. Remplissage d'un ballon de gaz hydrogène.

porter, la faible différence qui existe entre la densité de l'air échauffé et celle de l'air froid, la nécessité d'alimenter, de surveiller sans cesse le feu dans la corbeille suspendue à la partie inférieure du ballon, étaient des obstacles et des dangers presque insurmontables. Aussi ne se sert-on jamais de l'air chaud que pour lancer des ballons perdus, c'est-à-dire des *montgolfières*. Pour élever des aérostats montés par des voyageurs, on ne doit jamais employer que le gaz d'éclairage ou le gaz hydrogène pur.

La nacelle dans laquelle se place le voyageur aérien est suspendue au-dessous du ballon, et soutenue par un filet en corde qui enveloppe le globe tout entier. Une soupape, moyen imaginé par le physicien Charles, s'adapte à la partie supérieure du ballon, et l'aéronaute peut la manœuvrer comme il le veut, à l'aide d'une longue corde. Quand il ouvre la soupape, une partie du gaz s'échappe et comme ce gaz est remplacé par un même volume d'air, le poids de l'appareil augmente, et le ballon peut ainsi descendre lentement et graduellement. Mais si le ballon, en descendant, se dirige vers un édifice, une forêt, une rivière, et qu'il y ait quelque danger pour l'aéronaute ou pour la conservation de son appareil, comment éviter ce danger? Le moyen est très-simple et a encore été indiqué par Charles. En partant, l'aéronaute a eu soin de placer dans sa nacelle des sacs pleins de sable; dans le cas dont nous parlons, il vide un de ces sacs, et le ballon se trouvant allégé d'autant, sa force ascensionnelle augmente, il s'élève et peut conduire l'aéronaute dans un endroit plus favorable pour y prendre terre. On conçoit encore que par le même moyen on puisse modérer et ralentir la chute d'un aérostat.

On nomme *parachute* un appareil qui a été imaginé pour

Fig. 221. Parachute.

donner plus de sécurité à la descente aérostatique. Si, par une cause quelconque, le ballon n'offre plus les conditions de sécurité voulues, l'aéronaute, en se plaçant dans la nacelle du parachute, et coupant la corde qui attache ce parachute au ballon, peut s'abandonner à l'air et arriver à terre sans accident. Faisons pourtant remarquer que cet appareil n'a jamais été employé jusqu'ici comme moyen de sauvetage dans un voyage aérien; il n'a encore servi qu'aux aéronautes de profession, pour étonner le public par le saisissant spectacle d'un homme qui se précipite courageusement dans l'espace du plus haut des airs.

Le parachute, que représente la figure 221, est une sorte de vaste parasol de cinq mètres de rayon, formé de trente-six fuseaux de taffetas cousus ensemble et réunis, au sommet, à une rondelle de bois. Plusieurs cordes partant de cette rondelle soutiennent la nacelle destinée à recevoir l'aéronaute. Au sommet se trouve pratiquée une ouverture qui permet à l'air comprimé par la rapidité de la descente, de s'échapper sans imprimer à l'appareil de secousses dangereuses.

Le parachute modère la rapidité de la descente par la large surface qu'il présente à la résistance de l'air.

Le parachute dont on se sert aujourd'hui est le même appareil que Jacques Garnerin, aéronaute français, a osé employer le premier. Le 22 octobre 1797, en présence d'une foule étonnée de son courage, Jacques Garnerin se précipita, protégé par un parachute, d'une hauteur de mille mètres. Ce spectacle a été depuis prodigué aux yeux avides des spectateurs, par sa nièce, Élisa Garnerin, par Mme Blanchard, et de nos jours par Godard et Poitevin (fig. 222).

Direction des aérostats. — On se demande bien souvent s'il est possible de diriger à son gré les ballons flottants dans les airs. Les études approfondies faites de nos jours par les géomètres et les physiciens ont prouvé qu'il serait impossible, avec les moteurs dont la mécanique peut disposer aujourd'hui, d'obtenir la direction des ballons, parce qu'il n'existe aucun appareil suffisant pour combattre l'énorme puissance des vents et des courants de l'atmosphère, et en même temps assez léger pour être enlevé dans les airs avec l'aérostat.

Fig. 222. Descente en parachute.

PUITS ARTÉSIENS

XXI

PUITS ARTÉSIENS.

Historique. — Les puits artésiens en Europe. — Considérations générales sur les puits artésiens. — Puits de Grenelle. — Puits de Passy.

On appelle *puits artésiens* des trous de sonde verticaux pratiqués dans le sol, et au moyen desquels les eaux situées à une certaine profondeur remontent jusqu'à la surface de la terre, et jaillissent quelquefois à de grandes hauteurs.

L'usage de la sonde pour la recherche des eaux artésiennes remonte aux temps les plus reculés. La Syrie, l'Égypte, les oasis de l'ancienne chaîne libyque, présentent un certain nombre de puits obtenus à l'aide de ce procédé. Olympiodore, qui vivait à Alexandrie dans le sixième siècle, dit que dans les oasis il existe des puits creusés à trois cents et même à cinq cents aunes (quarante-huit et quatre-vingts mètres), qui lancent des rivières à la surface du sol.

Depuis un temps immémorial, le forage des sources jaillissantes est pratiqué par les Chinois, cet étrange peuple, qui, dans le mystère et le silence de son isolement, revendique une si grande part dans toutes les grandes inventions de l'esprit humain. Dans la province d'Outong-kiao, sur une étendue de dix lieues de longueur et de quatre de large, on a compté plus de dix mille puits dont la profondeur pouvait atteindre quelquefois jusqu'à trois mille pieds.

Pour creuser ces puits d'une si grande profondeur, les Chinois employaient un appareil à percussion, dont on ne connaît pas bien toutes les dispositions. On sait seulement que la pièce principale est un cylindre cannelé en fonte pesant de un à trois quintaux, et soutenu par une corde attachée à un arbre horizontal dont le pied est assujetti au sol. Cet instrument se nomme *mouton*. Des hommes le font danser au fond du puits, comme un pilon au fond d'un mortier, en faisant ployer sous leur poids, puis en laissant se redresser le grand arbre incliné auquel il est suspendu.

En Europe, dès le commencement des temps modernes, nous voyons l'usage des puits artésiens répandu dans le nord de l'Italie. Les armes de la ville de Modène sont deux tarières de fontainier avec cette épigraphe : *Avia pervia*. L'ouvrage le plus ancien dans lequel on trouve quelques données certaines sur l'emploi de la sonde pour le percement des puits, est celui que publia en 1691 Bernardini Ramazzini, professeur au Lycée de médecine de Modène.

Dominique Cassini, appelé d'Italie en France par Louis XIV, s'efforça d'y faire connaître les procédés dont il s'était servi, dans sa première patrie, pour construire les puits forés. Mais les anciens puits forés de l'Artois, qui subsistent encore aujourd'hui, témoignent que l'usage de la sonde était depuis longtemps connu en France. Ce fut au temps de Louis le Gros, en 1126, que le premier puits artésien fut creusé dans le couvent des Chartreux de Lillers, dans le département actuel du Pas-de-Calais. Cette fontaine, qui n'a pas cessé de donner de l'eau jusqu'à nos jours, n'impose à la commune qu'une bien petite dépense, celle de remplacer tous les vingt-cinq ans le tubage en bois.

Bernard Palissy, l'illustre auteur des *Rustiques figurines*, dont nous avons cité les travaux et rappelé la destinée malheureuse en parlant des poteries, décrit un instrument qu'il avait conçu, et qui est absolument l'analogue de notre sonde, ou mieux, qui en est le premier élément. « En plusieurs lieux, dit Bernard de Palissy, les pierres sont fort tendres, et singulièrement quand elles sont encore dans la terre ; pourquoi il me semble qu'une *torsière* les percerait aisément, et après la torsière on pourrait mettre l'autre tarière et, par tel moyen, on pourrait trouver du terrain de marne, voire des eaux, pour faire puits, lesquelles bien souvent pourraient monter plus haut que le lieu où la pointe de la tarière les aura trouvées, et cela se pourra faire moyennant qu'elles viennent de plus haut que le fond du trou que tu auras fait. »

Le premier puits artésien creusé à Paris fut, dit-on, celui que fit creuser Jacques Leborgne, dans l'hôpital des Enfants-Rouges, fondé par la duchesse d'Alençon, sœur de François Ier. Depuis le premier quart du dix-neuvième siècle, le nombre des puits artésiens s'est considérablement accru en France, en Allemagne, en Prusse, et dans la plupart des pays de l'Europe. En 1818, la *Société d'encouragement pour l'Industrie nationale* attira beaucoup l'attention sur ce système en proposant des prix pour les meilleurs outils et instruments de forage. M. Héricart de Thury, M. Degousée, se sont particulièrement distingués par leurs travaux théoriques et pratiques dans l'art du forage des puits. C'est grâce à leurs recherches que cette branche importante des arts mécaniques a reçu, il y a trente ans, un degré de perfectionnement remarquable. En 1844, le succès du forage entrepris par M. Mulot à Grenelle a excité un vif intérêt en France, et attiré très-vivement l'attention et l'admiration publiques.

Les eaux artésiennes circulent généralement dans une couche de terrain perméable et entre deux couches imperméables. La couche perméable est sablonneuse ou formée de calcaire désagrégé, ou même composée de roches compactes, mais présentant des fissures profondes. Les couches imperméables sont du granit, de l'argile, de la marne, de la craie, ou toute autre roche compacte sans fissure. Soit donc une couche perméable *a d*, *c b*, comprise entre deux couches imperméables ; elle absorbera continuellement les eaux pluviales par tout son pour-

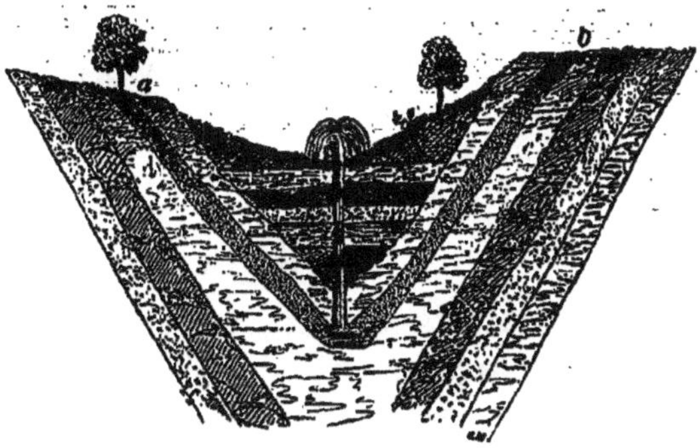

Fig. 223.

tour, et se remplira dès lors entre les deux couches imperméables jusqu'à une certaine hauteur, au niveau *c d* par exemple. Si l'on vient alors à percer tous les dépôts qui recouvrent la couche aquifère, l'eau souterraine qui y est contenue jaillira par le trou de sonde et s'élèvera au dehors jusqu'au niveau *c d* qu'elle atteint dans cette espèce de vase naturel que forme la couche aquifère *a d*, *c b*. L'eau s'élève donc dans les trous de sonde, en raison de la tendance qu'ont les liquides à se mettre en équilibre, ou au même niveau, dans les vases communiquants.

L'exemple du bassin bien clos et demi-circulaire, comme celui que nous venons de figurer, se rencontre rarement dans la nature. Le bassin, de forme plus ou moins irrégulière, est souvent coupé, interrompu par mille accidents de terrain, en sorte qu'une partie de la nappe d'eau souterraine s'échappe par des fissures latérales ; il en résulte que l'eau ne peut pas s'élever exactement à la hauteur de son point de départ, ou à la hauteur qu'elle occupe dans les branches du vase naturel qui la contient. Le frottement que l'eau éprouve, avant d'arriver au trou de sonde, diminue aussi la hauteur de la colonne jaillissante : en effet, ces eaux se meuvent dans des canaux irréguliers et encombrés de détritus qui leur opposent une grande résistance.

« Pour trouver des eaux jaillissantes, dit M. Degousée, on devra rechercher ces espaces plus ou moins encaissés dans des saillies dominantes, vers lesquelles les couches de la plaine se relèvent quelquefois de manière à présenter leur tranche. Il résulte en effet de cette disposition que les eaux extérieures, s'infiltrant dans les couches perméables, affleurent en venant s'appuyer sur les coteaux de bordure, et, suivant avec ces couches les inflexions du fond, sont d'autant plus susceptibles de remonter par les trous de sonde et de donner naissance à des puits artésiens, que les points d'infiltration sont plus élevés et les points de déperdition plus éloignés. »

L'un des puits artésiens les plus remarquables qui aient été pratiqués de nos jours, est celui dit *de Grenelle*, autrefois aux portes, aujourd'hui dans l'intérieur de Paris. Les eaux qui alimentent cette magnifique source jaillissante, coulent du dessous d'une superficie d'environ soixante lieues de pays, et, partant de Langres, suivent à peu près la direction de Bar-sur-Seine, Lusigny, Troyes, Nogent-sur-Seine, Provins. C'est à Langres qu'affleure une couche épaisse de sable vert essentiellement perméable, situé sous Paris et renfermant une puissante nappe d'eau. Au-dessus de ces grès, sous Paris, se trouvent des couches de craie et d'argiles imperméables, qui affleurent en Champagne à une altitude plus grande que celle de Paris. Le plateau de Langres est parfaitement placé pour favoriser le jaillissement des eaux dont il est le point de départ, car son altitude au-dessus du niveau de la mer est de 473 mètres, tandis que celle de Paris n'est que de 60 mètres.

Arago avait calculé d'une manière approximative qu'à Paris l'épaisseur des couches à traverser pour atteindre les sables verts, c'est-à-dire la couche aquifère du plateau de Langres, était de 460 mètres. D'après ces données, M. Mulot commença le forage du puits de Grenelle le 3 novembre 1833. En 1835 on avait atteint une profondeur de quatre cents mètres par un travail très-régulier ; mais alors, une cuiller consistant en un cylindre d'un poids énorme, étant tombée au fond du puits, on ne put l'en retirer que par morceaux, et ce travail opéré avec les ciseaux et la lime à une aussi grande profondeur, dura quatorze mois. Le 26 février 1841, le forage étant arrivé à 548 mètres, un volume d'eau considérable en sortit.

Pendant près d'un an, le puits de Grenelle lança une énorme quantité de graviers, provenant de la dégradation de ses parois. Enfin, il se dévia de sa direction primitive perpendiculaire, et lança néanmoins, en vingt-quatre heures, 4 500 000 litres d'une eau limpide dont la température s'élevait à 27°. Le jet de cette eau atteint aujourd'hui la hauteur de trente mètres au-dessus du sol. On a construit au lieu d'émergence de cette source une

Fig. 224. Puits de Grenelle.

élégante colonne monumentale en fonte, du haut de laquelle se déverse la masse considérable d'eau qui jaillit des profondeurs du sol.

M. Héricart de Thury, dans son rapport du 8 avril 1840, avait annoncé quels seraient le nombre et la nature des couches de terrain à traverser, et à quelle profondeur on devait trouver l'eau. Il avait dit : l'eau jaillira des grès verts à 560 mètres environ, et elle parut à 548 mètres : elle donnera 4000 litres par minute, et elle donne 4000 litres par minute : elle aura une température de 30° : elle sera douce, dissoudra parfaitement le savon, et conviendra à tous les usages domestiques : toutes ces prédictions de la science ont été confirmées.

Le puits qu'on a exécuté dans les anciennes carrières de Passy, près de Paris, présente des proportions gigantesques. Ce grand travail a été commencé en 1855 par M. Kind, habile ingénieur saxon.

La méthode appliquée à Passy ne fut pas la même que celle qu'on employa à Grenelle. A Grenelle, l'instrument de forage était une sorte d'énorme tire-bouchon. A Passy, on s'est servi, pour creuser la terre, d'un ciseau ou trépan, armé de sept dents en acier fondu et pesant 1800 kilogrammes. A Grenelle, l'instrument de forage était attaché à une longue tige de fer. A Passy, le trépan était supporté par des tiges en bois de dix mètres de longueur vissées l'une à l'autre. L'ensemble de ces tiges et du trépan était suspendu à l'une des extrémités d'un balancier, à l'autre extrémité duquel était attachée une tige s'adaptant au piston d'un cylindre à vapeur. La tige qui portait le trépan recevait ainsi un mouvement alternatif vertical. Quand ce trépan avait foré le puits sur une profondeur d'un mètre à un mètre et demi, on le détachait de l'extrémité du balancier et on le remontait à l'aide d'un câble plat enroulé sur un treuil, mis en mouvement par un second cylindre à vapeur. Les détritus étaient retirés du puits au fur et à mesure que l'outil entamait la terre. On forait pendant six heures, ensuite on procédait au curage pendant le même temps. On employait pour le curage un sceau cylindrique en tôle, qu'on descendait au fond du puits après en avoir retiré le trépan. Le fond du sceau était formé de deux clapets s'ouvrant de dehors en dedans. Par le choc du sceau au fond du puits, les matières boueuses ou pierreuses pénétraient dans son intérieur en ouvrant les clapets, qui se refermaient ensuite sous le poids de ces mêmes matières. Un accident survenu en 1857, retarda pendant deux ans la marche des travaux. Le forage ayant été repris en 1859, on rencontra la nappe aquifère à 576m,70 de profondeur, mais l'eau ne put remonter à l'orifice du puits. On creusa plus avant avec une nouvelle ardeur, et, le 24 septembre 1861, une véritable rivière jaillit des profondeurs de la terre. Le volume d'eau débité s'éleva bientôt à 20 000 mètres cubes par vingt-quatre heures, avec une température de 28° centigrades.

Comme il fallait s'y attendre, le débit du puits de Grenelle subit le contre-coup de l'ouverture du puits de Passy. De 900 mètres cubes par jour, le rendement du premier descendit à 777 mètres, point où il est resté stationnaire. En présence de l'énorme débit du puits de Passy, cette diminution a peu d'importance pour le service public.

PONTS SUSPENDUS

XXII

PONTS SUSPENDUS.

Considérations générales. — Résumé historique. — Construction des ponts suspendus. — Câbles. — Chaînes. — Tablier. — Culées. — Épreuve du pont suspendu. — Ponts suspendus les plus remarquables.

Les ponts suspendus se composent de câbles ou de chaînes de fer, tendus d'une rive à l'autre d'un fleuve ou d'une rivière, et supportant, au moyen de tiges de suspension, un tablier qui donne passage aux piétons et aux voitures. Les avantages spéciaux de ces ponts sont leur position indépendante du lit des fleuves et des torrents impétueux, au-dessus desquels on n'aurait pu établir des piles de pierre ; la facilité, la promptitude et l'économie de leur construction ; enfin leur hardiesse, leur légèreté et leur élégance. Tandis que dans les ponts fixes la largeur des arches n'a jamais dépassé 60 mètres lorsque la voûte est en pierre, 73 mètres quand elle est en fer, et 119 mètres quand on emploie seulement le bois (ces nombres étant des limites maximum qu'il a été permis d'atteindre, mais en deçà desquels on s'est presque toujours tenu), la portée des arches des ponts suspendus, au contraire, peut s'étendre jusqu'à 500 mètres. Ils franchissent les vallées les plus profondes et relient entre eux les faîtes les plus escarpés. D'autant plus solides et d'autant moins dangereux que leur portée est plus grande, ils deviennent par la grâce et la légèreté de leurs courbes l'ornement architectural des abîmes.

C'est à l'Asie que revient l'honneur des premiers essais des ponts suspendus. Le voyageur Turner, dans la relation de son ambassade au Thibet, parle d'un pont appelé *Chouka-Chazum*, et composé d'un plancher en bambou, appuyé sur cinq chaînes de fer. La longueur de ce pont était de 146 mètres; les habitants lui attribuaient une origine fabuleuse.

L'*Histoire générale des voyages* parle de l'existence, en Chine, de deux autres ponts du même genre.

Ces ponts, que les écrivains chinois ont pittoresquement appelés *ponts volants*, sont souvent tellement élevés qu'ils ne peuvent être traversés sans crainte. Un pont de cette espèce existe encore dans la Shenise : il s'étend d'une montagne à une autre, sur une longueur de 400 pieds dans le vide. De la surface des eaux, dans le fond du précipice, au tablier du pont, il y a 500 pieds. La plupart de ces *ponts volants* sont assez larges pour que quatre hommes puissent y chevaucher de front; des balustrades solides et élégantes sont placées de chaque côté pour la sécurité des voyageurs. Il n'est pas impossible que les missionnaires chrétiens envoyés en Chine aient connu ce fait il y a cinquante ans, et ce renseignement communiqué aux ingénieurs européens a pu être la cause première de l'introduction des ponts suspendus en Europe.

Depuis assez longtemps, dans l'Amérique du Sud, des ponts suspendus relient entre eux les hauts sommets des Andes et des Cordillères. M. de Humboldt traversa, en 1812, la rivière de Chambo sur un pont suspendu de 40 mètres de longueur. Dans ces contrées, où le fer est rare, les câbles sont construits avec des lianes, et les cordes sont fournies par les fibres de l'*agave americana*.

En Europe, on trouve dans un recueil de machines publié à Venise en 1617, deux planches représentant des ponts suspendus, l'un en chaînes de fer, l'autre en cordes. En 1741, un pont fut construit sur la Lees, entre les comtés de Durham et d'York : un petit plancher de deux pieds de large, pour le passage des piétons, était établi sur deux chaînes en fer. Long de 70 pieds, il est muni seulement, d'un côté, d'une main courante ; suspendu à plus de 60 pieds au-dessus d'un torrent, il éprouve un balancement considérable. Mais le premier pont suspendu permanent pour le passage des voitures, établi d'après le système moderne, a été construit par M. Findlen, en Amérique.

Après l'Amérique, l'Angleterre vit s'élever des ponts suspendus sur plusieurs points de son territoire.

Quant à la France, les guerres continuelles qui l'épuisèrent, au commencement de ce siècle, arrêtant l'essor naturel de son industrie et l'isolant du mouvement des autres nations, retardèrent parmi nous la naturalisation des ponts suspendus. Le premier pont de ce genre fut établi dans la petite ville d'Annonay, par les frères Seguin, neveux des Montgolfier. Ce pont n'était destiné qu'aux piétons, mais les mêmes constructeurs eurent bientôt le mérite de jeter sur le Rhône, entre Tain et Tournon, le premier pont suspendu propre aux voitures qui ait été vu en France. Depuis cette époque, les ponts suspendus remplacèrent presque partout les bacs dont on se servait pour traverser les rivières, et la France n'a plus rien eu à envier, sous ce rapport, à l'Amérique ni à l'Angleterre.

Les *câbles*, qui doivent servir à supporter le tablier d'un pont suspendu, sont tendus d'un bord à l'autre du cours d'eau ou de la dépression qu'il s'agit de franchir, et supportent ce tablier au moyen de tiges de suspension. Ces câbles sont formés de fils de fer ayant tous la même longueur, non tordus ensemble, mais juxtaposés parallèlement, et reliés de distance en distance à l'aide de fils recuits qu'on nomme *ligatures*.

On doit donner aux câbles une dimension suffisante pour qu'ils supportent, sans chance de rupture, le poids des fardeaux accidentels qui peuvent se présenter. Il faut tendre d'une manière égale tous les fils, de peur qu'un petit nombre seulement supportant l'effort, ils ne se rompent et ne déterminent ainsi la chute du pont. Mais cette condition n'est pas rigoureusement réalisable. Il faut avoir soin de faire bouillir les fils dans un mélange d'huile et de litharge, et de les recouvrir ensuite de plusieurs couches de peinture à l'huile lorsqu'ils sont réunis pour former le câble, afin de les mettre à l'abri de l'oxydation. Les câbles en fil de fer sont faciles à fabriquer et on les emploie très-généralement en France.

Les *chaînes*, dont le rôle est le même que celui des câbles, sont formées de barres de fer forgé, reliées entre elles par des boulons. Le forgeage de ces pièces doit être fait avec le plus grand soin, car il suffit d'un grave défaut dans l'une d'elles pour que sa rupture entraîne la chute du pont. C'est là le grand inconvénient des chaînes. Quoi qu'il en soit, elles sont presque exclusivement usitées en Angleterre, et leur usage tend même à se substituer en France à celui des câbles, quand il ne s'agit pas seulement de passerelles, mais de ponts que doivent traverser des voitures lourdement chargées.

Le *tablier* se partage en une chaussée pour les voitures et en deux trottoirs placés de chaque côté pour le passage des piétons. Il se compose de traverses soutenues aux deux bouts par les tiges de suspension. Elles sont reliées par les longuerines formant le trottoir. La liaison des traverses est très-importante, elle a pour but d'éviter les ondulations produites par le passage des voitures en répartissant leur poids sur un plus grand nombre de tiges. Le plancher de la chaussée est formé de forts madriers fixés sur les traverses et dans le sens perpendiculaire au leur, et de planches clouées sur les madriers en travers du pont. Le plancher des trottoirs est formé de planches clouées sur les longuerines qui se trouvent au bout des traverses et sur celles qui bordent la chaussée.

Plus la courbure des chaînes est oblique par rapport au sol, moins l'effort que les chaînes ou les câbles ont à supporter est considérable. C'est pour cela qu'on élève beaucoup les points d'appui des ponts suspendus, afin de donner aux chaînes la plus grande courbure possible. Les points d'appui sont des massifs en maçonnerie ou des colonnes de fonte. En général, il y en a deux placés sur les rives, et quelquefois un troisième placé au milieu de la rivière et qui prend le nom de *pile*. Au delà des points d'appui fixés sur les deux rives, les chaînes s'infléchissent vers le sol, où elles se fixent à des massifs de maçonnerie appelés *culées*. Ces chaînes, qui se dirigent dans un sens inverse de celui du pont, sont dites *chaînes de retenue*. Grâce à cette ingénieuse disposition, la résistance de tous les efforts transmis le long de la chaîne est dirigée dans le sens des points d'appui, et tend non pas à les renverser, mais à les écraser, ce qui n'est pas facile. Les chaînes se fixent définitivement dans des chambres souterraines.

Les ponts suspendus ne sont jamais livrés à la circulation sans avoir été soumis à une épreuve préalable, dans laquelle ils doivent supporter une charge dépassant de beaucoup celle qu'ils supporteraient s'ils étaient couverts d'hommes se coudoyant les uns les autres. On exige en effet qu'un pont suspendu puisse soutenir pendant vingt-quatre heures la charge de 200 kilogrammes par mètre de surface; or, des hommes se coudoyant n'y produiraient en moyenne qu'une charge de 70 kilogrammes, et l'ouragan le plus furieux ne produirait pas plus d'effet qu'une charge de 68 kilogrammes. Cependant, afin de ne pas trop ébranler les matériaux de construction, on permet pour six mois le passage sur le pont, après qu'il a subi une épreuve moitié moindre, dans laquelle le tablier est chargé seulement de 100 kilogrammes par mètre carré. Mais après le délai fixé par cette autorisation provisoire, l'épreuve entière doit être faite.

Parmi les ponts suspendus les plus remarquables de l'Europe on peut citer ceux de Fribourg, de Menay, de Cubzac et de Rouen.

Le pont de Fribourg, jeté sur une profonde vallée, n'a qu'une seule travée de 265 mètres de longueur, et les chaînes sont amarrées dans le roc ; celui de Menay, en Angleterre, possède trois travées ; il est élevé d'à peu près trente mètres au-dessus de la mer, et les bâtiments à voiles peuvent passer dessous. Le pont de Cubzac, en France, a cinq travées et 500 mètres de longueur. Il est supporté par des colonnes de fonte et donne, comme le précédent, passage aux navires. Le pont de Rouen possède une arche en fonte, très-élevée et située au milieu de la Seine ; on la franchit à l'aide d'un pont-levis qu'on soulève lors du passage des navires. Les massifs de maçonnerie qui supportent cette arche sont assez écartés l'un de l'autre pour livrer passage aux plus larges des vaisseaux qui fréquentent le port.

L'un des plus beaux ponts suspendus du monde entier est celui qui a été jeté, en 1859, pour relier les deux rives du Niagara, à quelque distance des célèbres chutes de ce grand fleuve. Ce pont suspendu (fig. 225) est à deux étages : l'un supporte la voie du chemin de fer, l'autre est destiné aux voitures et aux piétons.

Fig. 225. Pont suspendu du Niagara.

LE MÉTIER JACQUARD

XXIII

LE MÉTIER JACQUARD.

Un tissu ordinaire, la toile par exemple, se compose de fils croisés alternativement les uns sur les autres. Pour que ce croisement s'effectue d'une manière prompte et exacte, il faut que, par un moyen mécanique, les fils qui sont tendus sur toute la longueur de l'étoffe, et que l'on appelle *fils de la chaîne*, se trouvent séparés deux à deux, de manière que la moitié soit en haut et la moitié en bas, afin que l'on puisse faire passer en travers un autre fil, celui de la *trame*.

Tel est le principe des métiers de tissage, quand ils ne doivent être employés que pour la confection d'étoffes à tissu simple; mais quand il s'agit d'étoffes façonnées, et particulièrement d'étoffes à couleurs variées, la question est beaucoup plus compliquée. Il faut non-seulement que des crochets saisissent en temps opportun ceux des fils de la chaîne qui se rapportent par leur couleur et leur position au dessin, mais encore que les navettes changent elles-mêmes, et qu'une trame particulière vienne réunir tous ces fils entre eux après qu'ils ont été tissés suivant le dessin. Avant Jacquard, les étoffes façonnées, les tissus à dessins, se faisaient en Europe comme on les fait encore aujourd'hui dans l'Inde. Pour chaque métier il fallait trois ouvriers : un *liseur de dessin*, un *tireur de lacs* ou *de fils*, et un *tisserand* ou *tisseur*. Voici comment le travail s'exécutait.

On représentait le modèle du dessin à reproduire sur un grand tableau divisé en une multitude de petits carrés, comme une table de Pythagore. Les lignes horizontales de ce tableau répondaient à la chaîne du tissu, les autres à la trame ; les petits carrés figuraient les points que les fils de l'étoffe forment en s'entre-croisant. Un signe placé sur ce tableau indiquait s'il fallait élever ou abaisser le fil de la chaîne.

Quand tout se trouvait ainsi disposé, le *liseur* se plaçait debout devant le tableau et commandait la manœuvre. Assis devant le métier, le *tisserand* avait sous la main une navette chargée de différentes couleurs qui devaient servir à former la trame ; le *tireur de lacs*, ou *de fils*, se tenait prêt à élever ou à abaisser les fils de la chaîne. Alors le *liseur*, suivant de gauche à droite une des rangées horizontales du tableau, disait au *tireur de lacs :* Levez tel ou tel fil. Quand le fil indiqué avait été levé, il disait au *tisseur :* Lancez cette couleur ; et le tisseur lançait la navette chargée de la couleur désignée. Dans la fabrique lyonnaise, le travail du *liseur* était souvent confié à une femme ; quant au *tireur de lacs*, c'était toujours un enfant. C'était une triste et lamentable destinée que celle du pauvre enfant chargé de ce pénible travail. Quand on entrait, il y a quarante ans, dans un atelier de tissage de soieries, on voyait, au milieu d'un labyrinthe de cordes de toutes dimensions et de fils de toutes couleurs, enchevêtré dans une infinité d'outils, d'aiguilles, de crochets, de poinçons, de ressorts et de poulies, apparaître un malheureux enfant, les joues hâves, l'œil creusé et les membres amaigris. C'est au milieu de cette cage d'instruments et de fils, enveloppé d'un réseau de cordes, qu'il devait tour à tour élever, abaisser, tirer ou croiser, et qui le forçait de plier incessamment son faible corps aux positions les plus difficiles et les plus pénibles, que le *tireur de lacs* passait sa misérable existence.

Jacquard était le fils d'un maître-ouvrier en soie de Lyon, et sa mère était employée dans l'atelier comme *liseuse* de dessins. Ce fut sans doute l'impression profonde que produisit sur l'âme du jeune Jacquard le douloureux spectacle des souffrances des *tireurs de lacs*, qui lui inspira le désir d'améliorer un système

Fig. 276. Jacquard.

si barbare, et qui conduisit le grand artisan lyonnais à la découverte qui immortalisa son nom. Nous ne rappellerons pas ici les incidents curieux et touchants de la carrière de cet artisan de génie, ses luttes multipliées, le simple et admirable désintéressement dont il fit preuve, et les injustices qu'il eut à subir de la part de concitoyens ingrats. Disons seulement que le nom de Jacquard est demeuré dans les souvenirs du peuple comme le type du génie industriel ; et cet hommage est bien légitime, puisque ce grand inventeur puisa le principe de sa découverte dans sa pitié pour les enfants du peuple.

Essayons d'indiquer le principe du métier Jacquard, et l'artifice au moyen duquel l'inventeur, supprimant le système compliqué et grossier qui était en usage avant lui pour le tissage des étoffes façonnées, put faire disparaître, en la rendant inutile, la triste et dangereuse profession de *tireur de lacs*.

Le célèbre Vaucanson avait inventé et proposé une machine

qui abrégeait considérablement le travail du tissage. Mais les corporations ouvrières de la ville de Lyon, par suite des préjugés et des craintes que l'ignorance du vulgaire entretenait alors contre l'emploi des machines, s'étaient fortement opposées à son adoption, de sorte que son usage s'était fort peu répandu. Elle avait d'ailleurs l'inconvénient de ne pouvoir produire que de très-petits dessins, des fleurs ou des figures uniformes et de médiocre dimension.

Voici quelle était la disposition de la machine de Vaucanson, que nos jeunes lecteurs pourront aller examiner à loisir dans les salles du Conservatoire des arts et métiers, où elle figure parmi les appareils de tissage.

Vaucanson attacha tous les fils de la chaîne de l'étoffe, à l'aide d'un petit œil de verre appelé *maillon*, à une mince ficelle, et chacune de ces ficelles fut fixée à une légère aiguille de fer. Il réunit par le haut toutes ces aiguilles, qui formèrent une sorte de parallélogrammme au-dessus duquel il plaça un cylindre de même dimension, qui était percé de trous réguliérement disposés. Ce cylindre était mobile et tournait après chaque coup de navette. Les trous disposés sur le cylindre correspondaient aux fils de la chaîne qui devaient être levés pour former le dessin. Au moment de l'exécution du dessin, le cylindre tourne, et, en même temps, toutes les aiguilles de fer correspondant aux fils de la chaîne sont poussées chacune par un petit ressort, et rencontrent, par conséquent, le plein ou le vide du cylindre, selon qu'elles arrivent ou non devant l'un des trous dont le cylindre est pourvu. Les aiguilles, qui trouvent le plein, s'arrêtent et laissent les fils qu'elles soutiennent dans une position horizontale. Les aiguilles qui trouvent le vide entrent dans le cylindre et obligent les têtes des crochets qui soutiennent les fils de la chaîne à se présenter aux lames de fer, qui les soulèvent par le mouvement de bas en haut que leur donne le tisserand. Les fils sont ainsi soulevés d'après les trous des cartons qui forment le dessin. C'est alors que la navette porte la trame au travers de ces fils, les uns soulevés, les autres droits, qu'elle s'y enchevêtre et qu'elle trace sur l'étoffe les dessins dont on veut l'enrichir.

Le cylindre percé de trous, imaginé par Vaucanson pour

faciliter le tissage des étoffes façonnées, était une invention fort remarquable en elle-même, et où l'on trouve toute la simplicité qui distinguait le génie de ce grand mécanicien. Mais cet appareil offrait un grave inconvénient. Le cylindre, qui devait recevoir tout le dessin à tracer sur l'étoffe, ne pouvait naturellement dépasser certaines dimensions. Il ne permettait donc qu'un certain nombre de coups de navette, et l'on ne pouvait former ainsi que de petits dessins, des fleurs par exemple. Pour obtenir des dessins plus considérables, il aurait fallu employer un cylindre d'une dimension extraordinaire et hors des conditions de la pratique ou de l'économie.

Perfectionnant cette machine de Vaucanson, Jacquard eut l'idée admirable de remplacer le cylindre, dont les dimensions sont nécessairement limitées, par une série de bandes de papier ou de carton sur lesquelles serait tracée la représentation ou la traduction du dessin à exécuter, et dont le développement considérable permettrait de composer des dessins de toutes les dimensions. Jacquard remplaça donc par une série de cartons d'une surface presque sans limites le cylindre à surface limitée dont Vaucanson avait fait usage.

Sur le cylindre de Vaucanson, Jacquard fit passer des bandes de carton attachées l'une à l'autre et qui venaient s'interposer successivement entre le cylindre et la partie supérieure des petites tiges de fer, appelées *aiguilles*, qui soutenaient par des crochets les fils de la chaîne.

Les bandes de carton percées de trous, qui constituent la partie essentielle de l'invention de Jacquard, ne sont donc autre chose que les types qui doivent produire le dessin sur l'étoffe. Percées de trous faits à l'emporte-pièce, elles sont égales en nombre aux coups de navette que nécessite l'exécution de ce dessin. Toutes ces bandes de carton sont enlacées l'une à l'autre, dans un ordre fixe, invariable, noté à l'avance, et qui doit être conservé sous peine de tout brouiller. Repliés l'un sur l'autre, les cartons sont déposés dans une cage près du métier, puis passés par-dessus le cylindre. Tout le reste du travail s'exécute comme nous l'avons indiqué plus haut, à propos de l'appareil de Vaucanson, qui fut conservé en entier par Jacquard pour cette partie du mécanisme.

Grâce à cette invention admirable de Vaucanson et Jacquard, le tisseur de soie put dominer sa machine, au lieu d'être asservi

Fig. 227. Métier Jacquard.

par elle. A partir de ce moment, l'emploi de *tireur de lacs* fut supprimé dans tous les ateliers, et les enfants furent soustraits à un travail meurtrier.

La découverte de l'immortel tisserand lyonnais a accompli des prodiges; l'influence qu'elle a exercée sur l'industrie du tissage de toutes les étoffes peut à peine s'imaginer.

LA PHOTOGRAPHIE

XXIV

LA PHOTOGRAPHIE.

Joseph Niepce crée la photographie. — Daguerre. — Description du procédé photographique de Daguerre. — Perfectionnement de la découverte de Niepce et Daguerre. — Procédé actuellement suivi pour obtenir une épreuve de photographie sur métal. — Photographie sur papier. — Théorie et pratique des opérations de la photographie sur papier. — Photographie sur verre, emploi du collodion.

C'est à Joseph Nicéphore Niepce, né à Châlon-sur-Saône en 1765, que revient l'honneur de la découverte dont nous allons nous occuper. A vingt-sept ans, Joseph Niepce faisait, comme lieutenant, une partie de la campagne d'Italie, et en 1794 il était nommé administrateur du district de Nice. En 1802, il rentra dans sa ville natale, où il fut rejoint par son frère Claude Niepce. Retirés dans une petite maison de campagne sur les bords de la Saône, aux environs de Châlon, les deux frères s'y occupèrent d'industrie et de science appliquée. Le début des recherches photographiques de Niepce remonte à l'année 1813.

Le problème que Niepce poursuivait consistait à fixer les images de la chambre obscure. Cet instrument se compose d'une

Fig. 228. Joseph Niepce

boîte fermée de toutes parts, à l'exception d'une petite ouverture par laquelle pénètrent les rayons lumineux. Ces rayons lumineux, en s'entre-croisant, vont former une image renversée et raccourcie des objets, sur un écran placé au fond de la boîte.

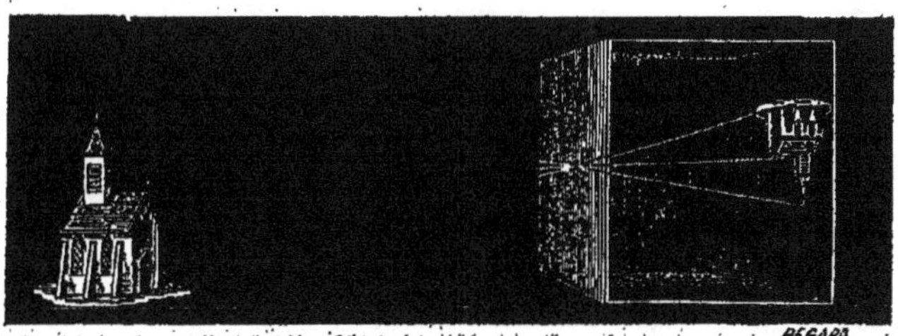

Fig. 229. Chambre obscure.

La figure 229 met en évidence le phénomène d'optique qui se passe dans la chambre obscure, et qui a pour résultat de donner, à l'intérieur de cet instrument, une image renversée des objets extérieurs.

Porta, physicien napolitain, qui le premier fit connaître le phénomène auquel donne lieu la chambre obscure, imagina de placer une lentille biconvexe devant l'ouverture de cet instrument. L'image gagna ainsi beaucoup en éclat, en netteté et en coloris.

C'est en 1824 que Niepce résolut le problème qu'il s'était proposé, consistant à fixer l'image de la chambre obscure. L'agent chimique impressionnable à la lumière dont il fit choix, fut le *bitume de Judée*, matière noire qui, exposée à la lumière, se modifie chimiquement et perd sa solubilité dans les liqueurs spiritueuses. Il appliquait une couche de bitume de Judée sur une lame de cuivre recouverte d'argent, et plaçait cette lame au foyer de la chambre obscure. Après une action assez prolongée de la lumière, il retirait la plaque et la plongeait dans un mélange d'huile de pétrole et d'essence de lavande. Les parties influencées par la lumière demeuraient intactes, les autres se dissolvaient. Ainsi modifié, l'enduit de bitume représentait les clairs; la plaque métallique dénudée représentait les ombres; les parties de l'enduit partiellement dissoutes répondaient aux demi-teintes. Malheureusement, il ne fallait pas moins de dix heures pour un dessin, à cause de la lenteur avec laquelle le bitume de Judée se modifie sous l'influence de la lumière. Pendant ce temps, le soleil, poursuivant sa route, déplaçait les ombres et les lumières.

Par ce procédé, encore bien imparfait on le voit, Niepce parvint à former des planches à l'usage des graveurs, car tel était son but. En attaquant ces plaques par un acide faible, il creusait le métal dans les parties que n'abritait pas l'enduit résineux, et l'on pouvait ensuite se servir de cette planche pour tirer des gravures sur papier. Niepce appelait ce nouveau procédé de gravure *héliographie*.

Dans ce moment un autre expérimentateur s'occupait à Paris des mêmes travaux : c'était le peintre Daguerre, qui s'était fait un certain renom par l'invention du Diorama. Mais Daguerre n'avait encore obtenu aucun résultat satisfaisant de ses longues tentatives, quand il apprit qu'au fond de sa province un homme était parvenu à résoudre le problème dont il s'occupait lui-même, c'est-à-dire à fixer les images de la chambre obscure.

Le peintre parisien ayant réussi à se mettre en rapport avec l'inventeur châlonnais, lui proposa de s'associer à lui pour con-

Fig. 230. Daguerre.

tinuer de poursuivre en commun la solution du problème qu'ils avaient abordé chacun de son côté. Le 14 décembre 1829, un traité fut, à cet effet, signé entre eux à Châlon.

Niepce ayant communiqué à Daguerre le secret de ses procédés, Daguerre s'applique aussitôt à les perfectionner. Il remplace le bitume de Judée par la résine qu'on obtient en distillant l'essence de lavande; il ne lave plus la plaque dans une huile essentielle, il l'expose à l'action de la vapeur fournie par cette essence à la température ordinaire. Cette vapeur se condensait seulement sur les parties restées dans l'ombre et respectait les clairs représentés par la résine blanche. Les ombres étaient représentées par une sorte de vernis transparent formé par la résine dissoute dans l'huile essentielle. En même temps, Daguerre change complétement les bases du procédé dont Niepce s'était servi. Tandis que Niepce ne faisait de la plaque qu'un moyen d'arriver à la gravure, c'est-à-dire cherchait à obtenir, par l'action de la lumière, une planche propre à donner des estampes, Daguerre, au contraire, veut que le dessin définitif demeure sur la plaque. Ainsi l'image sera formée sur un métal au lieu d'être tirée sur papier, comme le voulait Niepce, le premier inventeur : c'est le système de Daguerre qui prévalut.

Les deux associés venaient de substituer aux substances résineuses l'iode, qui donne une grande sensibilité aux plaques d'argent, lorsque Niepce mourut à l'âge de soixante-trois ans. Après vingt ans de travaux, il mourut pauvre et ignoré ; la gloire ne devait rayonner que plus tard autour du nom de l'homme qui avait produit la plus curieuse découverte de son siècle.

Continuant ses recherches, Daguerre eut bientôt le bonheur de découvrir la merveilleuse influence des vapeurs de mercure sur l'apparition de l'image photographique. Il reconnut que l'image formée par l'action de la lumière sur une plaque revêtue d'iodure d'argent est d'abord invisible, mais qu'elle apparaît subitement si on expose cette plaque aux vapeurs mercurielles.

C'est le 7 janvier 1839 qu'Arago annonça publiquement à l'Académie des sciences de Paris la découverte de Niepce et Daguerre. Le 19 août 1839, les procédés des inventeurs, qui jusqu'alors étaient demeurés secrets, furent rendus publics. Le gouvernement accorda une récompense nationale à Daguerre ainsi qu'au fils de Nicéphore Niepce.

Daguerréotype ou *photographie sur plaque.* — Dans le procédé de Daguerre, c'est-à-dire dans le *daguerréotype* ou *photographie sur métal*, les images se forment à la surface d'une lame de cuivre recouverte d'argent. On expose cette lame aux vapeurs que l'iode dégage spontanément ; cet iode se combinant avec l'argent, forme une mince couche d'iodure d'argent qui est excessivement sensible à l'action des rayons lumineux. On place la plaque iodurée au foyer de la chambre noire, et on amène sur cette plaque l'image formée par l'objectif de l'instrument. La lumière, avons-nous dit, a la propriété de décomposer l'iodure d'argent ; les parties de la plaque vivement éclairées subissent donc cette décomposition, tandis que celles qui sont dans l'ombre demeurent intactes.

Retirée de la chambre obscure, la plaque recouverte d'iodure d'argent décomposé par la lumière ne présente encore aucune trace visible d'image. On la soumet alors, dans une boîte fermée, aux vapeurs émises par le mercure, que l'on chauffe légèrement. Cette opération fait apparaître l'image. En effet, les vapeurs viennent se condenser seulement sur les parties que la lumière a frappées, c'est-à-dire sur les parties décomposées de la couche d'iodure d'argent. Un vernis éclatant de mercure accuse donc les parties éclairées, et les ombres sont représentées par la surface même de la plaque dans les parties non recouvertes par le mercure. Il ne reste plus qu'à débarrasser la plaque de l'iodure d'argent qui l'imprègne encore, car cet iodure d'argent noircirait sous l'influence de la lumière et ferait ainsi disparaître le dessin. Pour cela, on plonge la plaque dans une dissolution d'hyposulfite de soude, sel qui a la propriété de dissoudre l'iodure d'argent non impressionné par la lumière.

Dans le procédé que nous venons de décrire, il fallait, pour obtenir une épreuve, exposer la plaque pendant un quart d'heure à une très-vive lumière. Ces épreuves miroitaient désagréablement par l'effet du métal ; on ne pouvait reproduire les objets animés ; le ton du dessin n'était pas harmonieux ; on n'avait que la silhouette des masses vertes des arbres ; enfin l'image pouvait s'effacer peu à peu par suite de la volatilisation lente du mercure. La plupart de ces défauts résultaient de la trop longue exposition de la plaque à la lumière.

En 1841, M. Claudet, artiste français, qui exploitait à Londres le procédé de Daguerre, découvrit que le chlorure d'iode appliqué sur la plaque préalablement iodée augmente singulièrement la sensibilité lumineuse de cette plaque. Le brome, le bromure d'iode, l'acide chloreux, sont des *susbtances accélératrices* encore plus puissantes et découvertes postérieurement. Avec l'acide chloreux, on a obtenu des épreuves irréprochables en une demi-seconde.

La découverte des substances accélératrices permit de faire des portraits. Jusqu'alors, l'obligation de faire poser le modèle pendant un temps assez long n'avait donné pour résultat que des figures contractées et grimaçantes.

Il restait encore un dernier perfectionnement à ajouter à la méthode de Daguerre. Les images miroitaient, comme nous l'avons déjà dit; de plus, le dessin manquait de fermeté, parce qu'il ne résultait que de l'opposition des teintes du mercure et de l'argent; le plus léger attouchement suffisait pour effacer l'image. Tous ces inconvénients disparurent par la découverte, due à M. Fizeau, du procédé qui sert à *fixer* les épreuves. Si l'on verse sur l'épreuve une dissolution de chlorure d'or mêlée à de l'hyposulfite de soude, et si on chauffe légèrement la plaque, elle se recouvre d'une mince feuille d'or métallique. Dès lors l'argent ne miroite plus autant; en effet, il est bruni par la mince couche d'or qui se dépose à sa surface; les noirs sont aussi plus vigoureux, et le mercure qui constitue les blancs s'amalgamant avec l'or et prenant un plus vif éclat, le dessin devient plus net et plus ferme. Enfin, l'image peut dès lors résister au frottement, parce que le mercure qui formait le dessin à l'état de globules très-petits et peu adhérents, est maintenant recouvert d'une lame d'or qui adhère à la plaque.

Photographie sur papier. — La photographie su plaque métallique a un inconvénient capital, c'est que chaque opération ne fournit qu'un seul type. Comme inconvénients secondaires, on lui reproche avec raison le miroitage métallique, qui est si choquant sur la plupart des épreuves, et qu'il est presque impossible de bannir. En outre, le dessin, ne reposant qu'à la surface de la plaque, n'est qu'un mince voile qui ne présente pas la résistance nécessaire à un objet de durée.

La photographie sur papier a apporté le complément le plus brillant à la découverte qui nous occupe, car elle est exempte de tous les inconvénients qui sont inhérents à la daguerréotypie. Elle présente, en effet, cet immense avantage, qu'un premier dessin étant une fois obtenu, peut fournir un nombre immense de reproductions. En second lieu, dans les photographies sur papier, l'image n'est pas formée seulement à la surface du papier, mais elle pénètre assez profondément dans sa substance, ce qui est une condition de résistance et de durée.

La photographie sur papier, cette modification si nécessaire de la méthode de Niepce et Daguerre, a été découverte en 1839, par M. Fox Talbot, amateur anglais. Ce n'est pourtant qu'à partir de 1845 que cette nouvelle méthode a été connue et s'est répandue en Europe.

Avant d'exposer le procédé pratique de la photographie sur papier, nous ferons connaître le principe général de l'opération.

Si l'on soumet à l'action de la lumière solaire les sels d'argent, lesquels sont naturellement incolores, ils noircissent en se décomposant. Si donc on place au foyer d'une chambre obscure une feuille de papier imprégnée de chlorure ou d'iodure d'argent, les parties vivement éclairées de l'image noircissent la couche de chlorure d'argent existant sur la feuille de papier, tandis que les parties obscures ne la modifient point. On a de cette manière un dessin dans lequel les parties claires apparaissent en noir et les ombres en blanc : c'est ce qu'on appelle une *image négative*. Qu'on place maintenant cette image sur une feuille de papier imprégnée d'un sel d'argent, et qu'on expose le tout au soleil, les parties blanches du dessin laisseront passer les rayons lumineux, les parties noires les arrêteront. Il en résultera donc sur le papier ainsi recouvert par l'épreuve négative et imprégné du sel d'argent, une épreuve dite *positive* sur laquelle les clairs et les ombres seront dans une position normale.

Passons maintenant au procédé pratique.

Pour obtenir l'épreuve négative dans la chambre obscure, on reçoit l'image sur une feuille de papier enduite d'iodure d'argent mélangé d'un peu d'acide acétique, puis on l'expose au foyer de la chambre obscure. Au bout d'une demi-minute environ, l'action chimique est produite.

Cependant, quand on retire la feuille de papier de la chambre obscure, on n'y voit point d'image. Pour la faire apparaître, on plonge l'épreuve dans une dissolution d'acide gallique, qui forme un sel noir, le *gallate d'argent*, dans tous les points où il s'est formé de l'oxyde d'argent libre, c'est-à-dire dans toutes les parties que la lumière a frappées. On enlève l'excès du sel d'argent non influencé, on lave l'épreuve dans une dissolution d'hyposulfite de soude, et on obtient ainsi l'épreuve négative. Plaçant enfin cette épreuve sur une feuille de papier imprégnée de chlorure d'argent, et exposant au soleil pendant quinze à vingt minutes, à la lumière diffuse pendant un temps qui varie d'une demi-heure à quatre heures, on obtient l'image positive, qu'il faut laver comme tout à l'heure, et pour le même motif, avec l'hyposulfite de soude.

Ajoutons que l'on peut tirer un nombre très-considérable d'épreuves positives avec l'épreuve négative, qui porte aussi le nom de *cliché*.

L'irrégularité de la pâte du papier empêche d'obtenir sur cette substance des épreuves à contours nets et arrêtés. La découverte de la *photographie sur verre* a remédié à cette imperfection en permettant d'obtenir des dessins dans lesquels le trait est doué de la précision la plus rigoureuse. Dû à M. Niepce de Saint-Victor, cet artifice consiste à former l'image négative sur la surface, parfaitement égale ou polie, d'un morceau de verre ou de glace recouvert d'une matière transparente, telle que l'albumine. On obtient ainsi une surface parfaitement plane et polie, presque égale, sous ce rapport, à la plaque du daguerréotype, et sur laquelle le dessin photographique s'imprime en épreuve négative avec les contours les plus précis et les mieux arrêtés. Avec ce cliché négatif sur verre, on tire ensuite des épreuves positives sur papier.

Voici maintenant les opérations pratiques qui servent à obtenir une épreuve au moyen de la photographie sur verre.

Sur une lame de glace on étale une légère couche d'albumine liquide, c'est-à-dire de blanc d'œuf délayé dans l'eau. On laisse sécher cette couche, qui forme sur la lame de glace un enduit transparent et poli. A cette albumine, on a eu d'avance la précaution d'ajouter une petite quantité d'iodure de potassium. Quand on veut opérer, on *sensibilise* l'albumine en plongeant la lame de verre, recouverte de l'enduit d'albumine, dans une dissolution d'azotate d'argent aiguisée d'un peu d'acide acétique. Il se forme, par l'action de l'iodure de potassium sur l'azotate d'argent, une certaine quantité d'iodure d'argent; c'est là l'agent photographique, c'est-à-dire la matière qui doit être impressionnée par les rayons lumineux.

Ainsi imprégnée d'iodure d'argent, la plaque de verre est portée dans la chambre obscure, où elle reçoit l'action de la lumière qui doit former l'image négative. Au sortir de la chambre noire, on soumet cette épreuve aux opérations ordinaires qui servent à faire apparaître et à fixer les épreuves négatives sur papier, c'est-à-dire qu'on la traite par l'acide gallique pour faire apparaître l'image, et par l'hyposulfite de soude pour la fixer.

Ce cliché négatif sur verre sert ensuite à tirer, sur papier, des épreuves positives.

On voit donc que le verre n'est employé que pour obtenir l'épreuve négative destinée à servir de type ; quant aux épreuves positives, elles sont toujours tirées sur papier. Il faut être prévenu de cette circonstance, car le mot de *photographie sur verre* est susceptible d'induire en erreur, en faisant supposer, à tort, que les épreuves positives elles-mêmes sont tirées sur verre.

Depuis l'année 1851, on a substitué à l'albumine, pour former l'enduit organique recouvrant la lame de verre, une matière nouvelle, le *collodion*, qui n'est autre chose qu'une dissolution de coton-poudre dans l'alcool additionné d'éther. Le collodion active à un degré prodigieux la sensibilité lumineuse de l'iodure d'argent. Grâce au collodion, on peut obtenir des épreuves négatives en huit à dix secondes. On peut même obtenir ainsi des images instantanées, c'est-à-dire fixer sur la plaque photographique des objets animés d'un mouvement rapide, tels que les nuages chassés par le vent, une voiture emportée par des chevaux, un navire fendant les flots, ou les vagues de la mer.

La photographie sur verre collodioné est aujourd'hui le moyen presque universellement employé pour obtenir les épreuves dites de *photographie sur papier*. C'est le procédé que suivent tous les photographes pour les portraits. Le collodion permet, en effet, d'opérer avec une rapidité prodigieuse.

La photographie sur verre a été proposée en 1847 par

M. Niepce de Saint-Victor, neveu de Nicéphore Niepce, le créateur de la photographie. L'application du collodion aux

Fig. 231.

arts photographiques est due à M. Archer, de Londres, et à M. Le Gray, de Paris.

LE STÉRÉOSCOPE

XXV

LE STÉRÉOSCOPE.

Considérations préliminaires. — Historique. — Stéréoscope à miroir. — Stéréoscope par réfraction, ou stéréoscope de Brewster. — Théorie et description de cet instrument. — Images stéréoscopiques.

Les objets extérieurs forment au fond de notre œil une image semblable à celle qu'on observe dans la chambre obscure; mais nos deux yeux ne sont pas placés exactement de la même manière par rapport à l'objet que nous considérons; aussi les images produites à l'intérieur de chacun de ces organes ne sont-elles pas exactement pareilles : l'une est plus étendue que l'autre, l'une est plus colorée que l'autre, etc. Nous recevons donc deux impressions distinctes, deux images d'un même objet; et pourtant tout le monde sait bien que ces deux perceptions différentes se fondent, s'allient, en un jugement simple, c'est-à-dire que nous n'apercevons qu'un objet unique. C'est là un phénomène bien curieux et qui tient à diverses causes : à l'éducation des yeux, à une habitude prise dès l'enfance, à un effort, réel sans doute, mais dont nous n'avons pas conscience, et qui, combinant entre elles les deux images dissemblables perçues par chacun de nos deux yeux, les complète l'une par l'autre et en forme une seule conforme à l'objet considéré, c'est-à-dire présentant le relief qui existe dans la nature.

Cet effort de notre intelligence, sourd en quelque sorte, nous donne le sentiment du relief.

Ce sentiment du relief s'efface quand on regarde avec les deux yeux des objets très-éloignés. Notre jugement devient alors incertain et même trompeur. Pourquoi? Parce que l'intervalle qui sépare nos yeux est relativement si petit, que les deux images de l'objet situé à une grande distance ne présentent plus de différence entre elles, s'accordent sans effort sur nos deux rétines et ne produisent plus dès lors la sensation du relief.

Ainsi la sensation du relief d'un corps vu par les deux yeux résulte de la combinaison que fait notre intelligence des deux images dissemblables de ce corps, formées, l'une sur la rétine de l'œil droit, l'autre sur la rétine de l'œil gauche.

On a fait à cette théorie une objection, grave en apparence, en disant que les personnes borgnes de naissance ou accidentellement perçoivent les reliefs, apprécient les distances et les effets de perspective, à peu près comme celles qui jouissent de leurs deux yeux. Mais il faut tenir compte, dans ce cas, de l'exercice des autres sens, et d'une longue habitude. Il est, du reste, un fait important à noter : c'est que, quand un individu privé d'un œil regarde un objet éloigné, la direction de son regard, la position de sa tête, varient continuellement sans qu'il en ait conscience; il cherche instinctivement à obtenir sur sa rétine unique diverses images destinées à suppléer aux deux images naturelles des deux rétines. « Ce mouvement, dit M. l'abbé Moigno, est d'ailleurs assez rapide pour que la seconde image se forme avant la disparition de la première, et que de leur existence simultanée résulte l'estimation de la distance avec la perception du relief. »

Euclide et Galien connaissaient déjà ce fait, que l'accouplement de deux images dissemblables reçues dans les deux yeux donne la sensation du relief.

Porta, physicien italien, Gassendi et plus récemment M. Harris et le docteur Smith, avaient des idées assez précises sur le sujet qui nous occupe.

M. de Haldat, savant physicien de Nancy, qui s'est beaucoup occupé des phénomènes de la vision, a le premier étudié expérimentalement les effets de la vision simultanée de deux objets de forme et de couleurs dissemblables. M. de Haldat n'avait plus qu'un pas à faire pour construire le stéréoscope; mais il se laissa devancer par un illustre physicien anglais, M. Wheatstone.

Le 25 juin 1838, le *stéréoscope à miroirs* de M. Wheatstone faisait sa première apparition au sein de la *Société royale de Londres*. Dans cet instrument on produisait l'effet du relief en faisant coïncider deux images à peu près semblables par leur mutuelle réflexion sur des miroirs plans convenablement placés.

Le stéréoscope de M. Wheatstone était complétement oublié quand sir David Brewster construisit le sien. Un premier modèle de cet instrument fut fabriqué sous les yeux de ce physicien, à Dundee, en Écosse. Mais les opticiens de Londres et de Birmingham ne se prêtèrent pas à le propager. Ce petit appareil serait peut-être retombé dans l'oubli, sans un voyage que le physicien écossais fit à Paris en 1850. M. l'abbé Moigno, frappé des délicieux effets du stéréoscope de M. Brewster, le pria d'en confier la construction à un habile opticien de Paris, M. Jules Dubosq. L'heure du succès avait sonné. Le stéréoscope devint populaire en France un an avant d'avoir attiré l'attention en Angleterre. Depuis l'Exposition universelle de 1851, on a vendu plus d'un demi-million de *stéréoscopes de Brewster*.

Stéréoscope par réfraction, ou stéréoscope de Brewster. Théorie et description de cet instrument. — Soient D et G (fig. 232) deux images à peu près semblables d'un même objet, et telles qu'elles sont vues pour l'une de l'œil droit, et pour l'autre de l'œil gauche. Considérons deux points D et G de ces images, et plaçons deux prismes de verre transparents PP' sur le trajet des rayons lumineux émis par ces points. Ces rayons, en traversant les deux prismes, se réfractent et arrivent aux yeux de l'observateur suivant la direction KO et K'O'. Mais alors l'œil croit les voir partir d'un point unique E, lieu d'intersection des deux lignes OK et O'K'. En sorte que si l'angle des deux prismes et leur distance aux images G et D sont bien déterminés, les deux images se rejoindront en E et nous donneront la sensation du relief.

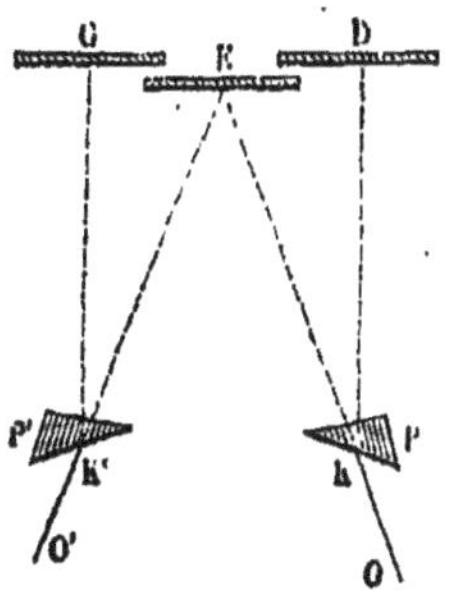

Fig. 232.

Pour répondre à cette condition, les deux prismes doivent être rigoureusement égaux et dévier les rayons de la même quantité. Sir David Brewster a résolu ce problème, et c'est peut-être là sa vraie part d'invention dans la construction du stéréoscope. Il a substitué aux deux prismes les deux moitiés MM' d'une même lentille biconvexe, dans lesquelles on taille deux nouvelles lentilles LL' symétriques et qu'on ajuste aux extrémités de deux tubes.

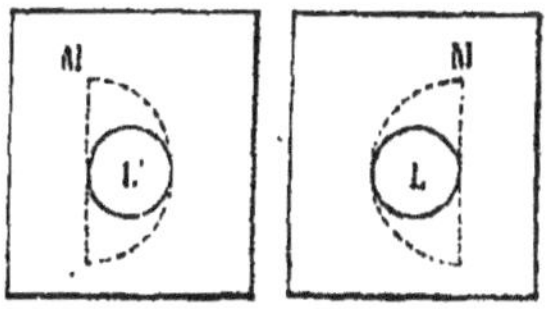

Fig. 233.

On voit (fig. 234) le *stéréoscope de Brewster*. C'est une boîte à l'une des parois de laquelle on a percé une ouverture fermée par la fenêtre mobile F. L'intérieur de la fenêtre est recouvert de papier d'étain et constitue une sorte de réflecteur. On introduit les dessins par la coulisse AB. Les deux tubes LL renferment les prismes-lentilles : on peut les enfoncer ou les retirer, de manière à les approprier aux différentes vues. Les prismes lenticulaires, outre qu'ils dévient et superposent les images, ont encore la propriété de les amplifier. C'est, comme on le voit, un nouvel avantage du stéréoscope de M. Brewster sur le stéréoscope de M. Wheatstone.

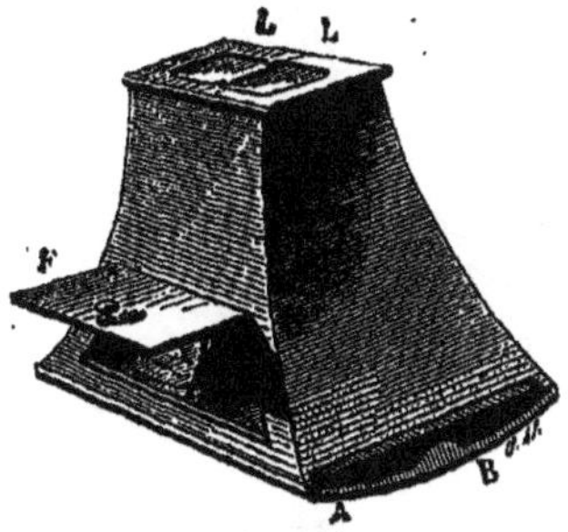

Fig. 234.

Fig. 235. Images stéréoscopiques.

Les *images stéréoscopiques*, dont la figure 235 donne une idée, sont deux vues du même objet, qui ne diffèrent que très-peu l'une de l'autre. Elles représentent cet objet comme l'observateur le verrait en regardant cet objet alternativement avec l'œil droit et avec l'œil gauche. Placées dans le stéréoscope, elles se réunissent sur la rétine en une image unique par l'effet des deux lentilles, et nous donnent ainsi la sensation du relief.

Le daguerréotype permet de produire très-facilement deux images de bas-reliefs, de statues, de portraits, satisfaisant à cette condition. Pour cela, on prend successivement de la même distance et sous des angles égaux de quelques degrés à droite et de quelques degrés à gauche, avec une même chambre obscure, deux images de l'objet qu'on a choisi. Des images photographiques, ainsi obtenues sur métal ou sur papier, produisent dans le stéréoscope des effets merveilleux qui ont ouvert une ère nouvelle aux applications de la photographie.

LE DRAINAGE

XXVI

LE DRAINAGE.

Bons effets du drainage. — Résumé historique. — Sols qu'il convient de drainer. — Signes extérieurs du besoin du drainage. — Manière d'exécuter le drainage. — Sondage. — Tracé. — Creusage et profondeur des drains. — Composition des drains. — Tuyaux. — Machines à fabriquer les tuyaux.

Donner aux eaux stagnantes qui imbibent les terres un écoulement régulier, sans produire néanmoins une dessiccation complète, tel est le but de l'opération connue sous le nom de *drainage*. Le mot *drainage* dérive du verbe anglais *to drain*, qui signifie *égoutter, dessécher au moyen de conduits souterrains*.

L'eau qui demeure en stagnation, soit à la surface du sol, soit au-dessous de cette surface, nuit considérablement au développement des plantes utiles. C'est là un fait d'expérience. Le drainage, en donnant un écoulement à cette eau, doit donc produire un assainissement très-efficace du sol.

Dans les quelques lignes que nous allons rapporter, un avocat de Bordeaux, M. Martinelli, a fait comprendre d'une manière aussi simple qu'heureuse le but et l'utilité du drainage.

« Prenez ce pot à fleurs, dit M. Martinelli; pourquoi ce petit trou au fond? Je vous demande cela parce qu'il y a toute une révolution agricole dans ce petit trou. Il permet le renouvellement de l'eau, en l'évacuant à mesure. Et pourquoi renouveler l'eau! Parce qu'elle donne la vie ou la mort: la vie, lorsqu'elle ne fait que traverser la couche de terre, car d'abord elle lui abandonne les principes fécondants qu'elle porte avec elle, ensuite elle rend solubles les éléments destinés à nourrir la plante; la mort, au contraire, lorsqu'elle séjourne dans le pot, car elle ne tarde pas à corrompre et à pourrir les racines, et puis elle empêche l'eau nouvelle d'y pénétrer. »

Par l'opération du drainage on ménage dans chaque champ ce *petit trou* du pot à fleurs. Il est représenté par des tuyaux en poterie, que l'on place dans les fossés, tranchées ou drains, creusés dans les terres à assainir. Les tuyaux communiquent les uns avec les autres, et débouchent à l'air libre, au point le plus bas de chaque système de rigoles. L'eau qui imprègne le sol arrive en s'infiltrant jusqu'aux tuyaux de terre cuite, s'y introduit à travers les joints qui existent entre leurs extrémités, et s'écoule suivant la pente du sol, par l'extrémité la plus basse de la ligne des drains.

Il résulte, d'un drainage bien fait, que les eaux de puits s'écoulent rapidement à travers le sol, et que le niveau des eaux stagnantes s'abaisse : dès lors, une moindre évaporation se faisant à la surface de la terre, la chaleur du sol s'accroît, car l'eau, pour passer de l'état liquide à l'état de vapeur, a besoin d'une grande quantité de chaleur. En outre, un sol drainé a moins de tendance à se fendre et se conserve frais pendant l'été. Les eaux de pluie, rapidement absorbées, ne peuvent plus dégrader la surface des terres et entraîner au loin les principes utiles des fumiers. Les terres humides drainées peuvent être labourées presque en toute saison. L'époque de la maturité des récoltes est considérablement rapprochée. Il se fait sans cesse autour des racines un renouvellement d'air et d'eau, c'est-à-dire des principes les plus nécessaires à l'alimentation des plantes; en effet, l'eau qui imbibe le sol et qui s'écoule peu à peu dans les tuyaux, est immédiatement remplacée par de l'air atmosphérique, et celui-ci par de l'eau, laquelle à son tour est remplacée par un volume égal d'air, et ainsi de suite. Ajoutons enfin que l'assainissement du climat est une conséquence du drainage. Les fièvres intermittentes épidémiques ont disparu dans plusieurs localités après l'exécution de grands travaux de drainage. On voit donc quel ensemble varié d'avantages procure cette opération agricole, dont l'application a été un véritable bienfait public.

Chez les Romains, le premier auteur qui ait parlé des rigoles souterraines est Columelle, savant agronome qui vivait l'an 42 de Jésus-Christ, et qui publia un traité en douze livres intitulé *De re rusticâ*. « Si le sol est humide, dit Columelle, il faudra faire des fossés pour le dessécher et donner de l'écoulement aux eaux. On fera pour les fossés cachés des tranchées de trois pieds de profondeur que l'on remplira jusqu'à moitié de petites pierres ou de gravier pur et on recouvrira le tout avec la terre tirée du fossé. » Palladius, agronome qui a écrit longtemps après Columelle, a donné aussi une description des fossés souterrains. Le drainage pratiqué à l'aide de fossés couverts contenant des matériaux perméables n'est donc point une invention tout à fait moderne.

Olivier de Serres, le père de l'agriculture française, dont le *Théâtre de l'agriculture* a été imprimé en 1600, va plus loin que Columelle. Il donne une description complète du drainage, tel à peu près qu'on l'exécute de nos jours, et recommande expressément son emploi.

Le capitaine Walter Bligh, en Angleterre, a reproduit les principes exposés par Olivier de Serres ; ses compatriotes ont même voulu lui accorder l'honneur d'avoir le premier eu l'idée des tranchées profondes. Un autre Anglais, Elkington, praticien éclairé et persévérant, employa une méthode qui ne diffère que bien peu de celle d'Olivier de Serres. La *Méthode Elkington* consiste dans l'emploi simultané des fossés couverts et des puits.

Mais une invention d'une importance capitale, et dont l'honneur revient à bon droit à l'Angleterre, c'est la substitution des tuiles, et ensuite des tuyaux, aux matériaux qu'on employait anciennement pour remplir le fond des fossés d'assainisse-

Fig. 236. Olivier de Serres.

ment. L'invention et l'emploi d'outils convenables pour ouvrir les tranchées, de machines propres à fabriquer les tuyaux, la rapidité et le peu de frais des opérations exécutées avec le secours de ces machines, ont rendu le drainage plus applicable, et par suite, plus général. Aujourd'hui on ne pourrait presque nulle part fouiller le sol de la Grande-Bretagne sans y rencontrer des tuyaux de drainage.

A la Belgique revient l'honneur d'avoir introduit sur le continent le drainage, perfectionné par les procédés imaginés en Angleterre.

En France, des propriétaires éclairés, entre autres M. le marquis de Bryas, ont fait de louables efforts pour populariser le drainage, et grâce à leur dévouement, au concours des sociétés savantes, à l'appui et aux encouragements du gouvernement, tout fait espérer que nous n'aurons bientôt plus rien à envier à l'Angleterre et à la Belgique en ce qui concerne cette grande opération, dont les conséquences sont incalculables pour l'accroissement de la valeur des terres cultivées.

Les terrains sur lesquels le drainage s'applique avec utilité, sont les *terres froides*, c'est-à-dire qui reposent sur un sous-sol imperméable, et les *terres fortes*, c'est-à-dire celles où domine l'élément argileux.

Les *terres froides* sont dans le cas d'un pot de fleurs dont le fond ne serait pas percé. Leur état constant d'humidité est très-défavorable à la végétation ; les racines y pourrissent ; à la plus légère gelée une croûte de glace s'attache autour des jeunes plantes ; une évaporation constante refroidit le sol ; les plantes qui n'ont pas été détruites par la gelée, végètent languissamment, mûrissent mal, et les récoltes peuvent être complétement compromises dans les années pluvieuses.

Les *terres fortes*, ou argileuses, ne laissent pas assez facilement pénétrer l'eau pluviale qui tombe à leur surface, et, d'autre part, la retiennent trop fortement lorsqu'elles en sont imprégnées. Les vents et le soleil les durcissent et arrêtent la végétation. Les pluies accidentelles ravinent leur surface et entraînent les engrais le long des pentes ; les pluies continues les imbibent complétement, l'eau y est fortement retenue, et les dommages causés par l'évaporation et les gelées s'y font cruellement sentir. Elles opposent, en outre, de grandes difficultés à la culture. En résumé, tout terrain où l'eau séjourne soit à fleur de terre, soit à une petite profondeur, demande à être assaini ou drainé, car ces deux expressions signifient la même chose.

« Partout, dit M. Barral, où, quelques heures après une pluie, on aperçoit de l'eau qui séjourne dans les sillons ; partout où la terre est forte, grasse, où elle s'attache aux souliers, où le pied soit des hommes, soit des chevaux, laisse après le passage des cavités dans lesquelles l'eau demeure comme dans de petites citernes ; partout où le bétail ne peut pénétrer après un temps pluvieux sans s'enfoncer dans une sorte de boue ; partout où le soleil forme sur la terre une croûte dure, légèrement fendillée, resserrant comme dans un étau les racines des plantes; partout où l'on voit les dépressions du terrain notablement plus humides que le reste des pièces, trois ou quatre jours après les pluies; partout où un bâton enfoncé dans le sol à une profondeur de quarante à cinquante centimètres forme un trou qui ressemble à une sorte de puits, au fond duquel l'eau stagnante s'aperçoit, on peut affirmer que le drainage produira de bons effets. »

L'aspect de la végétation est aussi un excellent indice de la nécessité du drainage. Les bonnes plantes sont chassées de ces terres inhospitalières, où ne croissent plus que des habitantes des marais que le sarclage ne saurait faire disparaître, mais que le drainage anéantira. Telles sont les prêles, les renouées, les menthes ou baumes sauvages, les iris jaunes ou glaïeuls des marais, les laîches, les scirpes, les joncs, les renoncules, le colchique d'automne, dont les feuilles ressemblent de loin à celles d'un gros poireau et dont les fleurs présentent un long entonnoir d'un lilas tendre et que les animaux ont la prudence de ne pas brouter, etc., etc. On a remarqué que, dans un pâturage humide, il n'y a que deux plantes que les animaux mangent avec plaisir, et que ces deux plantes sont dans une proportion insignifiante par rapport aux autres espèces mauvaises qui étouffent ces pauvres nourrices : ces deux plantes sont la flouve odorante et le trèfle ordinaire.

Nous allons décrire rapidement la série d'opérations qu'il faut exécuter pour drainer un terrain.

On commence par pratiquer des sondages, qui servent à faire connaître la nature du sous-sol, sa consistance, son degré de perméabilité, enfin l'épaisseur des couches de terrain et la manière dont elles sont superposées. Pour sonder, on creuse, à la pioche ou à la bêche, des fossés de $1^m,50$ à $1^m,80$, dans diverses parties du terrain à drainer. Cette opération préliminaire permet de saisir les difficultés plus ou moins grandes que nécessitera le creusement des tranchées, et de déterminer approximativement par avance les frais du travail d'assainissement.

Quand ces premières études sont terminées, on dresse le plan du terrain, on cherche, par le nivellement, son relief exact, de manière à pouvoir, sans se tromper, placer les drains dans la direction des plus grandes pentes pour faciliter l'écoulement de l'eau. En effet, la pesanteur étant la seule force qui détermine l'écoulement de l'eau à travers les drains, l'inclinaison des lignes de tranchées doit favoriser cet écoulement.

Un réseau de drainage se compose de fossés couverts de diverses grandeurs; les plus petits de ces fossés sont appelés *petits drains;* ceux qui reçoivent directement les eaux des petits drains sont nommés *collecteurs de premier ordre;* ceux qui reçoivent les eaux des collecteurs de premier ordre sont les *collecteurs de deuxième ordre*, etc.

Les petits drains doivent être dirigés suivant les lignes de plus grande pente du terrain; le nivellement fera connaître les points où l'on devra amener les branches des drains principaux. Ceux-ci sont établis à quatre ou cinq centimètres plus bas que les drains dont ils reçoivent les eaux, et ils doivent se raccorder à angle aigu avec eux. Ce raccordement s'effectue au moyen d'une ouverture circulaire, pratiquée dans le plus gros tuyau et dans laquelle pénètre le plus petit. Chaque drain doit former une ligne parfaitement droite, afin que l'eau ne rencontre pas d'obstacles dans son cours souterrain. L'extrémité des maîtres drains, au point où ils débouchent dans les ruisseaux ou canaux de décharge, est garnie d'une grille en fer qui s'oppose à l'introduction des matières qui pourraient, par l'extérieur, obstruer les tuyaux.

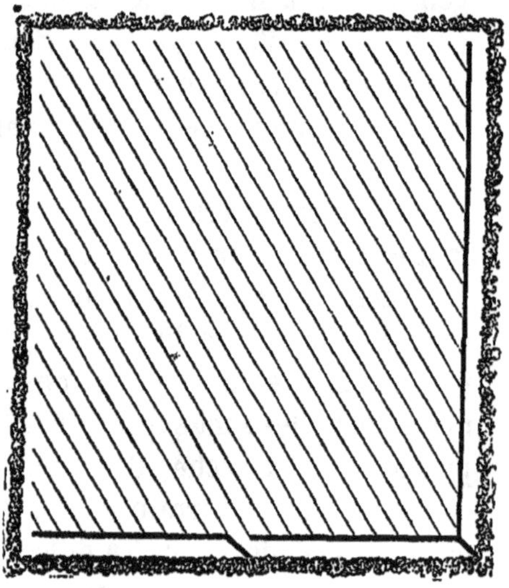

Fig. 237.

La figure 237 est le plan d'un champ de 4 hectares 40 centiares qui a été drainé. Les petits drains, posés en diagonale, débouchent dans les maîtres drains, qui communiquent avec le canal de décharge, qui leur donne définitivement issue au dehors.

On emploie pour le creusage des drains la bêche, la pioche, la pelle à puiser. Il faut donner aux tranchées une profondeur telle qu'en enlevant toute l'eau surabondante, elles abaissent en même temps la hauteur de l'eau stagnante, de manière que cette eau ne puisse remonter jusqu'aux racines; cette profondeur est comprise entre 90 centimètres et $1^m,60$. Elle influe sur la largeur des drains, car plus ceux-ci sont profonds, plus il faut de place aux ouvriers pour les creuser. Quant à l'écartement des drains, il varie avec la nature du sol.

Dans les premiers essais de drainage, on se borna à placer au fond des fossés que l'on avait creusés, une suite de pieux croisés en chevalet sur lesquels on assujettissait des fagots de menu bois ou d'épines, et on recouvrait le tout de terre.

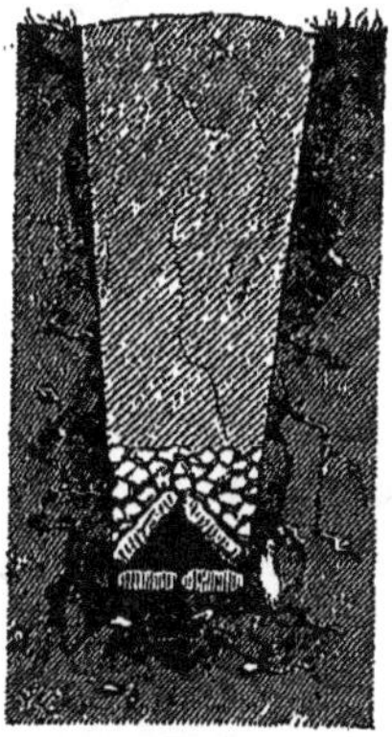

Fig. 238.

Bientôt on exécuta ces drains au moyen de pierres. Pour drainer ainsi une terre, tantôt on place au fond des tranchées, sur une hauteur de 30 à 40 centimètres, des pierrailles d'un faible volume, qui laissent entre elles des interstices où l'eau s'introduit et peut s'écouler au dehors et on recouvre le tout de terre; tantôt on emploie des pierres plates disposées comme le montre la figure 238, qui représente une coupe de l'un de ces canaux.

Le canal est alors formé, comme on le voit, au moyen de pierres plates, pour établir la conduite, et de pierrailles pour recouvrir et protéger ce conduit. Ce dernier procédé est bien préférable au précédent, mais il exige de larges tranchées, il nécessite un temps considérable et des soins qui le rendent très-dispendieux. Ainsi établis, les drains peuvent durer plusieurs siècles. Mais les conduits ainsi construits sont encore très-coûteux.

On a enfin très-heureusement remplacé ces divers moyens de construire les conduites d'eau en fabriquant à très-bas prix des tuyaux en poterie, qui l'emportent de beaucoup sur tous les moyens précédents, sous le rapport de la durée et de l'économie.

Ces tuyaux sont cylindriques : leur longueur varie de trente à quarante centimètres; leur diamètre de trois à deux centimètres. Les avantages de la forme circulaire pour les tuyaux sont nombreux et importants. Cette forme permet d'obtenir, avec une quantité déterminée de matière, la plus grande surface d'écoulement : c'est celle qui oppose au mouvement de l'eau le moins de résistance, en sorte que le diamètre des tuyaux peut être réduit au minimum : c'est encore celle qui résiste le mieux aux chocs et aux pressions extérieures, en sorte que l'épaisseur des parois peut n'être que d'un centimètre pour les plus petits. Ainsi, les tuyaux cylindriques sont tout à la fois légers et faciles à transporter; ils occupent peu de place au fond des tranchées, s'obstruent difficilement et coûtent fort peu. Enfin, s'ils sont de bonne terre, et si on les a posés avec soin, leur durée est, pour ainsi dire, illimitée.

Placés simplement bout à bout dans le fond des drains, ces tuyaux sont reliés entre eux, comme le montre la figure 239,

Fig. 239.

par des manchons ou colliers dans lesquels leurs extrémités sont emboîtées : le diamètre des colliers est tel que le tuyau puisse entrer facilement dans le collier. C'est par les joints de ces tuyaux que se fait, comme nous l'avons dit, la pénétration de l'eau qui imbibe le sous-sol.

La pose de ces tuyaux doit être faite par un homme soigneux et expérimenté, car c'est de cette opération que dépend en grande partie le succès du drainage.

FIN.

TABLE DES CHAPITRES.

7903. Paris. — Imprimerie de Ch. Lahure, rue de Fleurus, 9.

Imprimerie générale de Ch. Lahure, rue de Fleurus, 9, à Paris.

www.ingramcontent.com/pod-product-compliance
Lightning Source LLC
Chambersburg PA
CBHW060530220326
41599CB00022B/3485